中央高校基本科研业务费资金资助

U0368164

CONTROL AND OPTIMIZATION OF
INTELLIGENT PRODUCTION SYSTEMS

智能生产系统控制及优化

李莉　于青云　许佳　赵慧　著

化学工业出版社

·北京·

内容简介

本书深入探讨了制造业数字化转型的关键要素和实施路径，通过介绍中国、美国、日本、德国等的具体案例，解析了数字化转型的内涵、现状与进展及其对经济价值和行业成熟度的影响。内容涵盖了生产系统过程自动化，包括在加工过程、产品组装和物流运输中的应用，以及人工智能和边缘计算技术在自动化发展中的关键作用；智能生产数字化信息系统，介绍了ERP、MES和SPC的功能及应用；制造系统虚拟量测技术，涉及数据预处理、预测建模和漂移检测等；生产系统预测性维护与健康管理，讨论了健康管理的概念、异常诊断、剩余使用寿命预测和维护决策优化方法；智能生产过程调度与优化，介绍了生产过程调度、进化算法优化、闭环优化和协作进化算法的大规模调度技术。最后，展望了制造业数字化转型的未来发展趋势，以帮助读者理解数字化转型对智能生产系统的影响，并把握其中的创新机遇。

本书旨在为广大读者提供有价值的参考资料。主要读者对象包括制造业企业的管理者和技术人员、从事智能制造和信息技术研究的学者和学生以及对制造业数字化和智能化发展感兴趣的政策制定者和行业分析师。

图书在版编目（CIP）数据

智能生产系统控制及优化 / 李莉等著. -- 北京 ：化学工业出版社，2025. 2. -- ISBN 978-7-122-46834-5

Ⅰ. TH166

中国国家版本馆CIP数据核字第20244YX960号

责任编辑：陈　喆　　　　　　文字编辑：吴开亮
责任校对：王鹏飞　　　　　　装帧设计：王晓宇

出版发行：化学工业出版社
　　　　　（北京市东城区青年湖南街13号　邮政编码100011）
印　　装：三河市君旺印务有限公司
787mm×1092mm　1/16　印张18¼　字数416千字
2025年6月北京第1版第1次印刷

购书咨询：010-64518888　　　　售后服务：010-64518899
网　　址：http://www.cip.com.cn
凡购买本书，如有缺损质量问题，本社销售中心负责调换。

定　　价：128.00元

在当今快速发展的科技时代，制造业正经历一场前所未有的变革。这一变革不仅涉及生产技术的升级，还涵盖了整个行业生态系统的重塑。数字化转型已成为全球制造业的核心议题、推动技术创新的浪潮，并深刻改变了行业的运作方式和经济价值创造模式。通过对比国内外制造业在数字化实施过程中的现状和趋势，可以看到不同地区在采纳数字化转型策略方面存在显著差异和挑战。然而，尽管发展路径和成熟度各不相同，各地区的共同目标都是通过先进的数字化技术来提升生产效率、削减运营成本和提高产品质量。通过大规模采用大数据和人工智能等技术，制造业企业不仅能够实现生产流程的优化，还能大幅度提升响应市场变化的灵活性和竞争力，从而在激烈的市场竞争中脱颖而出，实现可持续发展。这样的转型不仅有助于企业自身的发展，还将为整个行业带来新的增长动力和发展机遇。

在生产系统自动化方面，从加工过程到产品组装，再到物流运输，各环节的自动化技术正在迅速发展并广泛应用。智能制造技术的引入，使得生产过程更加高效和灵活，企业能够更好地应对市场和客户需求的快速变化。信息系统在智能制造中的作用不可忽视。ERP（企业资源计划）和MES（制造执行系统）等核心信息系统的应用，极大地提升了制造业企业的管理效率和生产控制能力。通过这些系统，企业可以实现资源的优化配置、生产过程的精细化管理和供应链的高效协同。虚拟量测技术的应用，为制造业带来了新的机遇和挑战。从基础的虚拟量测概念到复杂的多阶段虚拟量测功能，这些技术不仅提高了生产精度，还在很大程度上减少了生产成本和时间。随着智能制造的发展，预测性维护和健康管理技术也得到了广泛关注。通过对设备和生产系统进行实时监测和数据分析，企业可以预先识别潜在问题，实施预防性维护措施，从而减少故障停机时间，提高设备的可靠性和使用寿命。智能生产过程的调度与优化，是提高生产效率的重要手段。通过优化算法和先进技术，企业可以在资源有限的情况下，实现生产效率的最大化。

·················

展望未来，AI赋能的制造业将会引领新一轮的技术革命。智能生产数字化信息系统、虚拟量测技术和生产系统健康管理技术的发展，将继续推动制造业向更加智能化、数字化的方向迈进。人工智能、物联网、大数据等前沿技术的融合应用，将带来制造业生产模式的深刻变革。智能化的生产系统将能够自主感知、分析和决策，实现高度自动化和柔性化生产。在这场变革中，人才的培养和技术的创新是关键。制造业企业需要不断提升员工的数字化和智能化技能，鼓励创新，推动技术进步。

·················

希望本书能够为读者提供一个全方位的视角，帮助读者理解和把握制造业数字化转型与智能化发展的脉络，推动技术进步和产业升级，以面对未来制造业的无限可能。通过深入研究和实际案例的分析，我们希望为读者提供切实可行的指导，助力我国制造业在全球竞争中取得更大的优势和成功。

著者

目录

Chapter
1

第
1
章

制造业数字化转型

我国是制造业大国，制造业增加值约占全球的30%，自2010年起居于世界首位。中国数字经济目前已进入快速发展阶段，传统产业数字化转型不断加快，数字经济基础设施实现跨越式进步。数据显示，2016—2022年我国数字经济总体规模逐年递增，2022年达50.2万亿元，同比增长10.3%，预计2025年达70.8万亿元[1]。但同时，我国制造业大而不强的特征明显，发展面临诸多挑战：一是关键装备、核心和关键技术依赖进口，产业链保供稳供压力较大；二是制造产品处于全球产业链价值链的中低端，随着劳动力、土地、原材料等要素成本的提升，我国制造比较优势逐步下降；三是在"双碳"背景下，对制造企业资源和环境的双重约束不断增强；四是个性化、多样化消费渐成主流，制造企业通过创新激活需求的能力不足。

在此背景下，国家《"十四五"数字经济发展规划》明确提出"产业数字化转型迈上新台阶，制造业数字化、网络化、智能化更加深入"的发展目标，大力推动数字技术与制造业融合发展已成为我国制造业转型的大趋势。通过数字经济和实体经济融合发展，利用互联网新技术新应用对传统产业进行全方位、全角度、全链条改造，可提高全要素生产率，并释放数字技术对经济发展的放大、叠加、倍增作用。因此，深入探讨国内外制造业数字化转型的国家政策、行业规范以及企业决策的成功和失败案例，探索我国制造业数字化转型路径，对于建设"制造强国""数字中国"具有重要意义。

1.1　制造业数字化转型内涵

制造业数字化转型是企业生产方式、组织架构和商业模式的深刻变革方向，是企业创新组织，发展生产、贸易的重要途径。"数字化转型"不仅是数字化技术在单一企业生产过程中的应用，更是全产业体系与数字化技术的深度融合。数字化转型的基础是数字化信息技术。由于数字化信息具备可共享、可重复、低成本复制等特征，因而能够大幅提高制造业企业的生产效率，创造新的生产价值。制造业数字化转型的特征是横向集成、纵向集成及端到端集成，具体体现在制造业企业内部所有环节信息无缝链接、产业圈内企业之间通过价值链以及信息网络实现所有资源整合、产品全生命周期价值链上不同企业资源信息共享，从而达到产品品质升级、生产效率提升、企业业务创新的效果。

数字化转型与传统数字化的区别在于：数字化转型一方面在信息采集、传输、存储、计算、应用的基础上，通过数字化技术实现硬件与软件、软件与人以及各生产环节、各生产部门的链接，形成资源信息链，极大程度上消除信息不对称，在资源链接的基础上，通过将各种来源、不同历史时期的数据转化成计算机可读形式并集中存储，形成具有价值的数字资产；另一方面，通过将原始数字资产根据生产需求进行整合、调度、模拟、输出以实现信息反馈，使企业能够根据生产的个性化需求提取，展示其中的规律并做出判断，从而变现为商业价值。数字化转型逻辑如图1-1所示。

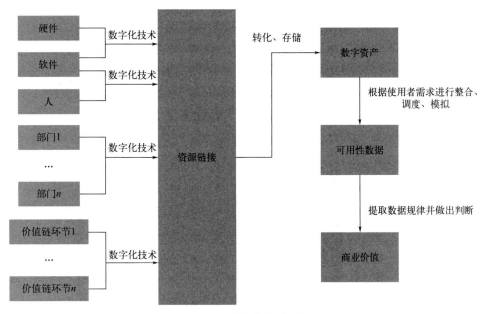

图1-1　数字化转型逻辑

1.2　国内制造业数字化转型现状

改革开放四十多年来，我国制造业持续快速发展，成为促进我国经济社会发展的支柱。今天，我国制造业规模居世界之首，建立起了独立、庞大、完备的产业体系，在超级计算机、光伏发电、高铁、新能源汽车、大型飞机、载人深潜、载人航天、北斗卫星导航、万米级深海石油钻探装备、百万千瓦级发电设备等高端制造领域不断突破，形成了一批世界级的优势产业和骨干企业，有力地推动了我国的现代化进程，显著增强了我国的总体实力。

1.2.1　数字化转型的进程

（1）国有企业

《2021国有企业数字化转型发展指数与方法路径白皮书》[2]显示，国有企业数字化转型指数为40.83，较全国平均水平高8.58%，作为国民经济发展的中坚力量，国有企业是加速我国从传统工业经济向数字经济转型的引领者。国有企业间数字化转型发展水平也存在较大差异，头部企业对整体水平提升的拉动作用较明显，领先水平比平均水平高约50%；央企是国企数字化转型的排头兵，平均水平比地方国有企业高22.2%，领先水平比地方国有企业高21.5%，具体如图1-2所示。

从发展水平来看，通信业、电力供应行业数字化转型指数远高于国企平均水平，处于数字化转型第一梯队；科研和技术服务业、交通运输业、流程制造业、离散制造业数字化转型指数略高于国企平均水平，处于数字化转型第二梯队；贸易流通业、投资保险业、发电行业、建筑业、采掘业数字化转型指数低于国企平均水平，处于数字化转型第三梯队。具体如图1-3所示。

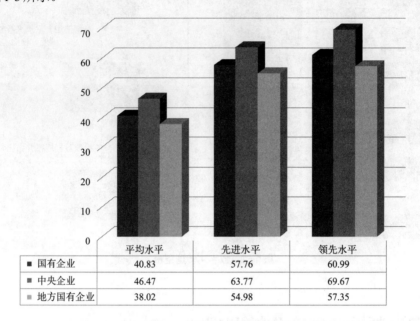

	平均水平	先进水平	领先水平
■ 国有企业	40.83	57.76	60.99
■ 中央企业	46.47	63.77	69.67
■ 地方国有企业	38.02	54.98	57.35

■国有企业　■中央企业　■地方国有企业

图1-2　国有企业数字化转型指数[2]

注：先进水平为国企前25%；领先水平为国企前15%。

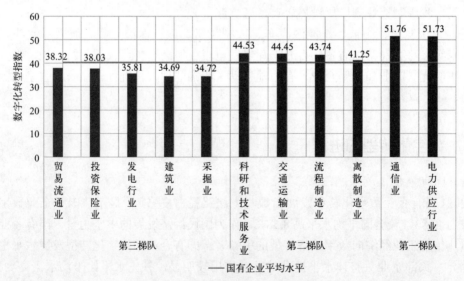

图1-3　重点行业数字化转型概况[2]

从数字化进程来看，90%以上的国有企业集中在场景级、领域级，表明国有企业数字化转型基础已经夯实，基本实现了关键业务场景的数字化，大部分国有企业正处于从深化场景应用向企业级主营业务领域的全面集成、柔性协同和一体化运行转变。超过1/2的国有企业集中在场景级，接近1/4的国企实现了主营业务领域的综合集成，未来将迎来场景级向领域级转型的暴发，国有企业整体转型成效将实现由量变到质变。中央企业处于领域级阶段的占比大幅领先于地方国有企业，地方国有企业实现全面集成和一体化运行的任务更为艰巨，如图1-4所示。

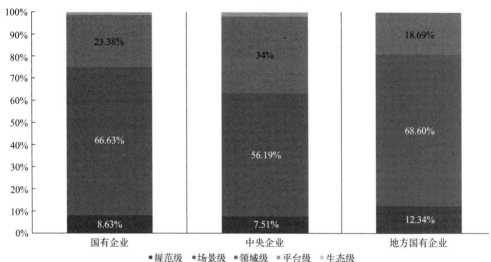

图1-4　国有企业数字化转型阶段分布[1]

（2）民营企业

《2022中国民营企业数字化转型调研报告》[3]显示，2012—2021年，我国民营企业数量从1085.7万户增长到4457.5万户，实现了近3.1倍的增长，创造了80%左右的城镇就业岗位。2023年，民营企业在企业总量中的占比高达92.1%，对比2012年提高了12.7%。据全国工商联发布的《2023中国民营企业500强调研分析报告》[4]显示，民营企业500强入围门槛取得新突破，营收高达275.87亿元，2022年，民营企业500强总营收39.83万亿元，资产总额为46.30万亿元，税后净利润达到1.97万亿元。民营企业作为中国经济的中坚力量，数字化转型不可忽视。

民营企业数字化转型阶段分布如图1-5所示。大部分民营企业认为自身仍处于数字化转型的初步探索阶段。38.16%的被调企业反映其主营业务还未进行数字化转型，处于初步探索阶段的占比达38.81%，两者共计76.97%。仅有16.30%的样本企业处于逐步实施阶段，5.19%处于全面优化阶段，而进入成熟应用阶段的企业占比仅为1.54%。

不同规模企业数字化转型现状如图1-6所示，超过20%的大型企业反馈其数字化进入成熟应用阶段，而超过80%的小型企业则表示企业尚未开展数字化转型或企业数字化转型处于初步探索阶段。大型企业数字化程度更深，表示企业数字化转型处于"全面优化"和"成熟应用"（数字化改造程度超过50%）的比例分别为15.47%和6.88%，明显高于中型企业和小型企业。更为普遍的情况是，小型企业中超过40%表示目前暂无数字化转型计划，近40%认为自身仍处于数字化转型初步探索阶段（数字化转型进度低于20%）。相对而言，暂无数字化转型计划的大型企业和中型企业仅有14.9%和24.6%，明显低于小型企业。由此可见，大中型企业与小型企业在数字化进程上有着明显的阶段分布差异。

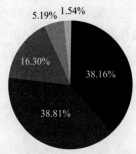

■ 暂无此计划（数字化转型进度0%）　　　　　■ 初步探索（数字化转型进度0%～20%）
■ 逐步实施（数字化转型进度20%～50%）　　　■ 全面优化（数字化转型进度50%～80%）
■ 成熟应用（数字化转型进度80%～100%）

图1-5　民营企业数字化转型阶段分布[3]

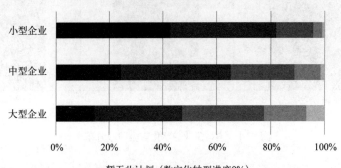

■ 暂无此计划（数字化转型进度0%）
■ 初步探索（数字化转型进度0%～20%）
■ 逐步实施（数字化转型进度20%～50%）
■ 全面优化（数字化转型进度50%～80%）
■ 成熟应用（数字化转型进度80%～100%）

图1-6　不同规模企业数字化转型现状[3]

在各类产业中，第二产业中民营企业认为数字化效果明显的占比较高。第二产业企业中认为"效果明显，将继续加大转型力度"的有34.44%，明显高于第一产业（27.85%）和第三产业（23.23%）；同时，第二产业企业中认为"效果不明显，投入产出比欠佳"的有20.23%，低于第一产业（25.99%）和第三产业（27.57%）。

数字化转型发展水平在地域分布上自东向西呈现由高到低的梯度效应。东部地区民营企业数字化转型进入实施、优化和成熟阶段的比例高于中部和西部。从数字化转型的阶段来看，东部地区企业数字化转型进入逐步实施、全面优化和成熟应用的比例分别为18.95%、6.51%、2.28%，明显高于中部地区的15.80%、4.34%、1.38%和西部地区的13.88%、4.98%、0.88%；从数字化转型的意愿来看，西部地区不进行数字化转型的企业比重高于东部和中部，有40.85%的企业选择暂时不进行数字化转型，如图1-7所示。

（3）中小企业

2023年年末的工业和信息化部数据显示[5]，我国现存企业48.3万户，较2022年年底增加3.2万户，经营主体不断发展壮大的同时，其中99%以上是中小企业，虽然这些企业的职工数量、资本规模、经营金额与大型企业相差甚远，但力量不可忽视，这些中小企业贡献了超过60%的GDP、超过50%税收，创造了近70%的进出口贸易额与发明专利，提

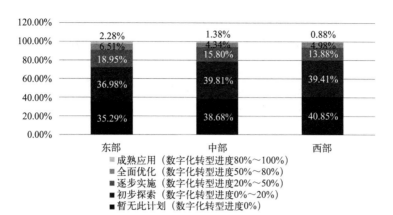

图1-7　不同区域企业数字化转型阶段分布[3]

供了约80%的城镇就业岗位。这些中小企业分布在产业链、供应链的各个环节,推动中小企业的数字化转型进程,在价值链的各个环节可以形成夯实连贯的基础,优化数字化生态。

《2024年中小企业数字化转型白皮书》[6]显示,79%的中小企业数字化转型处于初步探索阶段,对实施数字化转型有了初步规划并开始实践,主要是对设计、生产、物流、销售、服务等核心环节进行数字化业务设计。12%的中小企业数字化转型处于转型践行阶段,对核心装备和业务活动进行了数字化改造,能够实现企业生产制造全过程数据的采集、分析和可视化。9%的中小企业数字化转型处于深度应用阶段,已将互联网、大数据、人工智能等新一代信息和通信技术与生产运营管理活动充分融合,基于数据分析和模型驱动有效提高了科学决策水平。

从行业来看,计算机、通信和其他电子设备制造、仪器仪表、汽车、家具等行业中小企业的数字化转型水平位居前列,设备、系统的数字化、智能化改造意愿迫切,在智能生产线、智能工厂方面具有丰富的实践经验,整体水平较高;而金属制造、燃料加工制造以及纺织等行业中小企业,新一代信息和通信技术在整个生产流程中的应用程度较低,数字化进程排名靠后。

各行业中小企业综合数字化指数梯度水平[6]如下。

① 第一梯队,如计算机、通信和其他电子设备制造业、仪器仪表、汽车、家具。

② 第二梯队,如医药制造、电气机械和器材制造、造纸和纸制品、铁路、船舶、航空航天和其他运输设备。

③ 第三梯队,如专用设备制造、食品、燃料加工制造及水生产和供应、纺织、金属制造。

1.2.2　数字化转型对制造业的经济价值

数字经济是国民经济的主导者,是提振全球经济的关键力量。在国民经济中,数字经济充当了"稳定器""加速器",无论是数字产业化还是产业数字化,基础实力都在日趋稳固,发展速度也在不断提升。

《中国数字经济发展报告(2022年)》[7]指出,2022年我国数字经济规模达到50.2万亿元，首次突破50万亿元，同比名义增长10.3%，已连续11年显著高于同期GDP名义增速，数字经济占GDP比重达到41.5%，这一比重相当于第二产业占国民经济的比重。产业数字化规模达到41万亿元，占数字经济比重为81.7%。

麦肯锡数字化能力发展中心[8]的数据显示，在定制化订单、产品开发等多个价值链环节都能利用数字化转型手段提升企业收入、降低企业成本。其中，通过大数据预测、实时供应链绩效与优化、先进排产计划实现智能供应链，能够降低20%～50%库存持有成本；通过数字化开支分析、线上供应商名单、电子招标平台、线上下单实现数字化采购，能够降低3%～10%采购成本；通过数字化业绩管理、数字化质量管理、预见性维护、能耗优化实现数字化生产，能够降低20%～40%生产成本；通过人机协作、知识工作自动化、远程监控和控制，能够提高20%～50%人员生产效率。综合多个环节的数字化的影响，可以使收入增加5%～10%、成本降低10%～30%、支付周期缩短20%～50%、质量提升30%～50%。

1.2.3　数字化转型的制造业成熟度

麦肯锡发布的报告[8]显示，企业数字化转型的成功率通常为20%。即使在精通数字技术的行业（例如高科技、电信和媒体），行业整体的数字化转型的成功率仍低于26%；而在石油、天然气、汽车、基础设施和制药等传统行业中，数字化转型更具挑战性，成功率仅为4%～11%。

数字化转型大趋势下，我国制造业尤其是传统制造业的数字化转型刻不容缓，但由于我国制造业数字化转型起步较晚，数字化转型程度有待提高。埃森哲《2022中国企业数字化转型指数》[9]显示，近60%的中国制造企业表示将加大数字化投资力度，其中超过三成的企业计划大幅增加，即增加15%以上的投资。2018—2022年，领军企业的数字化转型指数得分的领先程度增长了20%。

（1）国有制造业企业

① 离散制造业。《2021国有企业数字化转型发展指数与方法路径白皮书》[2]（图1-8、图1-9）显示，离散制造业国有企业数字化转型指数为41.25，略高于国企数字化转型指数，其中50%以上的离散制造业国有企业数字化转型指数为30～50，表明离散制造业国有企业注重夯实数字化转型基础，提升关键业务场景的数字化、网络化、智能化水平，并积极提高主营业务领域各业务场景的数据和业务集成水平。从发展阶段看，67.99%的离散制造业国有企业的数字化转型已经步入场景级，已经实现典型场景（如研发设计、生产制造、运营管理）内部的综合集成，25.26%的离散制造业国有企业已处于领域级，已经实现主营业务集成融合、动态协同、一体化运行。

离散制造业国企以智能制造为主攻方向，少部分企业正在加速向服务化延伸转型。其中，46.4%的离散制造业国有企业具备智能生产与现场作业管控能力，19.6%在产品生命周期各环节之间实现了数据互联互通，14%实现了供应链/产业链集成，20.0%能够基于售前、售中、售后业务集成提供增值服务。

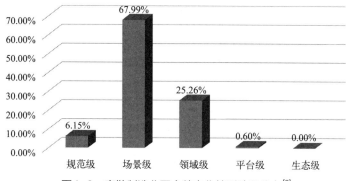

图1-8　离散制造业国企数字化转型阶段分布[2]

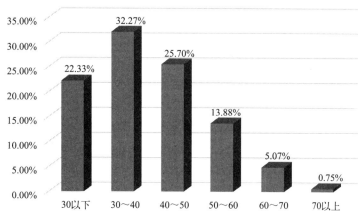

图1-9　离散制造业国企数字化转型指数分布[2]

② 流程制造业。流程制造业国有企业数字化转型指数为43.74，如图1-10、图1-11所示，发展阶段呈现"两端低、中间高"的分布特征，53%以上的流程制造业国有企业数字化转型指数处于30 ~ 50，表明流程制造业国有企业的数字化转型基础普遍处于良好的水平，这些企业注重提升关键业务场景的动态协同和智能化水平，并积极提高主营业务领域各业务场景间的集成水平。从发展阶段来看，65.82%的企业已经步入场景级，实现了典型场景内部的综合集成，29.09%的企业处于领域级，可实现主营业务集成融合、动态协同、一体化运行。

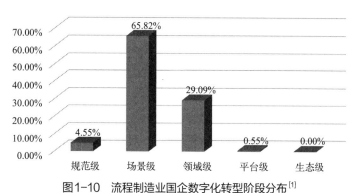

图1-10　流程制造业国企数字化转型阶段分布[1]

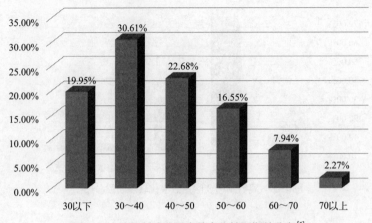

图1-11　流程制造业国企数字化转型指数分布[1]

随着流程制造业供应链上下游的衔接的波动，市场供需将持续动态平衡。在此背景下，流程制造业国企应加快推进设备设施的智能化升级改造，强化生产安全管控，同时加快推进一体化运营管理、产业链/供应链协同，提升应对不确定因素的水平和能力。目前，10.5%流程制造业国有企业实现了能源供应、使用、排放过程集中监控管理；32.2%实现了主要设备在线监控、故障诊断与及时维护；24.4%具备一体化运营管理能力；20.0%具备供应链协同能力。

（2）中小制造业企业

尽管相较于大型企业，中小企业整体呈现出的数字化转型水平较低，但中小制造业企业的数字化转型依旧为各个行业的翘楚。其中，中型企业有赖于更优秀的信息资本、人力资本、组织资本，数字化转型进程快于小型企业。此外，成长期企业的数字化转型进程往往快于成熟期企业或是初创期、二次创业期企业，这是因为成长期企业具有一定的发展规模与资本实力的同时，更具有灵活性，更容易接受、执行新的企业战略计划。

部分行业得益于数据获取和处理等环节的便利性、硬件设备的先进性以及人员数字化意识的较早觉醒，中小企业数字化转型水平较高。《中小企业数字化转型分析报告（2021）》[10]显示，计算机、通信和其他电子设备制造、仪器仪表、汽车、家具、医药、电气机械等行业的企业数字化转型平均水平位居前列，而纺织、化纤、木材加工、金属冶炼等行业的企业数字化水平较低。制造业细分行业超过65%的中小企业仍处于初步探索阶段，约10%处于应用践行阶段，约10%处于深度应用阶段。

高技术制造业的中小企业的数字化转型在每一个环节上的数字化程度都比较接近，并无明显的短板，且转型进程要快于传统行业。高技术制造业的中小企业相比于非高技术制造业的中小企业，在研发设计、基础设施、企业文化、组织管理等方面都有大幅度提升。

1.2.4　数字化转型的地区态势

《中国数字经济发展报告（2022年）》[7]显示，北京、上海、深圳等一线城市已经率先建立了大数据交易平台，并且数字经济是地区经济发展的主力军，数字经济的GDP占比已经超过50%。东、南、西、北、中5个国家级工业互联网节点全部上线，二级节点已经实现了31个省（自治区、直辖市）全覆盖。工业产品线上销售方面，2022年，东北和中部地区的网络零售额增速分别同比增长13.2%和8.7%，比全国增速分别高9.2%和4.7%，数字经济快速发展的东部地区对周边地区的辐射作用正在不断增强。

各地区的工业数字化以传统制造业为基础，激活了传统制造业，有效提升了制造业的核心竞争力，因此工业数字化是各地区数字经济发展的主攻方向。《携手构建网络空间命运共同体》[11]显示，截至2022年2月，我国规模以上工业企业关键工序数控化率达55.3%，数字化研发工具的普及率达到74.7%。工业互联网创新发展工程带动了东部地区总共投资了700亿元，从全国遴选出4个国家级工业互联网产业示范基地和258个试点示范项目。工业数字化转型步伐将从东部率先转变成全国各地区齐头并进的态势。

1.3 国外制造业数字化转型进展

随着新一代信息和通信技术革命的兴起，全球已进入数字经济时代。数字经济正推动生产方式、生活方式和治理方式的深刻变革，成为重组全球要素资源、重塑全球经济结构、改变全球竞争格局的关键力量。制造业是一个国家经济发展的基石，是国家竞争力的体现。2008年金融危机爆发以来，欧美发达国家先后提出了以工业互联网和工业4.0为代表的再工业化战略，通过利用信息和通信技术等高科技重振制造业，实现经济复苏和提升国家竞争力，这引发了全球产业分工体系、技术市场和贸易格局的深刻调整。

1.3.1 美国制造业数字化转型现状

美国在工业化进程中，分别建立了完备的重化工业、领先的电子工业和强大的信息和通信产业，产业结构层层递进、不断升级，并探索形成了高效的创新机制，成为全球经济的"发动机"。长期以来，美国为促进产业创新，针对前沿基础研究提供连续大规模资金支持，这是美国在第四次工业革命蓬勃发展的今天依然保持技术创新巨大优势的重要原因。如今，美国加强了战略的引领作用，根据行业发展特点和规律，适时调整战略目标和重点领域，通过打造公共服务体系，并以构建完整供应链为数字化转型的核心，积极抢占新一轮科技革命和产业变革的主导权。2012年以来，美国基于其技术产业的优势，从政府和产业层面分别发力，通过"自上而下"和"自下而上"的二元路径，以先进制造业为核心，加速推动制造业转型发展。

政府层面，历任政府在推动制造业转型发展的战略部署方面保持了高度的一致性和连续性[12]。产业层面，在跨国巨头的引领和带动下，推动工业体系向整体数字化、智能化发展。技术研发方面，主要企业积极寻找合作伙伴实现优势互补，加快5G、边缘计算等前沿技术产品的研发和部署。2020年，美国韦里孙通信公司（Verizon Business）与IBM建立了合作关系，将Verizon的具有5G和边缘计算（MEC）功能的IoT设备和传感器与IBM在人工智能、混合云、边缘计算、资产管理和连接运营方面的专业知识相结合，形成了给相关产业数字化转型赋能的能力。应用推广方面，2021年8月，美国工业互联网联盟正式更名为工业物联网联盟（IIC），在保留原有组织架构和会员的基础上，更关注相关技术在制造、能源、公用事业、医疗等垂直领域的应用和普及。目前，IIC已发布27个测试床项目，其中20个项目已经全部完成并投入商业应用。

1.3.2　日本制造业数字化转型现状

日本是全球较早制定数字化转型相关战略的国家之一。从2017年提出至今，"互联工业"一直被认为是日本制造业数字化转型最理想的发展形态。日本政府将其作为实现社会5.0目标的抓手之一，通过数据将机器、技术、人等互联互通，创造出新的附加价值并解决社会问题。"互联工业"涵盖自动驾驶、机器人、生物材料、工厂基础设施和智慧生活五大领域。日本政府稳步推进相关战略的实施，2018—2023年，连续六年在日本制造业白皮书中提出继续深入推进"互联工业"[13]。

一方面，积极探索差异化的发展路径。从内部看，企业加速推进内部的信息化系统部署和应用，确保设计研发、生产制造、生产销售、经营管理等各环节间顺畅的数据联动，促进IT和操作技术（OT）的融合。从外部看，不同制造业行业结合自身特色探索差异化的数字化转型路径。例如，在汽车行业中加速普及基于模型的开发（MBD）模式，通过使厂家和供应商之间相互让渡数据使用权利，大幅压缩了研发周期，降低了原型车生产成本，使产品能够更加快速高效地推向市场。另一方面，加速Wi-Fi和5G等无线通信技术在制造业中的普及应用，着力推动相关技术的标准研制、频率分配、网络建设等工作。与2019年相比，企业在部署无线通信技术方面的意愿有了一定程度的提升，53.9%的企业已经部署或正在考虑部署。从应用场景看，2019年仅有27.7%的企业表示愿意在工厂层面引入无线通信技术，但2020年，80.5%的企业已在生产现场部署、31.2%的企业在仓储和物流管理中部署。从实施效果来看，56.2%的企业缩短了机器调试时间、43.8%的企业实现了机器的远程维护。

1.3.3　德国制造业数字化转型现状

2011年，德国举办汉诺威工业博览会时最早提出"工业4.0"的概念。之后德国建立了"工业4.0"平台，就"工业4.0"的标准和实施进行具体研究。2013年4月，德国正式发布了《保障德国制造业的未来：工业4.0战略计划实施建议》，将"工业4.0"上升到国家战略层面。德国提出"工业4.0"后，该概念逐步在全球范围内被广泛接受，并受到各国的重视，德国因此被视为第四次工业革命的引领者[14]。从全球产业发展形势来看，德国率先提出"工业4.0"概念并在全国范围大力推行，主要有外部和内部多重原因。

外部原因来自全球制造业对德国制造业形成的冲击：①全球制造业竞争日趋激烈。德国作为世界先进的机械和装备制造大国，在很长一段时期内都是欧洲乃至世界制造业的领头羊。随着美国、日本和一些新兴经济体在制造业方面的发展，德国的传统竞争优势面临着来自各方的挑战，因此如何保持制造业的优势、在未来的竞争中维持领先地位成为德国制造业发展的主要目标。②传统产业面临着转型升级压力。伴随着第三次工业革命的成果，信息和通信技术已经成为新一轮产业变革重要的因素，然而德国在信息和通信技术方面已然失去发展先机，这使得德国对未来的全球竞争产生了危机感，传统制造业的转型升级势在必行。"工业4.0"的提出切合了德国欲将传统工业制造和现代信息和通信技术相结合，通过智能工厂和智能生产加速产业转型升级，继续维持其世界制造业强国的地位，争夺下一轮技术变革的话语权的意图，这也是德国提出"工业4.0"的根本战略目的。

内部原因主要来自以下三个方面：①人口老龄化造成劳动力不足，劳动力成本上升。有数据显示，预计2030年德国的从业员工相较于2014年（4270万人）和2015年（4300万人）将减少600万人，这对原本老龄化严重、出生率低的德国而言，意味着劳动力成本的进一步增加，给德国工业发展带来严重的负面影响。②出口产品多为高附加值产品。德国作为全球高端装备制造业大国，出口产品多为高附加值产品，面对来自世界各国的竞争压力，德国必须不断提升其自身竞争优势以保全海外市场。③技术创新能力亟需提升。制造业的转型升级离不开技术创新的推动，技术创新将成为德国制造业转型升级的关键要素，而良好的创新环境需要政府、高校、科研机构和其他利益相关者的共同创造，"工业4.0"将为技术创新提供全新的机遇。

德国是欧盟数字化转型的先行者和引领者。从整体看，数字化转型已成为德国经济发展的重要动力[15]。据经济合作与发展组织（OECD）统计，2015—2018年，德国数字敏感部门贡献了GDP增加值的62%，高于OECD成员的平均水平（54%）。2009—2018年，德国数字敏感部门创造了160万个就业岗位，占全部新增就业岗位的40%。

1.3.4 欧盟制造业数字化转型现状

目前，欧盟各成员国都已根据自身国情制定了与制造业数字化转型相关的政策。传统制造强国的数字化转型战略往往更加全面，而制造业欠发达国家往往只出台一些数字经济发展计划。欧盟长期以来一直将经济一体化作为发展的重要目标，欧盟理事会、欧盟委员会等主要机构的相关政策对成员国经济发展的影响直接且深远。2015年，为推动欧盟发布的"数字单一市场"战略，欧盟提出了一系列政策和改革建议，加快推动物联网、人工智能等新一代信息和通信技术在工业领域的应用[16]。欧盟是全球数字化转型的重要参与者。近年来，欧盟数字化转型取得了积极成效。产业层面，据欧盟工业数字化记分牌数据显示，采用数字技术的企业数量持续增加，并且企业投资数字技术大多取得了积极效果。制度层面，欧盟在数据治理相关规则制定方面领先全球，为全球治理做出了有意义的贡献。

1.4 制造业数字化转型关键技术

数字化转型关键技术能够帮助企业更好地记录和模拟产品设计和生产的全过程。企业可以在引进设备的同时引进技术，让设备商模拟设备的功能和条件进行生产，并通过相应的指导，让引进设备的企业的认知不只停留在设备表面，而是"知其所以然"。产品设计也不仅停留在设计表面，而是深入生产过程中。同时，产品设计技术人员还可以利用数字化转型关键技术不断验证和优化工艺参数、工艺路径和工艺性能，不断完善产品生产的整个过程，使模拟更符合现实。

1.4.1　关键数字化技术

数字化转型是在业务数据化后利用人工智能、大数据、区块链、5G、云计算等新一代信息和通信技术进行的一系列变革。这些技术是数字化转型企业必须接纳、融会贯通的技术。

人工智能（artificial intelligence）是研发用于模拟仿真、延伸扩展自然人的智能的理论、方法、技术及应用系统的新兴科学领域。该领域的研究包括机器人、语言识别、图像识别、自然语言处理和专家系统等。大数据技术（big data）是将具有5V特点［即value（低价值密度）、velocity（高速）、volume（大量）、variety（多样）、veracity（真实性）］的数据进行采集、预处理、存储及管理、分析及挖掘、展现和应用，以获得数据增值的技术。云计算（cloud computing）则是分布式计算技术的一类，蕴含着将庞大的问题分解为无数小规模问题的系统思想。借由网络将单个的庞大计算处理程序自动分拆成数量众多但规模小的子程序，将子程序交付系统，经搜寻、计算分析之后，将处理结果回传给用户。庞大的系统是由多台服务器组成的。通过这项技术，网络服务提供者处理数以千万计甚至亿计的信息的时间仅以秒计量，这样强大计算效能的网络服务堪比"超级计算机"。如图1-12所示，云计算技术依据用户体验主要分为三种服务模式，即SaaS、PaaS、IaaS。

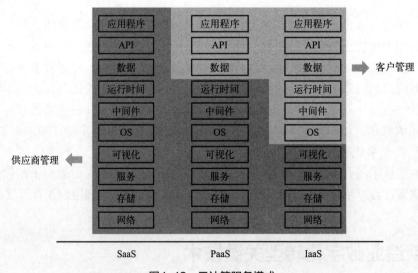

图1-12　云计算服务模式

SaaS（software as a service）意为软件即服务，提供给用户的服务是应用，将软件的开发、管理以及部署都交给供应商，即用性较高；PaaS（platform as a service）意为平台即服务，提供给用户的服务是开发平台，服务提供商将底层的平台搭建完善，用户自行开发上层应用；IaaS（infrastructure as a service）意为基础设施即服务，提供给用户的服务是虚拟机或者其他资源，用户通过租用硬件设施的方式，利用 Internet 从 IaaS 服务提供商处获得服务器、存储和网络等计算机基础设施服务。大数据技术和云计算技术往往密不可分，海量的数据与强大的算力在落地场景中相互依存，协同发展。

区块链技术（block-chain technology，BT）是一种互联网数据库技术，其特点是去中心化、公开透明，让每个使用者都能够参与到数据库搭建维护的过程中。区块链的关键元素包括分布式账本技术、不可篡改的记录、智能合同。所有网络参与者都有权访问分布式账本及不可篡改的记录。区块链具有去中心化、难以篡改、可溯源等特点。区块链网络中的每个节点在数据的上传、更新、接收、验证等功能的实现上是平等的，任何节点上传的数据都向全网广播，从而确保在所有节点上存储数据的一致性和全面性。区块链网络通常分为公有、私有、许可或由联盟构建等类型，拥有准入权限的对象分别是所有人、参与构建区块链的单个组织、获得许可的特定对象、参与构建区块链的多个组织。区块链技术为有效保障数字化转型的数据安全提供了技术支撑。

第五代移动通信技术（the 5th generation mobile communication technology，5G）是具有高速率、低时延和大连接特点的新型宽带移动通信技术，对应的 5G 通信设施是实现人机物互联的网络基础设施。5G 网络作为一种全新的移动通信网络，不仅解决了人与人的通信问题，还解决了人与物、物与物的通信问题，满足了丰富多样的物联网应用需求。5G 正在向生产、生活中的各行业各领域渗透，作为关键的基础设施支撑着社会的数字化、网络化、智能化转型进程。

1.4.2 数字化技术与制造业的关系

（1）人工智能与制造业的关系

在制造业数字化转型中，人工智能可以帮助增强记录保存、库存管理和供应链流程优化。其中，通过对机器数据的分析，可以显著改善机器的健康状况；通过诊断现有的问题，并提供预测性的见解，可以为制造商节省维护、维修的时间和金钱；通过对生产的智能调度，可以实现制造商利益的最大化。

（2）大数据与制造业的关系

大数据技术可以利用从客户需求到销售、订单、计划、研发、设计、工艺、制造、采购、供应、库存、发货和交付、售后服务、运维、报废或回收再制造等整个产品全生命周期各个环节所产生的各类数据，破解由于企业内部各部门系统之间因平台不同、技术不同、语言不同造成的彼此孤立、缺乏共享性、业务数据被隔离、信息流程被割裂等"数据孤岛"现象，实现内部数据的融合、开放数据的获取、价值链数据的共享，进而提高全企业对数据蕴含信息挖掘的能力，实现数据增值。

（3）云计算与制造业的关系

云计算能给制造业带来更多的"敏捷性"，帮助解决办公室、产品车间、供应商、分销商和其他合作伙伴之间的沟通问题，确保信息不会在远程办公和多地协同的情景中发生丢失与泄露，保障生产计划的顺利实施，也可解决内部可能存在的通信问题，实现数据的无缝同步与更新。除企业内部数据资源的流通之外，在云计算的加持下，制造业企业之间还可搭建共享云平台，在产品制造经验上互通有无，通过"云共享"的方式实现产品制造技术能力的跃升，不同企业一同探索产品制造技术革新、产业升级的新渠道，加速显现产业集群效应。

（4）区块链与制造业的关系

区块链技术可以提高数据的安全性与可追溯性，防止数据操纵和篡改，改善供应链管理效率，跟踪产品并提高售后服务质量。由于区块链是一个无法改变的点对点的数据储存系统，它可以确保数据不会因某个节点故障而丢失。制造商将重要文件通过区块链技术进行传输和保存时，不用担心丢失。文档共享时，系统会重新创建一个块，并加到以前的块中，形成易于跟踪的链。每个人都可以看到信息的去向，从而改善了供应链的可追溯性。

随着数字化和工业物联网的发展，制造业已经成为黑客攻击的重点目标。根据网络安全公司趋势科技发布的报告显示，制造业企业已经成为网络犯罪分子、勒索软件和黑客的首要目标，61%的企业发生过网络安全事件，其中的75%导致生产中断，而43%的停机案例（约占所有制造业企业停机案例的20%），网络攻击导致的停产超过4天。区块链可以防止数据操纵和篡改，减少网络攻击这一常见的威胁，进一步提升数据的安全性；运用区块链技术，文档和流程链对于供应链合作伙伴是可见的，供应链合作伙伴可以在任何阶段检查产品和流程的真实性；在制造业企业的供应链管理中，区块链技术可以帮助制造业企业解决原料的公信问题，通过构建基于互联网的联盟链，企业可以检测假冒伪劣原材料以及一些引起市场反感的原材料的来源，并选择原材料供应商；利用区块链技术，供应链能低成本但高可靠性地消除潜在的信任危机；利用区块链技术，可以帮助企业实现对其产品的生产及售后服务跟踪，制造商借由用于产品全生命周期追踪的售后区块链检测异常的售后情况，阻止一系列与售后服务相关的欺诈活动，最终实现在控制费用增长的情况下提高售后服务水平的目标。

（5）5G与制造业的关系

5G代表了"新基建"，其在数据传输速率、移动性等方面具有显著优势，是制造业高质量发展的关键支撑。5G自诞生以来就与"万物互联"密不可分，5G重新定义生产方式，数字经济发展的上限也因此得到进一步拓展，智能制造的发展也拥有了更多的可能性。在制造业企业内部，工业有线网因5G专网的补充变得更加高效；在制造业企业外部，网络功能虚拟化（NFV）、软件定义网络（SDN）等新型网络技术与5G的深度融合，有力地推动了智能制造新模式的发展，例如个性化定制、远程监控、远程维护、智能服务等。

1.5　本章小结

当前，全球新一轮科技革命和产业变革加速演变，世界经济数字化转型蓬勃发展，数字经济已成为重组全球要素资源、重塑全球经济结构、改变全球竞争格局的关键力量。从国家、行业再到企业都在积极推进数字化转型。全球制造业数字化转型发展具有如下趋势：①由生产者驱动转为消费者驱动；②供应链逐渐稳定且可预测性增强；③由卖产品向卖服务转变；④数字化转型推动制造业可持续发展；⑤制造业超级自动化。在制造业数字化转型挑战方面，主要存在如下问题：①制造业企业对数字化转型的概念不清；②制造业自主创新能力不足；③复合型人才缺乏；④数字经济与制造业融合程度不高；⑤系统化的工业互联网平台缺乏。总体而言，越来越多的企业基于现实市场与用户需求，为提高自身竞争力和生产效率，更加重视生产制造的信息化、数字化、智能化，加快转向"线上运营""互联网+""智能制造""无接触配送"等数字化发展模式，但依旧面临技术、市场、人才等诸多方面的挑战。

参考文献

[1] 艾瑞咨询. 2023年中国互联网科技产业发展趋势报告[R/OL]. 2024. https://report. iresearch. cn/report/202402/4307. shtml.

[2] 中关村信息技术和实体经济融合发展联盟. 2021国有企业数字化转型发展指数与方法路径白皮书[R/OL]. 2021. https://www.digitalelite. cn/h-nd-1689.html.

[3] 全国工商联经济服务部&腾讯研究院. 2022中国民营企业数字化转型调研报告[R/OL]. 2022. https://www.tisi. org/24436.

[4] 中华全国工商联合. 2023中国民营企业500强调研分析报告. [R/OL]. 2022. https://www.acfic.org.cn/ztzlhz/cwhy131_8869/2023my5bq_05/202309/W020230912349880027205.pdf.

[5] 中华人民共和国中央人民政府. 2023年工业和信息化发展情况 [R/OL]. 2024. https://www.gov.cn/zhengce/202401/content_6927371.htm.

[6] CIC数智研究中心. 2024年中小企业数字化转型白皮书[R/OL]. 2024. https://www.xdyanbao.com/doc/9le3rwnhsa? bd-vid=10245852254529826594.

[7] 中国信通院. 中国数字经济发展报告（2022年）[R/OL]. 2022. http://www.caict.ac.cn/kxyj/qwfb/bps/202207/t20220708_405627.htm.

[8] 麦肯锡数字化能力发展中心. 引领"中国制造2025"的数字化转型[EB/OL]. [2018-08]. https://www.sgpjbg. com/baogao/62345.html.

[9] 埃森哲中国. 2022中国企业数字化转型指数 [R/OL]. 2023. https://www.dsj.guizhou.gov.cn/xwzx/gnyw/202309/t20230920_82434012.html.

[10] 中国电子技术标准化研究院. 中小企业数字化转型分析报告（2021）[EB/OL]. [2022-05-09]. http://www.cesi. cn/202205/8461.html.

[11] 中华人民共和国国务院新闻办公室. 携手构建网络空间命运共同体[R/OL]. 2022. http://www.scio.gov.cn/gxzt/dtzt/2022/49382/.

[12] 美国工业互联网联盟. 工业数字化转型白皮书[R/OL]. 2020. https://www.sohu.com/a/442470873120047117.

[13] 日本经济产业省、厚生劳动省、文部科学省. 2023年制造业白皮书概要（2023财年促进基础制造技术的措施）[R/OL]. 2023. https://www.baijiahao.baidu.com/s?id=1772296749954977390&wfr=spider&for=pc.

[14] 蒙禹霏. "工业4.0" 背景下德国技术创新与经济高质量发展研究[D]. 广州: 广东外语外贸大学, 2020.

[15] 王罗汉, 王伟楠. 德国工业4.0近十年的进展评估及启示[J]. 现代国企研究, 2022(4): 84-87.

[16] 陈腾瀚. 欧盟 "工业5.0": 起源、内容与动因[J]. 当代经济管理, 2022, (4): 25-33.

第 2 章

生产系统过程自动化

本章对生产系统过程自动化进行全面的介绍，从生产系统过程自动化的基本概念出发，探讨其在加工过程、产品组装、物流运输等环节的应用，以及人工智能和边缘计算技术如何助力生产系统过程自动化的发展。首先，深入探讨加工过程自动化，包括各种自动化设备和技术的应用，解释其基本概念，讨论其发展历史、应用场景、现状和未来趋势等。然后，讨论发展现状、挑战与问题、发展趋势等。物流运输自动化部分介绍如何利用自动化技术优化物流运输，提高运输效率，并介绍以AGV（自行走小车）为代表的物流运输自动化典型应用案例。对于人工智能技术在生产系统过程自动化中的应用部分，探讨如何利用人工智能技术改进生产过程，包括预测、优化和决策支持，并介绍几个前沿应用案例。对于边缘计算技术在生产系统过程自动化中的应用部分，介绍边缘计算如何在生产过程自动化中发挥作用，包括数据处理和实时决策。本章旨在帮助读者理解生产系统过程自动化的重要性和应用，以及人工智能和边缘计算技术在其中的作用。

2.1　生产系统过程自动化概述

生产系统过程自动化是现代工业的重要组成部分。随着科技的飞速发展，自动化技术已经深入生产系统的各个环节，极大地提高了生产效率，降低了生产成本，提高了产品质量。生产系统过程自动化作为这一变革的核心，正在引领着工业生产的新一轮革命。

生产系统过程自动化是一种通过使用各种自动化技术和设备，使得生产系统的各个环节能够自动运行，以提高生产效率，降低生产成本，提高产品质量的方法。这些环节包括原材料的加工、产品的组装、成品的包装和物流运输等。在生产系统过程自动化中，自动化设备起着至关重要的作用。这些设备接收预先设定的指令，然后按照这些指令进行操作。这些指令可以是固定的，也可以是由计算机程序根据实时数据动态生成的。例如，一台自动化加工设备可能会接收关于何时开始加工、加工多长时间、加工速度如何等指令。这些指令可以根据生产需求进行调整，以达到最佳的生产效果。许多自动化设备还配备了传感器，可以实时监测生产过程的各种参数（如温度、压力、速度等），并根据这些参数调整自己的操作，实现生产过程的闭环控制。例如，如果一台自动化焊接设备检测到温度过高，它可能会自动调整焊接速度或者暂停焊接，以防止产品质量下降或者设备损坏。此外，生产系统过程自动化还有助于提高工作环境的安全性。企业通过使用自动化设备，可以减少员工接触到有害物质或者进行危险操作的次数，因而降低工伤事故的发生率。同时，自动化设备通常比人工操作更加精确和稳定，可以降低因为操作失误导致的产品质量问题。总的来说，生产系统过程自动化是现代工业生产的重要组成部分，它通过使用自动化技术和设备，提高了生产效率，降低了生产成本，提高了产品质量，同时也提高了工作环境的安全性。

（1）生产系统过程自动化的优势

相较传统生产系统，生产系统过程自动化的优势主要体现在以下六个方面。

① 提高生产效率。自动化设备可以连续24h不间断地工作，而且工作速度快，精度高，大大提高了生产效率。

② 降低生产成本。虽然自动化设备的初期投入较高，但是由于其效率高和精度高，长期来看可以降低单位产品的生产成本。

③ 提高产品质量。自动化设备的工作精度高，可以减少因人为操作失误导致的产品质量问题。

④ 提高工作安全性。一些生产环节可能存在安全风险，如高温、高压、有毒有害物质等，使用自动化设备可以避免人员直接接触，提高工作安全性。

⑤ 灵活性和可扩展性。自动化设备通常可以通过更换工具头或者修改程序来适应不同的生产任务，具有很好的灵活性和可扩展性。

⑥ 有利于生产管理。自动化设备可以实时收集生产数据，方便生产管理和决策。

（2）生产系统过程自动化面临的挑战

虽然生产系统过程自动化具有上述优势，但是实现生产系统过程自动化也并非易事，主要面临以下三个方面的挑战。

① 技术迭代速度快。自动化技术的更新换代速度非常快，这就要求企业必须不断投入资金进行设备更新和技术升级，否则可能会影响生产效率和产品质量。

② 智能程度低。虽然现有的自动化设备可以按照既定脚本执行一些预定的任务，但是它们的智能程度相对较低。对于复杂的、需要实时决策的任务，现有的自动化设备可能无法很好地完成，更无法做到机器的自主感知与决策。

③ 设备计算能力低。大多数生产系统过程自动化设备拥有的算力较低，因而这些设备不能完成有效的数据处理，相关数据需要上传给区域性中心服务器进行处理，而之后将运算结果回传相关设备，这不仅加大了系统延迟，也占用了很多网络带宽资源。

（3）生产系统过程自动化的未来趋势

这些挑战促使我们寻找新的解决方案。例如，人工智能技术可以提高自动化设备的智能程度，使其能够处理更复杂的任务；边缘计算技术可以使自动化设备在本地进行数据处理和实时决策，提高设备的响应速度和利用效率。这些现代技术的应用，为解决生产系统过程自动化的挑战提供了新的可能性。生产系统过程自动化的未来发展趋势主要体现在以下几个方面。

① 物联网的应用。物联网技术可以连接生产系统中的各种设备，实现设备间的协同工作，提高生产效率。同时，物联网技术通过收集设备的运行数据，可以对生产过程进行实时监控，及时发现和解决问题。

② 数字孪生的应用。数字孪生技术可以创建一个生产系统的虚拟模型，有助于更好地理解和优化生产过程，通过模拟不同的生产策略，可以找到最优的生产方案，提高生产效率，降低生产成本。

③ 人工智能的应用。随着人工智能技术的发展，我们可以期待在生产系统过程自动化中看到更多的人工智能应用。例如，机器学习算法可以用于预测生产过程中的故障，提前对设备进行维护，避免生产中断；深度学习技术可以用于优化生产过程，提高生产效率和产品质量。

④ 边缘计算的应用。边缘计算技术可以使自动化设备在本地进行数据处理和实时决策，提高设备的响应速度和利用效率。这对于需要实时反馈的生产过程尤其重要。

2.2 加工过程自动化

2.2.1 加工过程自动化简介

过程自动化是指采用计算机技术和软件工程，帮助电厂以及造纸、矿山和水泥等行业的工厂更高效、更安全地运营。在过程自动化技术出现之前，工厂操作人员必须人工检测设备性能指标和产品质量，保证生产设备处于最佳状态，同时设备只能在停机时进行维护，这将降低运营效率，无法保证操作安全。过程自动化可以简化这一过程。在工厂安装数千个传感器，收集温度、压力和流量等相关数据，利用计算机进行存储分析，再将处理后的数据显示在控制室的大屏幕上，操作人员只需观察大屏幕就可以监控整个工厂的全部设备。过程自动化不仅能够采集和处理信息，还能自动调节设备，必要时，工厂操作人员可以中止过程自动化系统的运行，改为手动操作[1]。这种技术广泛应用于各种工业过程，包括化工、石油、食品和饮料、制药、矿业等行业。

加工过程自动化是指通过计算机、传感器、控制器等，对机械加工过程进行自动控制和操作的技术。它通过将传感器获取的数据输入计算机系统，再通过控制器对机械设备进行控制和操作，实现对加工过程的自动化管理。加工过程自动化可以大大提高生产效率和产品质量，降低工人的劳动强度和工作风险，是现代制造业的重要组成部分。通过引入自动化技术，加工过程可以更高效、更准确和更灵活地完成，同时降低人力成本和错误率。

加工过程自动化包括从大批量生产中采用的各种高效专用机床、组合机床、自动化生产线，到多品种、小批量生产中采用的数控机床、组合机床，直至近年来采用的成组技术和柔性加工系统。在智能生产系统控制及优化的背景下，生产系统过程自动化和加工过程自动化的实现需要依靠先进的控制算法和优化策略。例如，基于人工智能的预测控制、优化算法等可以实现对制造过程的精确控制和优化，提高生产效率和产品质量。在具体应用方面，自动化加工技术已经广泛应用于各个行业，包括汽车制造、机械制造、电子产品制造等。通过使用自动化加工设备，企业可以大大提高生产效率，降低成本，并获得更高的产品质量。然而，加工过程自动化也存在一些挑战。例如，需要高昂的设备购置成本、对工人的技能要求较高、初始阶段需要大量的技术投入等。此外，加工过程自动化也需要进行有效的维护和管理，以确保设备的正常运行和生产的稳定性。

总的来说，加工过程自动化是现代制造业的重要发展方向。通过不断地进行技术创新和应用实践，可以期待更多的自动化加工设备和系统出现，为提高生产效率和产品质量做出更大的贡献。总之，生产系统过程自动化和加工过程自动化是智能制造的重要组成部分，它们的实现可以大大提高生产的效率和质量，推动制造业的数字化转型和升级。

2.2.2 加工过程自动化发展历程

加工过程自动化的发展最早可以追溯到人类文明的早期阶段，人类的制造活动主要依靠手工操作和简单工具。随着社会的不断发展，人们开始追求更高效、更精确的制造方式，这促进了机械加工技术的逐步演进。最初，加工过程自动化主要是通过引入机械设备和生产线来实现，例如使用数控机床、自动化生产线等。随着计算机技术的不断发展，加工过程自动化逐渐向数字化、智能化方向发展。加工过程自动化的发展历程大致可以分为以下3个阶段。

① 自动化技术形成时期（18世纪末—20世纪30年代）。这是自动化技术诞生和发展的时期。1788年，英国机械师J.瓦特为了解决工业生产中提出的蒸汽机的速度控制问题，发明了离心式调速器，并把离心式调速器与蒸汽机的阀门连接起来，构成了蒸汽机转速的闭环自动控制系统，使蒸汽机变为既安全又实用的动力装置，如图2-1所示。这一发明开启了自动调节装置的研究和应用，在解决随之出现的自动调节装置的稳定性问题的过程中，数学家提出了判定系统稳定性的判据，积累了设计和使用自动调节器的经验。

图2-1　瓦特离心式调速器

② 局部自动化时期（20世纪40—50年代）。20世纪40年代是自动化技术和理论形成的关键时期。在第二次世界大战期间，为了解决军事上提出的火炮控制、鱼雷导航、飞机导航等技术问题，科学家们设计出了各种自动调节装置和控制装置，开创了系统和控制这一新的科学领域，逐步形成了以分析和设计单变量控制系统为主要内容的经典控制理论与方法。此外，20世纪40年代发明的电子管数字计算机开创了数字程序控制的新纪元，为20世纪60—70年代自动化技术的飞速发展奠定了基础。

③ 综合自动化时期（20世纪50年代末起至今）。这个时期是现代控制理论的形成和发展时期。20世纪50年代末—60年代初，大量的工程实践，尤其是航天技术的发展，涉及了大量的多输入、多输出系统的最优控制问题，用经典的控制理论已难以解决这些问题，于是产生了以极大值原理、动态规划和状态空间法等为核心的现代控制理论。在20世纪50年代末—60年代初，出现了计算机控制的化工厂；20世纪60年代末，在制造业中出现了许多自动生产线，工业生产开始由局部自动化向综合自动化方向发展；20世纪70年代出现了用专用机床组成的无人工厂；20世纪80年代初出现了用柔性制造系统组成的无人工厂。

随着人工智能技术取得阶段性突破，在目前的控制理论结合人工智能技术与产业发展现状向复杂系统继续进军的同时，智能控制领域的发展力度也逐渐加大。随着人们对自动化技术需求的不断增加，自动化专业已逐渐从最初的机械电子领域扩展到了计算机科学、机器人、智能交通系统等多个领域。现代自动化专业既包含了传统的仪器仪表、自动控制、电子电气等学科领域，还涉及先进的工艺自动化、建筑智能化、新能源技术等领域。自动化技术已广泛应用于日常的生产生活中，如工农业生产、军事、交通、商业、医疗及科学研究等，并覆盖了生活中的方方面面[2]。

总体来说，加工过程自动化的发展历程是不断追求高效、精确、智能化的过程，是一部不断创新和突破的历史。从简单的手工加工（图2-2）到自动化、智能化，再到增材制造，每一步都为制造业的进步注入了新的动力。未来，随着技术的不断发展，加工过程自动化将继续向更高层次、更广泛的领域拓展和应用，使机械加工领域的未来更加精彩，为制造业的创新发展开辟更加广阔的前景。

图2-2　全手工生产线时代的酱油酿造工厂

2.2.3　加工过程自动化国内外发展对比

加工过程自动化在全球范围内的发展已经取得了显著的进步，但在不同的国家和地区，其发展水平和应用情况却存在着显著的差异。例如，在一些发达国家，如美国和德国，加工过程自动化已经得到了广泛的应用，并在很大程度上推动了制造业的发展。然而，在一些发展中国家（如中国），虽然加工过程自动化的发展也取得了一定的进展，但与发达国家相比，仍存在一定的差距。接下来，我们将深入探讨加工过程自动化在国内外的具体发展情况。

加工过程自动化全球发展的重要节点：在我国古代，先后发明了自主计时的铜壶滴漏、利用齿轮传动来指明方向的指南车、借助空气动力的走马灯等。1637年，明代著名的科学家宋应星著《天工开物》一书，全书收录了农业、手工业的生产技术，诸如机械、砖瓦、陶瓷、纸、兵器、火药、纺织等生产技术，是世界上第一部关于农业和手工业生产的综合性著作，记录了大量的专用于生产的工艺装备。17世纪的欧洲，随着生产的发展，相继出现了一些自动装置。例如，1642年，法国物理学家发明了能自动进位的加法器；1657年，荷兰机械师利用钟摆理论发明出钟表。18世纪末—19世纪初的英国，为了从矿井里抽水，急需一种新的动力源，在经过一系列发明和改进后，最终研制出能够大量生产的蒸汽机，从而真正实现了以机器代替人力，完成了一场以大规模工厂化生产取代个体手工生产的革命。20世纪以来，自动化技术进入了理论形成的关键时期，为解决军事上提出的种种技术问题，经典控制理论应运而生。1946年，美国福特公司首先提出用"自动化"一词来描述生产过程的自动操作，其建立的世界上第一条生产线生产出的汽车如图2-3所示。其于1947年建立了第一个生产自动化研究部门。

图2-3　1946年福特第一条生产线生产出的汽车

20世纪50—60年代，经典控制理论已难以适应诸如航天工程等重大研究课题，以极大值原理、动态规划和状态空间法等为核心的现代控制理论渐次出现。20世纪70年代中期，自动化开始面向大规模、复杂的系统，例如大型电力系统、交通运输系统等。20世纪80年代至今，计算机网络得到迅速发展，自动化不再局限于生产单元，随着各类信息管理系统、办公自动化及决策支持系统的不断出现，人们开始综合利用传感、通信、计算机、系统控制和人工智能等技术和方法来解决面临的各类经营和管理问题。

我国自动化市场增长迅速，较2010年的1346.3亿元，2011年的市场规模达到1541.2亿元。2014年，较2013年的1457.5亿元，市场规模达到1513.9亿元。2017年，较2016年的1423.2亿元，市场规模达到1857.7亿元。2018年，由于全球经济的波动，市场规模回落至1831.5亿元。

由此可见，2011年、2014年是中国工业自动化市场规模增长非常迅速的年份；2016—2018年，市场规模增长受全球经济影响较大。2020—2022年，以口罩机为代表的自动化市场拉开了号角，智能化、无人化、远程办公等产品概念相继推出，在"碳中和、碳达峰"的大背景下，新能源行业迎来了又一轮高速增长，并且智慧医疗、半导体等先进制造业领域对设备自动化提出了更高的要求。

国内与国外的加工过程自动化发展进程存在一些相似之处，但也有一些显著的差异。在国内，制造业的蓬勃发展推动了工业自动化技术的广泛应用，中国的自动化设备行业已经成为全球自动化设备行业不可或缺的一部分。此外，人力成本的不断增长，市场对产品品质、制造精度需求的提升，都带动了工业自动化市场规模的日益增长。2012年以来，中国的工业自动化市场规模总体呈上升趋势，2019年中国自动化设备行业的年销量超过1.6万亿，同比增长8.4%。2021年，我国工业自动化市场规模为2530亿元，同比增长22%，远超此前预期[3]。到2023年，市场规模已增长至3115亿元。尽管我国的工业自动化行业起步较晚，早期在产品的可靠性上与国外企业存在较大的差距，但经过多年的发展，国内一些优秀厂商技术水平在不断提高，逐步缩小与国外厂商的差距。在国外，欧美在许多加工中的机器人的运用很普遍，能够运用自动化的领域基本上都用到了。欧美自动化产业已经形成规模，整体技术水平较高。国外有着悠久的机器人发展历史，技术经验也相对成熟。图2-4展示了1972年美国轿车的一条生产线。

图2-4　1972年美国轿车的一条生产线

　　智能制造热潮席卷全球，成为推进各国制造业发展的重要动力。在工业4.0、工业互联网、物联网、云计算等热潮下，全球众多优秀制造业企业都开展了智能工厂建设实践。例如：西门子安贝格电子工厂实现了多品种工控机的混线生产；FANUC公司实现了机器人和伺服电机生产过程的高度自动化和智能化，并利用自动化立体仓库在车间内的各个智能制造单元之间传递物料，实现了最高720h无人值守。

　　总的来说，我国的自动化设备行业正在快速发展，市场规模持续扩大，而欧美国家在自动化技术方面拥有更长的发展历史和更成熟的技术经验。无论是在我国还是在欧美，自动化技术都被广泛应用于各种加工中，都在积极推动工业自动化的发展，以提高生产效率，减少人力成本，提升产品质量，并适应市场的快速变化。

2.2.4　加工过程自动化企业应用案例

　　加工过程自动化是现代制造业的重要组成部分，它通过使用工业机器人和其他自动化设备，极大地提高了生产效率，保证了产品质量，减少了人工干预，提高了工作安全性。无论是金属成形、汽车制造、电子电气、橡胶及塑料行业，还是铸造、冶金、食品、化工、玻璃、家用电器和烟草行业，加工过程自动化都发挥了重要的作用。接下来，我们将深入探讨这些行业中加工过程自动化的具体应用。

　　金属成形机床是重要的机床工具。成形加工通常与劳动强度大、噪声污染、金属粉尘等联系在一起，工作人员有时还会处于高温、高湿甚至有污染的环境中，工作简单枯燥，企业招人困难。将工业机器人与成形机床集成，实现了加工过程的自动化，不仅可以解决企业用人问题，更可提高加工效率、精度和安全性，具有很大的发展空间。图2-5展示了上海发那科智能工厂将机械臂应用在金属成形领域的自动化加工过程中，实现了高度自动化的生产线与基于工业互联网的实时数据交换，从原料进厂到成品出厂，整个生产流程实现了前所未有的精准控制与调度。

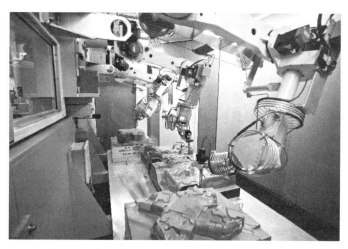

图2-5　金属成形领域应用——上海发那科智能工厂

汽车制造业方面，在我国，50%的工业机器人应用于汽车制造业，其中50%以上为焊接机器人。工业机器人必将对汽车制造业加工过程自动化的发展起到极大的促进作用。图2-6展示了北京宝沃汽车厂的加工自动化流水线。通过整合"数字化工厂""柔性化生产线""智能协同制造"及"大数据、云和车联网"四大功能模块，北京宝沃汽车厂成为全球首个拥有8种车型高速柔性化、自动化、智能化制造能力的工厂，虽然员工只有2000人左右，但是采用柔性生产，在一条生产线上可以同时生产8种完全不同的车型，全厂可以每60s生产1辆，工艺时间52s，每天最大生产量为1200辆，每年最大生产量36万辆。

图2-6　汽车领域加工自动化——北京宝沃汽车厂

在电子电气行业（如电子类的IC、贴片元器件），工业机器人有着广泛的应用。对于橡胶及塑料行业，汽车、电子、消费品、食品行业都离不开塑料制品，而塑料制品是由注塑机和工具加工而成的，这个过程往往少不了工业机器人。在铸造、冶金行业，工人和机器经常暴露在高污染、高温等极端的工作环境中，工业机器人代替工人进行多班作业，能提高生产的效率和安全性。图2-7展示了常州先进制造技术研究所在冶金领域的加工自动化生产过程。研究所开展了机电一体化系统设计，使用机器人等先进设备有效提高了生产效率、降低了生产成本、提高了产品质量。

图2-7　冶金领域加工自动化生产过程——常州先进制造技术研究所

在食品行业，产品日益向精细化和多元化方向发展，单品种大批量的生产越来越少，多品种小批量的生产日益成为主流。国内食品生产厂的大部分包装工作，特别是包装物品的排列、装配等工作基本上是人工操作，难以保证包装的统一和稳定，可能造成对被包装产品的污染。而机器人的应用能够有效避免这些问题。可以通过把传感、人工智能和机器人制造等多项技术集成起来，使机器人系统能自动顺应产品加工中的各种变化，实现了加工过程的自动化。图2-8展示了张家港市奥飞凌机械有限公司的全自动果汁生产线。其采用了PCL，实现了从瓶子入机到包装完毕的全自动控制，易于用户调整设备，满足了不同工艺对生产能力的要求。

图2-8　全自动果汁生产线——张家港市奥飞凌机械有限公司

化工行业是工业机器人主要应用领域之一。为满足现代化工产品的精密化、高纯度、高质量和微型化的要求，化工企业生产环境要求洁净度高，因此，洁净技术直接影响着产品的合格率，洁净机器人也得到了进一步的利用。在玻璃行业中，空心玻璃、平面玻璃、管状玻璃、玻璃纤维——现代化、含矿物的高科技材料，是电子和通信、化工、医药和化妆品等行业非常重要的材料。在洁净度要求非常高的玻璃制造方面，工业机器人的应用非常广泛，实现了加工过程的自动化。图2-9展示了兰迪机器玻璃加工厂的自动化生产车间。它利用大数据和人工智能技术，自动选择、调整生产工艺，实现了高质量、高效率的连续生产，并且车间实现了进程联网管控，能够24h不间断运行，可将不同订单中相似规格的玻璃产品组合生产，有效提高了产品质量和生产效率。

图2-9 兰迪机器玻璃加工厂

在家用电器行业，生产白色家电的大型设备在经济性和生产效率方面的要求越来越高。降低工艺成本，提高生产效率成为企业管理工作的重中之重。自动化解决方案可以优化家用电器的生产过程。例如，海尔互联工厂涵盖了智能制造系统架构的所有内容，构建了设备层、控制层、车间层、企业层和协同层五层架构，实现了人、机、物等的互联，信息的实时共享。小熊电器数字化工厂实现了全自动生产。在注塑车间的生产线上，6台机器仅需1名工人操作，每天生产超过20万个零部件。基于工业装备互联的家用电器智能制造工厂，通过建立个性化定制设计研发体系、透明化生产管理决策平台、柔性化制造信息系统集成、协同化"T+3"快速交付模式、数字化用户智能服务及全价值链运营驱动，成功打造了具有设备自动化、生产透明化、物流智能化、管理移动化、决策数据化、产品物联化"六化"特征的智能制造新模式。

工业机器人在我国烟草行业中的应用最早出现在20世纪90年代中期。例如，玉溪卷烟厂采用了工业机器人对卷烟成品进行码垛作业（图2-10），用AGV搬运成品托盘，节省了大量人力，降低了烟箱破损率，提高了自动化水平。同时，在工厂生产中使用了工业控制计算机，引入了MES（生产执行系统），工业生产中信息化程度越来越高。2015年，玉溪卷烟厂物流中心物资仓储科将PDA（个人数字助理）扫码技术与仓库管理系统数据库终端相连，通过改写控制程序，以1000余元的成本提高了发货准确率。随着信息化、数字化、智能化程度的提升，玉溪卷烟厂生产加工过程越来越专业化、精益化、现代化。

图2-10 玉溪卷烟厂加工厂

新会日兴不锈钢制品有限公司致力于发展集不锈钢器皿研发、生产、销售于一体的经营模式，成为国内大型不锈钢制品企业之一。为了应对生产管理挑战，满足客户对厨房用具的品质追求，2019年，新会日兴公司引入了ERP（企业资源计划）、PLM（产品生命周期管理）与智能制造全流程解决方案（系统），逐步推进了数字化管理升级。新会日兴公司通过车间智能化生产的实现，减少了人工干预，系统控制下的生产标准变得更稳定，产品质量也更有保障。新会日兴公司所运用的MOM（智能制造运营管理方案）聚合了从控制、生产自动化以及SCADA（数据采集与监视控制）系统出来的海量数据，并将其转换成对生产运营有用的信息，如图2-11所示。通过结合采集的数据和从员工以及其他过程获取的数据，MOM提供了完整、实时的，对所有生产环节以及整个供应链的观察。

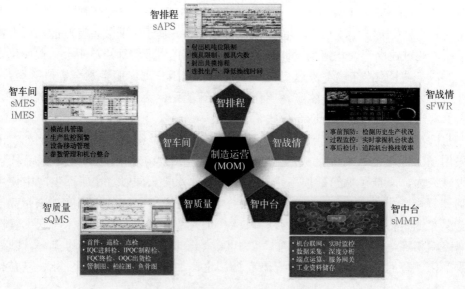

图2-11 智能制造运营管理方案（MOM）

防城港澳加粮油工业有限公司是一家粮油加工企业，通过引入信息技术，实现了生产过程的自动化、智能化。例如，能够通过数据云平台实现对生产数据的采集、分析、判断并进行决策，保障企业高效运作的同时，还提高了灵活应对市场需求变化的能力。防城港澳加粮油工业有限公司最终选择了金蝶云·星空作为实现智能制造数据一体化的云平台，如图2-12所示。通过对财务ERP、供应链、生产制造、银企直连、云之家协同以及企业定制化（如大宗商品期货交易、无人智能磅秤系统、产线数据等）模块的合理布局与流程设置，澳加粮油实现了以下目标：①精益生产管理；②智能仓储；③优化生产计划；④质量精准追溯；⑤通过销售驱动业务优化；⑥供应链可视化。这些成果标志着防城港澳加粮油工业有限公司在智能制造方面取得了显著的进步。

图2-12　防城港澳加粮油智能化综合监控系统集成

富士康的智能工厂采用了如图2-13所示的机器人、人工智能等先进技术，实现了生产线的自动化和智能化，大大提高了生产效率和产品质量。数字化改造前，这座工厂正常运营需338人，改造后，数量减少至18人。另外，改造后工厂生产效率提高了30%，库存周期降低了15%。在"灯塔工厂"，订单主线会进行需求分析，减少插单、补单频率，同时还会对供应商进行有效的协调管理，对生产环节进行精准把控、智能排产、优化库存，在保证质量的前提下，按时交付订单，从源头上达到降本增效；产品研发主线则强调"快"，即快速将客户需求转化为产品，搭建全生命周期的项目研发管理体系，在富士康内部打破各个研发模块的信息孤岛，让所有数据都在统一平台进行管理，每个系统都互相联通，工程师可以快速获取信息，让研发和生产快速有效进行。

目前，加工过程自动化在各个行业中的应用已经非常广泛，它通过使用工业机器人和其他自动化设备，极大地提高了生产效率，保证了产品质量，减少了人工干预，提高了工作安全性。无论是金属成形、汽车制造、电子电气、橡胶及塑料行业，还是铸造、冶金、食品、化工、玻璃、家用电器和烟草行业，加工过程自动化都发挥了重要的作用。随着科技的进步，可以预见，加工过程自动化将在未来的生产和制造中发挥更大的作用，推动各行业向更高效、更安全、更环保的方向发展。

图2-13　富士康智能工厂

2.2.5　加工过程自动化工业应用现状与发展趋势

（1）我国加工过程自动化工业应用现状

目前应用于机械制造自动化的主要技术包括：①计算机网络技术以计算机技术为核心，可以提高机器设备的使用效率；②机械技术，可以精确设计机械零件的运行和受力情况；③自动化技术，可以提高设备的使用效率，保证各个系统稳定运行；④传感器检测技术，收集生产过程中产品的相关信息，从而实现生产全流程监测；⑤控制系统技术，与智能技术相结合，实现更加精准的操作，提高产品的质量和生产效率[5]。

在技术发展层面，自动化技术是紧密围绕生产需求而形成并发展起来的，通过机械化变革，人在工业生产中的位置逐渐从工具化向主导创造的角色转变，目前这一理念仍在探索过程中。我国目前处于工业化建设的中期，对于工业制造设备的投资需求很大，工业化、智能化装备的投资需求也相应很大。在市场规模层面，2020年，我国工业自动化市场规模达到了1895亿元，2021年为1976亿元，2022年进一步超过2000亿元，达到2087亿元，并且于2023年达3115亿元，未来还将持续增长。在政策支持层面，国家出台了一系列产业政策，提供了清晰的导向和有力的支持，为我国自动化装备制造行业提供了良好的发展环境和机遇。在人力成本层面，近几年我国人口红利逐步消退，劳动力成本上涨。在创新能力层面，我国制造业的自主创新能力不断提高，自动化装备制造行业进入替代进口和快速推广的阶段。

我国的加工过程自动化在技术发展、市场规模、政策支持、人力成本和创新能力等方面都取得了显著的进步，但同时也面临着一些挑战，如高端专业人才的紧缺、创新能力不足等，与工业发达国家相比，仍然处于发展相对滞后的阶段。未来，随着科技的进步和市场需求的变化，越来越多的制造业企业会步入自动化的行列，下游制造业企业将获得更多的发展空间，加工过程自动化的发展前景更加广阔。

（2）加工过程自动化发展趋势

随着信息技术和计算机控制技术的不断发展，自动化技术在工业生产中的应用越来越多，对于降低各个行业的生产成本、提高企业经济效益起到了重要作用。采用自动化技术是发展和提高国民经济发展水平的重要手段，也是提高各个行业技术水平的重要手段。目前工业生产的主流发展方向是自动化生产，实现各行各业的自动化生产可以提高我国的工业生产力，加快工业化发展进程，故自动化技术未来将具有更加广阔的发展空间。加工过程自动化的未来发展趋势可以总结为以下几个方面。

① 引入新技术。随着第四次工业革命的到来，制造业正在经历数字化、网络化和智能化的转型。大数据、人工智能、5G和视觉识别等新技术的引入将深刻改变自动化行业，成为推动其发展的新引擎。

② 智能化。在智能制造的大趋势下，我国的制造业正在从传统的自动化制造向数字化和智能化制造转型。这是传统自动化制造的升级，它利用物联网技术和监控技术加强信息管理，提高生产过程的可控性，减少人工干预，提高生产效率。

③ 个性化生产。随着消费者需求的多样化，未来的生产方式将更加注重个性化和定制化。这就需要加工过程自动化具有更高的灵活性和适应性，能够快速响应市场变化，满足个性化需求。

④ 绿色制造。随着人们环保意识的提高，未来的加工过程自动化将更加注重绿色制造，通过优化生产过程，减少能源消耗和环境污染。不能只从经济效益出发，要综合考量，要把社会效益放在首位，才能设计出绿色环保的产品。

⑤ 远程操作和维护。随着云计算和物联网技术的发展，未来的加工过程自动化将能够实现远程操作和维护，以提高设备的可用性和可维护性。

⑥ 模块化。由于机械自动化产品种类繁多，所以在设计机械设备时，要加强设计的严密性，满足最初设计需求的同时，还需要确保其具有模块化的特点。

⑦ 网络化。企业将信息技术有效融入机械设计制造及自动化中，能够最大限度发挥现代信息技术的特点，不仅可以从网络获取丰富的信息资源，也能有效解决生产中的各种问题，提高设备的利用率，扩大设备的适用领域，进一步提升设备的市场竞争力。

⑧ 安全化。传统的设备以人工操作为主，极易受到人为因素的干扰，安全性不高。加工过程自动化可以有效防止人为干扰，排除人为安全隐患，安全性更高。

⑨ 微型化。在传统机械设计中，产品体积通常较大，性能虽然得到了一定的提升，但是会影响其使用。在未来，机械的体积将减小，产品在制造过程中消耗的能量将大大减少，性能也会得到显著提高，更便于普及，因而自动化机械比传统机械具有更大的竞争力[5]。

总的来说，加工过程自动化的未来发展将更加注重技术创新，满足个性化需求，实现绿色制造，提高设备的可用性和可维护性。这将为制造业的发展带来新的机遇和挑战。

2.3　产品组装自动化

2.3.1　产品组装自动化简介

产品组装自动化是现代制造业的重要组成部分，它通过引入先进的自动化设备和智能化技术，提高生产效率，降低生产成本，提高产品质量和生产灵活性，是现今制造业中一项极为重要的技术，其涉及利用各种自动化技术和设备来替代或辅助人工进行产品组装。这种自动化技术不仅局限于简单的装配任务，还涉及复杂生产线操作的各个方面。

自动化组装机是一种高度集成的制造设备，它通过先进的控制系统和精密的机械结构，实现了对零部件的自动抓取、移动、定位和组装，整个过程无需人工干预，大大提高了生产效率和产品质量。自动化组装机广泛应用于汽车、电子、家电、玩具等众多行业。在汽车制造领域，自动化组装机可以实现发动机、底盘、车身等部件的自动组装，显著提高了生产效率并降低了故障率。在电子制造领域，自动化组装机则可以实现电子元器件的高速精确装配，确保了产品质量的稳定性和一致性。

自动化设备是产品组装自动化的关键组成部分，包括各种机器人、自动装配线、传送带和工件夹具等。这些设备可以被编程和控制，用于执行特定的装配任务，而机器人技术则在产品组装自动化中扮演着至关重要的角色。这些机器人能够根据预先设定的程序和算法完成装配、拧紧螺钉、精确定位等任务。通常情况下，工业机器人还配备了各种传感器，用于感知周围环境并做出相应的动作。

自动化系统集成是实现产品组装自动化的关键步骤之一，在这个过程中，涉及将各种自动化设备和技术整合到一条完整的生产线中，包括整合设计、安装、调试和维护的自动化系统，以确保它们能够高效地协同工作。此外，传感技术在产品组装自动化中也扮演着至关重要的角色。传感器用于检测各种参数（如位置、压力、温度等），以实现自动化设备的精确控制和反馈。

视觉系统在产品组装自动化中同样起着非常重要的作用，用来检测和识别产品零件、检查装配质量，导航和定位机器人。通常情况下，视觉系统使用摄像头和图像处理软件来实现视觉功能。

产品组装自动化的优势是显而易见的。首先，企业通过产品组装自动化可以大大提高生产效率和产量。同时，自动化系统能够实现7×24h连续生产，减少了生产线停机时间。其次，自动化系统可以实现高精度和高一致性的装配，提高了产品质量，降低了次品率。最后，产品组装自动化还能够减少对人工劳动的依赖，降低了人力成本。同时，它还减少了人员与危险环境的接触，提高了安全性。

随着全球制造业的转型升级和智能制造的快速发展，自动化组装机迎来了更加广阔的发展空间。未来，自动化组装机将更加注重智能化、柔性化和绿色环保。企业通过引入人工智能、大数据等先进技术，实现自动化组装机的自适应学习和智能决策，可以进一步提高企业生产效率和产品质量，保持竞争力，从而创造更大的价值。

2.3.2　产品组装自动化现状与面临的挑战

（1）产品组装自动化现状

① 工业机器人的角色。随着科技的迅猛发展，产品组装自动化正成为制造业不可忽视的引擎，其作用不仅体现在提高生产效率、降低成本、确保产品质量等方面，更在于推动整个制造业的转型升级。本节将深入剖析产品组装自动化的现状、面临的挑战以及未来的发展趋势，揭示这一领域所蕴含的巨大潜力。

产品组装自动化的现状取决于工业机器人的广泛运用，它不仅是简单的制造执行者，更是复杂制造系统中的关键组成部分。机器人的角色不仅限于完成基本的制造工作，还涉及插销组装、航空部件组装、模具铸造部件组装及电子产品组装等关键任务。现代工业机器人以其卓越的精度和高速度为生产线注入了强大的活力。例如，图2-14展示了ABB的工业机器人在自行车车架拼接自动化中的应用实例。

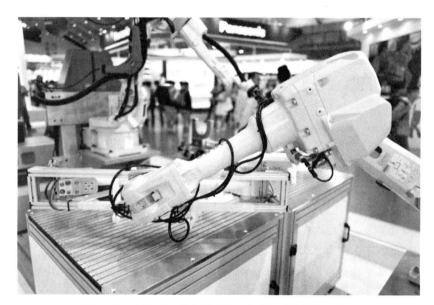

图2-14　ABB的工业机器人助力自行车车架拼接自动化

② 任务规划与编程技术。现有的很多机械产品的组装作业主要由人工完成。产品组装中，机械部件和模块的定位和紧固依赖于操作人员的经验。对于简单的任务，工程师可以通过指示机器人遵循所需的关节角度配置方案完成工作；更复杂任务则会将物理模型嵌入控制系统中，但这通常非常脆弱，因为许多现实世界的物理效应很难被准确捕捉，这使得最终产品的完成效率较低且差异性较大。

尽管机器人可以不间断地工作，使操作人员从重复烦琐的组装工作中解放出来，但机器人主要依靠示教、复制或编程操作来实现简单的过程自动化，每项操作仍需要大量的时间来设计。因此，必须使用自动化过程来提高产品组装的效率和准确性。为加强其自主技能，机器人需要被赋予更高水平的智能和控制策略，尤其是在具有更小批量和更短工程周期的柔性制造中，需要设计快速强大的控制策略，用来应对生产的时变性。

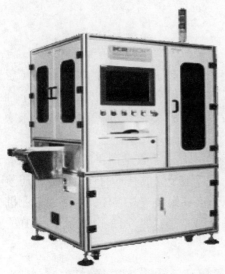

图2-15　乔戈里公司生产的全自动机器
视觉在线检测设备

在现代自动化系统中，任务规划与编程技术迎来了显著的发展。离线编程通过计算机模拟和仿真，使机器人得以在虚拟环境中练习组装任务，这不仅提高了任务执行的准确性，也为生产过程带来了更高的效率。与此同时，在线编程通过示教和手动操作，使得机器人能够迅速学习新的组装任务，增强了自动化系统的灵活性和适应性。

③ 先进的传感技术。自动化系统的智能化离不开先进传感技术的运用。视觉传感器、力传感器和位置传感器等的广泛应用，不仅使机器人能够获取实时信息，还使其能够更好地适应生产环境的动态变化，提高了自动化系统在复杂任务中的表现。例如，图2-15中乔戈里公司生产的全自动机器视觉在线检测设备配备了大量传感器，并利用机器视觉技术进行工件检测。

④ 人机协作的实现。在当前自动化领域的发展中，人机协作被认为是一个引人注目的发展趋势。协作机器人的引入不仅带来了更高的安全性，同时也实现了人机在同一工作空间内的紧密合作，这种紧密合作不仅提高了整体工作效率，更为未来的工业生产带来了新的可能。

（2）产品组装自动化面临的挑战

产品组装自动化虽然取得了显著进展，但仍然面临着一系列的挑战和问题。

① 复杂任务的自动化难度大。面对一些复杂的组装任务，机器人依然需要通过示教、复制或编程操作来实现自动化。这意味着为了使机器人能够执行新的、具有挑战性的任务，需要投入相当多的时间和资源。示教过程涉及人工引导机器人执行特定任务；而复制是将已经完成的任务模式复制到其他相似任务中；编程操作则需要工程师或技术人员以高水平的技术支持，通过指定机器人的行为、关节角度等参数来实现自动化。这些步骤复杂、耗时，使得自动化过程的设计变得相对烦琐，严重制约了自动化技术的快速应用和适应新任务的能力。随着制造业的不断演进，寻找更加高效且灵活的方法来实现复杂任务的自动化，将成为未来产品组装自动化发展的一项重要挑战。

② 控制策略提升的需求。在拥有更小批量和更短生产周期的柔性制造环境中，必须设计更加迅捷且强大的控制策略，用于适应系统迅速变化的需求。传统的标准控制方法在面对复杂的动态情境时可能显现出性能不佳的情况，因为这些方法通常依赖于预先设定的参数和模型，难以灵活地应对系统运行中的动态变化。因此，迫切需要更具适应性和稳健性的控制算法，以确保其在不同工作场景中都能够保持高效运作。

这种控制策略的发展将直接影响自动化系统的灵活性和应变能力。在追求更短生产周期的同时，控制算法需要具备足够的智能，能够快速识别并应对系统变化，确保机器人在不同任务和环境中能够高效、可靠地完成工作。因此，未来的研究和创新将致力于开发更加智能、自适应的控制策略，用于推动产品组装自动化在柔性制造中的更广泛应用。这不仅将提高生产线的效率，同时也将为制造业带来更大的灵活性和竞争力。

③ 系统非线性和环境不确定性。机器人的性能常受系统非线性、传感器噪声和外部干扰的影响，如果这些噪声和干扰没有得到适当的修正，模型的不确定性将导致机器人在生产过程中性能下降。当前大多数工厂常常会对机器人进行频繁的重新编程，这种手动的建模和调整代价非常昂贵。即使基于模型的控制器的最初性能良好，其也可能随着时间的推移而退化，这种影响可能是由于机器人的物理特性发生了变化（例如齿轮磨损、伺服系统退化等）。

④ 复杂动态环境的适应性不足。工业机器人在应对复杂动态环境时，展现的能力相对有限，特别是当面临未知环境中的不确定因素时，工业机器人的适应性显得相对较差。这种不适应性在处理复杂组装任务时变得尤为显著。对于那些具有环境动态性、要求高度灵活性、涉及多个对象以及包含复杂动作类型的组装任务而言，机器人在组装过程中面临的不确定性尤为显著。

2.3.3 产品组装自动化企业应用案例

在汽车装配领域，随着汽车消费市场需求的多样化，车企研发进程加快，新车型投入生产的周期也因此大大缩短。这种在同一条生产线上生产多种车型，并能快速扩展后续新车型的加入的柔性化生产，因具有灵活性强、生产成本低、市场适应性强的特点，在全球汽车生产中得到了广泛应用，在我国也不断发展。与此同时，在总装过程中的柔性化生产，在生产质量控制和效率提升方面也遇到了新的挑战。

阿特拉斯·科普柯的智能装配管理平台（SAMS）与客户生产系统（MES）和PLC系统集成后，可实现混线生产下多车型的拧紧工艺识别，自动下发拧紧任务到拧紧工具，并控制拧紧任务执行流程，避免人为因素产生的错误和返修引入的新拧紧问题，提升产品一次通过率及最终产品质量，是柔性化、智能化装配生产线。图2-16所示为SAMS的3D示意图，具体实施流程如下。

① SAMS与MES与接口连接，用于获取生产队列信息和车辆工艺信息，并将这些信息解析到生产工位。

② 现场线头有RFID（射频识别），用于读取车辆信息，生成车型队列。

③ 线头PC用于缓存MES队列信息和车辆生产信息。

④ SAMS服务器用于解析生产队列信息和车辆工艺信息。

⑤ SAMS服务器与PLC进行通信，根据车辆物流信息，获取车辆进入或离开工位的信息。

⑥ 当收到车辆进站信号后，将车型序列、车型参数和拧紧程序推送到各装配工位。

⑦ 激活各工位拧紧工具，进行螺栓拧紧。当拧紧程度不合格时，可启动紧急策略进行返修。

⑧ 车辆出站前，将合格/不合格信号反馈到Andon PLC。

⑨ Andon PLC可传递停线信号给机运，用于控制线体运行。

⑩ ToolsNet 8可采集所有拧紧数据及拧紧过程数量，并在服务器数据库中统一存储，用于查询进一步的拧紧结果，分析和优化拧紧工艺。

阿特拉斯·科普柯的智能装配管理平台（SAMS）具有设置简单、可快速实施、成本优化、可防止物料报废、工艺可靠性和透明性高以及可升级至完整的装配工艺控制等优势，已在汽车行业多个客户的产线上应用，并获得客户的积极评价。某个客户公开表述"通过SAMS部署，将品质的保障能力从99.1%提升至99.9%"。

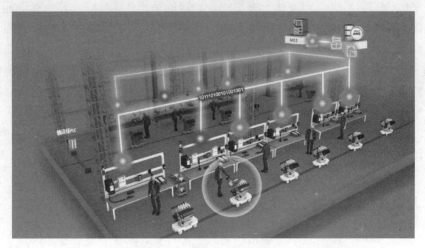

图2-16 阿特拉斯·科普柯的智能装配管理平台（SAMS）

国机集团武汉纺友利用虚拟现实技术进行工业仿真，可以将生产环境进行VR模拟，形成全景虚拟场景，用户能够在场景中自由地漫游，其体验感就像在真实厂房中一样，如图2-17所示。此外，国机集团武汉纺友还将虚拟现实技术应用于工程机械和数字化工厂等，用于全面提升企业培训效率，并直观展示设备生产工艺流程及内部结构。

在全流程智能纺纱项目中，国机集团武汉纺友以打造信息化、数据化、智能化全面融合的纺纱示范工厂为目标，引入安全可控的智能制造手段，以现代棉纺成套设备和自动化物流包装设备为基础平台，实现了全流程智能物流、全流程智能远程运维、夜间无人值守，进而实现了智能化纺纱装备系统及生产水平的重大突破，引领了纺纱生产方式智能化转型升级。

图2-17 国机集团武汉纺友全流程智能纺纱项目中的VR建模

为减少工厂内部发生事故的概率，宝山钢铁股份有限公司在智能工厂方案中提出了一种实现生产作业本质化安全的思路，其投用了1250多台机器人，用于提高安全生产效率，如图2-18所示。在宝山基地炼铁厂2号高炉车间内，出完铁水的炉子上会留下洞口，工厂首先使用一台无人驾驶的小叉车将600kg炮泥搬运至上料区域，随后炮泥加注机器人通过红外线扫描，自动抓取、装填，对准出铁口加注炮泥，随后高炉可继续冶炼下一炉铁水。以往，这整个作业流程全部由人工完成，需要2～3人在50多摄氏度的高温环境中来回搬运重物，在加注操作过程中，还要注意煤气泄漏等环境风险。如今只需一人监督机器人全自动化操作即可。

图2-18 宝钢工厂的炮泥加注机器人

2.3.4 产品组装自动化应用现状总结与发展趋势

在产品组装自动化应用现状方面，工业机器人的广泛应用为生产线提供了强有力的支持，先进的任务规划与编程技术以及传感技术的进步使得自动化系统更加灵活和智能。人机协作的实现更是为工业生产带来了新的可能，为人类与机器的共同协作创造了更安全、更高效的工作环境。

然而，面对诸多挑战（如复杂任务的自动化难度大、控制策略的提升需求以及环境不确定性），产品组装自动化仍需要不断创新和改进。在未来的发展中，先进技术的应用将成为关键推动力，深度学习、模拟与虚拟现实的融合将为机器人的训练和优化提供更加广阔的空间。智能制造的崛起将使得机器人具备更高级的认知和决策能力，使生产线更具自适应性和灵活性。同时，环境感知与实时优化的引入将使自动化系统更加精准地应对不断变化的制造环境。下面介绍产品组装自动化的未来发展趋势。

（1）先进技术的应用

未来的产品组装自动化将深度依靠先进技术的广泛应用，包括深度学习、机器学习等人工智能技术。这一趋势将推动机器人拥有更高水平的智能，使其能够更加灵活、智能地适应不断演变的组装任务和复杂的制造环境。深度学习算法的引入，将赋予机器人更加高级的认知能力，使其能够通过经验学习不断提升适应性，以实现更为精准和高效的组装操作。

例如，基于深度学习的产品数字模型智能装配系统，可以直接根据零部件数字模型信息，利用深度信念网络的学习性，实现对零部件模型装配关系的确定，极大地方便了产品模型的三维装配设计，缩短了设计周期，提高了设计效率[4]。

（2）模拟和虚拟现实的整合

未来的产品组装自动化将进一步整合模拟和虚拟现实技术，可以提升机器人的训练效果，降低试错成本。通过在虚拟环境中进行广泛训练，机器人将能够更全面地适应各种组装场景，减少在实际操作中的错误率。这种整合不仅有助于加速机器人的学习，还减少了在实际生产中可能出现的成本高昂的错误，为生产线的稳定运行提供更可靠的保障。

以虚拟现实和增强现实技术在飞机装配中的应用为例。飞机具有尺寸庞大、结构复杂、零部件众多等特点，飞机装配涉及大量内容繁杂、形式多样的行业知识。对于产品装配来说，研发、设计和制造工作中产生的众多技术信息至关重要[5]。

在传统的装配工作中，信息和数据通常分散在各手册中，这种分散的二维信息不仅增加了管理和使用的难度，而且二维图纸表达不够直观，需要工作人员具备较强的视觉空间能力，即能够结合多个不同视图来想象产品的整体外观。此外，二维图纸中的技术要求等信息分散，不便于工作人员获取装配信息，因而增加了装配难度，降低了效率。

引入虚拟现实技术可以构建全方位的三维虚拟环境，而增强现实技术则可以将虚拟信息叠加到实际场景中。通过综合运用AR和VR即混合现实（mixed reality，MR）技术建立的虚拟环境，能够提供更加集中、全面的装配信息，同时减少建模的复杂性。基于MR技术的虚拟装配系统能够统一、集中管理所需的大量信息，可以显著缩短飞机装配的前置时间，减少资源浪费和成本。若将虚拟环境与真实环境相匹配并融合，可以为工作人员拓展信息获取的途径和范围，增强对关键信息的感知能力，同时也降低了对工作人员视觉空间能力的要求。在装配工作方面，这种技术可以大大减少装配误差，缩短装配时间，提高装配效率和质量[6]。

（3）人机协作的加强

未来的发展将更加强调人机协作的核心作用。协作机器人将不再仅是自动化系统的一部分，更将成为生产线中不可或缺的关键部分。它们将与人类操作员更加密切地合作，共同完成任务，实现更高水平的生产效率。这种协作模式旨在保障工作安全的前提下提高整体工作效率，创造具有创新性和高度灵活性的制造环境。

例如，在基于深度强化学习的人机协作组装任务分配方法[7]中，人机协作组装任务分配形式被转化为强化学习问题，并针对深度Q网络（deep Q-network，DQN）算法中频繁情节重启导致的探索效率低下的问题，引入了存档机制及改进算法——Archive DDQN。利用该算法与模拟环境进行交互，可以执行人机协作组装任务分配。基于两种不同难度的组装任务的模拟环境进行的对比实验，证实了这一方法在适应人机协作任务分配日趋复杂的任务结构和高维任务空间方面的有效性。

（4）环境感知和实时优化

未来的自动化系统将更加注重环境感知和实时优化，如引入更先进的环境感知技术，将使机器人更加敏锐地感知复杂动态环境的变化。同时，实时优化算法的运用，将使系统能够及时调整策略，可以适应系统运行中的变化，提高生产线的灵活性和适应性。这一趋势的目标是使自动化系统更加智能，更好地适应未知和动态环境的挑战，为未来产品组装自动化带来更多的智能和灵活性。

徐远等针对工业生产中自动装配技术装配精度不高的问题，提出了一种基于机器视觉和六维力传感器的自动装配方法[8]，采用两个摄像头对装配物体和装配孔进行二次定位，通过六维力传感器实现装配过程中的方位控制，完成精密装配作业。图2-19展示了该方法使用的相关设备。

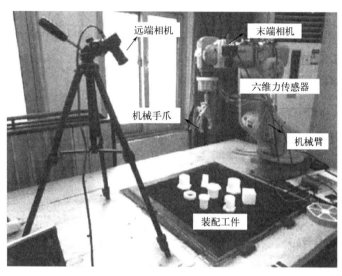

图2-19　东南大学的基于机器视觉和六维力传感器的自动装配方法[8]

展望未来，我们对产品组装自动化寄予厚望。在技术不断演进的大潮中，我们将目睹自动化系统由简单执行者向智能决策者的转变。这一转变不仅将为制造业带来更高效的生产方式，更将推动整个产业向数字化、智能化的方向迈进。产品组装自动化的未来发展将是科技创新、智慧制造与人机协作的交融，将为我们构建更加智慧、高效和可持续发展的制造体系奠定坚实基础。

2.4　物流运输自动化

2.4.1　物流运输自动化简介

随着智能生产系统研究的深入，人们迫切需要提高制造系统的生产效率、可靠性和灵活性，而制造系统的生产效率受到物流运输效率的影响，因此，物流运输受到了人们的广泛关注[9]。制造系统需要物流运输自动化系统来管理和组织物流。在即将到来的工业4.0时代，自动导引车（automated guided vehicle，AGV）由于具有操作简单、响应迅速、工作效率高等优势，被视为是实现智能制造的使能技术，并被广泛用于提高仓库和物流作业的效率。AGV是一种自动驾驶的移动平台，能够在工厂、仓库和其他物流场景中自主导航，执行货物搬运、分拣、装载等任务。它们通常采用激光、摄像头、传感器等装置感知环境并与系统通信，完成预先给定的任务，在智能工厂和智能制造中的工程应用，已经得到迅速发展。AGV具有很大的自由度，在物料和产品的柔性运输中发挥着至关重要的作用。当前，室内导引车已在各种车间和仓库的物流操作中得到应用，包括材料供应和产品运输等，尤其是广泛应用在多品种、小批量、定制化的生产模式中，但这带来了更多的物流任务和更高的实时性要求。在物联网、信息物理系统和多智能体等先进技术的支撑下，使用AGV进行运输，可以显著提高效率并降低成本。

AGV物流运输面对的第一个问题是如何进行机器人定位映射。首先，机器人必须知道其相对于周围环境的位置，常用的定位方法有超声波导航定位、视觉导航定位和即时定位与地图构建（simultaneous localization and mapping，SLAM）等方法。其中，超声波导航定位通过接收AGV发射的超声波的反射信号，根据超声波发出及回波接收时间差及传播速度，计算出传播距离，进而计算得到AGV当前的位置。由于超声波传感器自身存在有镜面反射、波束角有限等缺陷，AGV难以充分获得周边环境信息，通常采用多传感器组成的超声波传感系统，建立相应的环境模型，通过串行通信把传感器采集到的信息传递给AGV的控制系统，控制系统再根据采集的信号和建立的数学模型，采用一定的算法进行对应的数据处理，进而得到AGV的位置和环境信息。视觉导航定位通常在AGV上安装车载摄像头，图像识别、路径规划等高层决策都由车载控制计算机完成，通过对周围环境进行光学处理，将采集到的信息进行压缩，并将其反馈到一个由神经网络和统计学方法构成的学习子系统，再由学习子系统将采集到的图像信息和AGV的实际位置联系起来，完成AGV的自主导航定位功能。相比超声波和视觉导航定位，SLAM技术具有定位精度较高、获得信息更丰富等优势，逐渐成为国内外研究者广泛使用的定位技术。室内SLAM主要利用光学摄像头或激光雷达，获取地图数据，使AGV实现同步定位与地图构建。通过激光碰到周围物体并返回，计算机系统可计算出车体与周边物体的距离。计算机系统再根据这些数据描绘出精细的3D地形图，与高分辨率地图相结合，生成不同的数据模型以供车辆导航使用。

获取环境地图与自身定位后，AGV物流运输需要解决路径规划和任务分配问题。该问题分为AGV调度和路径规划两个阶段。在AGV调度阶段，完成每辆AGV的任务分配，通常的处理方法是将AGV的运输任务划分为连续的运输周期，当前运输周期收集的任务在下一个运输周期内进行运输和调度[10]。这种处理方法可以有效提高AGV调度的效率，但对于实时特殊情况的处理能力较弱，特殊情况只有在下一个运输周期开始或当前运输周期结束时才能处理。由于AGV调度阶段是按照周期划分来处理任务的，因此一般在周期的最后一个阶段生成一个调度方案，以保证尽可能多的任务能够同时调度，并且在周期内不会发生变化。为每辆AGV分配任务后，AGV需要找到执行给定任务的最优路径。优秀的AGV调度方案可以有效提高AGV的运输效率，降低运输成本，而优秀的AGV路径规划方案可以提高道路的利用率和AGV运行的安全性。传统规划方法往往采用集中控制方法，并将任务分配视为单辆或多辆AGV的路径规划问题。一方面，它对控制中心的计算能力和实时能力提出了极高的要求。另一方面，环境的随机性、复杂性和动态障碍会损害系统的稳定性和可扩展性。强化学习算法可以满足AGV路径规划的需求，基于强化学习的路径规划算法是一种智能决策方法，适用于各种环境中的路径规划，通过与环境的交互学习，根据不同环境和任务的特点自动调整路径规划策略。

AGV物流运输的另一个问题是解决车辆之间的移动冲突。AGV在运动过程中需要避免与其他AGV或障碍物发生碰撞，以确保物流运输的安全进行。许多基于规则的策略经常用于处理AGV冲突，然而，复杂制造系统中的动态车间环境、大规模定制、复杂产品组装等多样化的生产特性带来了新的挑战。对这些生产特性，不仅要考虑输送的效率，还要考虑经济性、时效性和安全性。这意味着车间的情况将更加复杂，单一的基于规则的策略无法大幅提高生产效率，因此设计复杂车间环境中涉及各种碰撞情况的AGV移动冲突解决方案，提高AGV的自适应决策能力，以应对交叉路口的各种碰撞情况，是一个亟待解决的问题。

2.4.2　基于SLAM的室内定位导航

当前室内机器人的定位技术主要依赖于即时定位与地图构建技术，即SLAM技术。SLAM技术是指机器人在未知环境中通过本体携带的传感器进行数据采集，进行位姿估计和定位，构建增量式地图，从而实现自主定位和导航。SLAM技术于20世纪80年代初被提出，当时的研究者将定位和地图构建作为两个独立的课题进行研究。随着研究的深入，研究者发现了这两个课题之间强烈的相关性，因而将定位和地图构建作为一个组合问题进行求解，并提出了SLAM技术。根据使用的传感器的类别不同，当前主流的SLAM主要分为激光SLAM和视觉SLAM等。其中，视觉SLAM依赖视觉传感器进行机器人的定位，需要处理的数据量较大，对计算能力要求较高；同时，视觉SLAM对环境的光照和纹理有一定的依赖，在室内环境中其性能可能会受到影响，精确度不高且实时性难以保证。以激光雷达为主要传感器的激光SLAM可以解决上述问题，利用激光雷达直接测量距离，实现更准确的环境感知，获取物体的空间位置和形状信息，构建高精地图进行精确定位，使时间运行的SLAM系统更加可靠和稳定。因此，AGV的室内定位映射通常利用激光SLAM来完成。

激光SLAM主要分为2D激光SLAM和3D激光SLAM，激光雷达根据激光线数可以分为单线激光雷达和多线激光雷达。其中，单线激光雷达也称为一线扫描激光雷达，是2D激光SLAM的主要传感器，利用单个探测器从一个角度扫描环境，只能获取一个平面的点云数据，无法获取三维物体的高度信息，适用于室内场景。多线激光雷达应用于3D激光SLAM，采用多个探测器同时从不同的角度扫描环境，获取含有三维物体坐标信息的点云数据。根据探测线数的不同，多线激光雷达可分为16、32、64、128等不同型号。随着线数的增加，传感器获取点云数据的速度加快，数据量也更丰富，建立的地图精度更高。相比于单线激光雷达，多线激光雷达成本较高，主要应用于自动驾驶等需要高精度环境感知和地图构建的领域。固态激光雷达是一种新型的激光雷达，与传统的机械扫描式激光雷达不同，它是一种窄视野（field of view，FoV）的激光雷达，通过光学相位阵列或光电子扫描来实现宽视角的测量[11]。综合考虑多种激光SLAM的成本和精度，选取2D激光SLAM

可以实现较低成本、较高精度的室内定位。

激光雷达传感器由激光发射和激光接收两部分组成。发射系统的工作原理是发射激光束到障碍物，当激光束击中障碍物时，会产生一组点云，从本质上说，它测量的是每束激光反射回来所需的时间，即 $D=ht/2$。式中，h 为光速 m/s；t 为激光碰撞障碍物并返回所需的时间，s。基于激光 SLAM 的室内 AGV 定位与导航总体架构如图 2-20 所示。

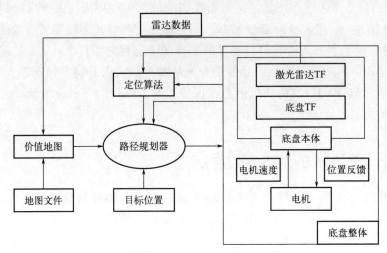

图 2-20　基于激光 SLAM 的室内 AGV 定位与导航总体架构

2.4.3　AGV 任务调度

AGV 的任务调度决定着其运行效率和系统整体的性能，合理的任务调度能够减少 AGV 之间的冲突、降低等待时间、降低运输成本、提高设备利用率，同时确保货物按时准确地到达目的地。当前 AGV 任务调度已经广泛应用于各个领域，如制造业的物料运输、电商仓储物流、医疗器械分发等，为不同行业提供高效、精准的物流运输服务，但仍面临着以下技术难题。

① 动态环境中的实时调度。AGV 工作的环境通常动态性较高，环境的实时变化可能导致任务分配的不确定性，例如移动障碍物、临时新产品等，调度系统需要准确地预测和响应任务需求，用于保证任务分配的准确性和时效性。

② 异构多 AGV 协同调度。当多辆 AGV 同时在一个区域内运行时，在任务分配的过程中需要考虑它们的运动冲突性，避免资源浪费和系统效率下降。此外，由于 AGV 的异构，如何有效分配任务给不同类型的 AGV，并确保它们能够协同工作，避免资源争用和任务重复执行也是需要考虑的问题。

③ 多目标优化下的物流运输任务分配。物流运输任务分配需要考虑多个目标的优化，如最小化运输时间、最大化设备利用率、减少能源消耗等，需要进行多目标决策，设计高效的算法来实现任务调度，在有限的时间内找到最优解，并满足各种约束条件。

当前，绝大部分工厂采用的调度策略是"先来先服务"（first come first served，FCFS），先发送请求的单元优先获得服务，然而这种策略效率较低，很可能会导致AGV反复从工厂的一端行驶到另一端，使大部分时间花费在运动过程中，严重影响了企业的生产效率，也会导致运输成本的增加。AGV的任务调度是一个NP难问题，难以在有限的时间内求出最优解。当前求解NP难问题的常用方法有启发式算法、元启发式算法和强化学习算法等。例如，Zeng等[12]提出了一种结合改进时间表方法和局部搜索的两阶段启发式算法，建立了两种整数非线性规划模型，基于析取图模型提出了局部搜索中的邻域结构，解决了有限数量的AGV在不同机器之间转移作业的调度问题。Li等[13]设计了一种稳定的分层边缘云控制台，考虑多机器人和多任务的大规模场景，为每台AGV分配一个最优的任务序列，优化目标是最小化AGV运行的总路径长度。还有学者提出了一种基于启发式算法和并行变量邻域搜索的调度策略。还有一些研究[14-17]结合AGV实现了基于启发式算法和强化学习算法的调度策略，用于解决物料搬运过程中的任务分配和调度问题。这些方法旨在提高生产线的效率和灵活性，并在实验中展现出了较好的性能，为工业制造和物流领域带来了新的优化方案。

在企业应用方面，三一工厂内运行的工业移动机器人通过5G终端接入园区5G专网，通过部署在MEC上的调度服务器接入MES等，融入工厂的自动化、数字化产线。工业移动机器人的任务调度可以由产线现场人员输入，也可通过园区互联专线由其他园区的人员远程输入。工业移动机器人的状态和作业数据存储在5G专线内的数据中心，并支持不同园区间的远程实时监控。三一工厂通过应用5G工业移动机器人，实现了生产过程的少人化，节约了人工成本，提升了生产效率。产线物流业务实现了数字化，优化了产线节拍，降低了库存，同时解决了大型工件搬运过程中的安全隐患，打造了"5G+AGV"应用的样板工程。杭叉智能为化工行业建立了首个5G+AGV项目，该项目的用户为韩国在中国的化工外企。杭叉智能通过整合机械臂、输送线、穿梭车、打包机及WMS等软硬件，结合自己的新款堆垛前移车进行项目规划，充分发挥车辆小巧灵活、对空间需求小的优势，配以锂电快充、大容量的特点以及5G的巨大优势，因地制宜，在较短的时间内完成项目实施并投入使用，完全替代了原先人工车的作业模式，达到了机器换人的目的，实现了整体物流智能化。

迦智科技实现了近百台自然导航AMR高效协同作业。在5G低延时、大带宽、高速率的传输特性加持下，实现了与用户现场的MES、WMS以及第三方设备间的互联互通，信息上传下达。在项目中，迦智科技采用定制的载具，完成了从单板原材料物流、分板前后单板在制品物流，到整机原材料物流、在制品原材料上下料，再到整机在制品物流、整机出入库等所有生产环节间的物料柔性转运，助力用户实现了智能化柔性制造，提升物流效率，满足生产节拍需要。

凭借领先的5G柔性物流机器人解决方案，以及在鞋服行业的丰富经验，快仓智能为某纺织服装工业互联网智慧工厂打造的5G-AMR高柔性物流机器人解决方案落地上线。该项目采用5G实现了生产车间数据高速上传，信息化管理。通过AMR机器人按照MES生产指令进行生产工作站按需组合，柔性无缝切换，最大化利用生产设备。生产区域矩阵式部署，无固定设备，可按需分区部署，快速拓展，最大限度保障了用户的生产，满足了用户"轻定制"服装定制平台的需求。

灵动科技的 TCL 5G 智慧工厂"一键运料"解决方案首批应用了近 20 台 AMR 机器人，在 5G 环境中，TCL 机芯厂生产部 SMT 车间实现了生产计划下达—原料齐套和拣选—原料上线—成品下线—成品智能仓管—成品智能配送下车间"一键运料"全流程闭环管理，产线诸多流程得以持续改善，运行无故障率达到 99.9%，搬运人工 100% 全替代，云边端协同下，端到端全流程无人干预节省基层调度管理员 20%，物料周转天数压缩 30%，是智能制造场景中 5G 最佳实践之一。

联核科技作为能源安全和电力供应的重点骨干企业，有着极其繁重的搬运任务。联核科技从叉车这个垂直领域切入，凭借自主研发的运动控制核心技术优势，借助 5G+ 物联网，首创性地实现了真正意义上的 5G 远程驾驶功能。5G 远程驾驶系统架构从三个层次进行构建，提供"车端、5G 网络、虚拟驾驶舱"协同的一体化远程智能驾驶服务。通过人工远程控制，实现叉车在库内和室外的安全作业，确定了 5G 远程驾驶技术在工业领域应用的可行性及可操作性。

2020 年年末，优艾智合 5G 仓储盘点巡检机器人 ARIS-RFID 正式落地中国移动某云计算数据中心 RDC 仓库，利用 5G 实现了超大面积仓库的高效巡检盘点。该巡检机器人集地图识别、路径规划、自主导航移动、智能避障、目标物体辨识、RFID 盘点等功能于一体，硬件主要由智能移动 AGV 平台、云台、RFID 和人脸对比仪组成。搭载上层 YOUI-Fleet 机器人调度系统和 YOUI-INS 管理软件，实现了 RDC 仓库入库、出库、盘点、移位、安保的物联高效管理。该项目是国内 AGV 领域首次实现成功部署在电信级网络中，并提供了99.9999% 可用度的电信级服务。

2.4.4　AGV 路径规划

随着任务规模增加、物流范围扩大，AGV 运输前要先对运动路径进行规划。AGV 的路径规划是确定 AGV 从起点到终点的最优路径，以便在完成任务的同时，最大限度地减少运行时间和能源消耗。路径规划的主要目标是避免碰撞，确保 AGV 之间的协调，并考虑 AGV 的运行速度、载荷能力和电池状态等因素，其本质是在多约束条件下获得最佳的或可行的解决方案。路径规划结果的优劣将直接影响 AGV 执行任务的实时性和结果的优劣。路径规划可分为离散的全域路径规划和连续的全域路径规划，根据路径规划算法可分为传统算法路径规划和现代智能算法路径规划，根据对 AGV 工作区信息的理解程度可分为基于部分区域信息理解的路径规划（局部路径规划）和基于完全区域信息理解的路径规划（全局路径规划）。局部路径规划是指在 AGV 执行任务过程中，基于传感器采集的局部环境信息进行实时动态路径规划，具有较高的灵活性和实时性，但规划出的路径可能只是局部最优。全局路径规划首先需要基于已知的全局环境信息建立抽象的全局环境地图模型，然后利用搜索算法在地图模型上获取全局最优或更优路径，最后在真实条件下引导 AGV 安全地移动到目标点。这个过程主要涉及两部分：一是环境信息理解和地图模型构建；二是全局路径搜索和 AGV 引导。AGV 路径规划需要将全局路径规划和局部路径规划结合起来。前者旨在找到全局优化路径，后者旨在实时避开障碍物。

全局路径规划属于静态规划（也称离线路径规划），一般适用于 AGV 作业环境中障碍物信息被充分掌握的情况。目前常用的全局路径规划方法主要有遗传算法、快速随机搜索树算法和蜂群算法等。Wang等[18]提出了一种基于传统遗传算法的改进遗传算法，利用序列号编码和适应该编码机制的遗传算子，并增加了更多新的突变算子、插入算子和删除算子，改进了最优保存策略，提高了算法的计算速度，增强了搜索过程中的避障能力。2017年，Wang等[19]提出了遗传算法缺陷的自适应交叉和突变概率方法，通过混合选择对传统遗传算法进行优化，提高了遗传算法的收敛速度和进化效率。Guo等[20]建立了多AGV的无冲突路径规划模型，考虑AGV的行驶速度、运行时间和冲突距离，将改进的加速度控制方法与基于时间代价的AGV优先级确定方法相结合作为AGV的协商策略，采用改进的Dijkstra算法计算AGV的路径。Luo等[21]提出了一种混沌人工蜂群算法，帮助蜂群算法跳出局部最优解。该算法基于传统的蜂群算法和混沌机制，帮助算法找到最优参数。2017年，马乃琦等[22]在利用人工蜂群算法处理复杂优化问题时，由于原蜂群算法耗时长、精度低，所以他们提出了改进的蜂群算法。该算法根据粒子群优化的思想，改进了跟捕蜜蜂的局部搜索过程，改进了领头蜂的位置更新方法，将分割搜索策略融入其中，最终提高了算法的收敛速度和准确率。

局部路径规划属于动态规划（又称在线规划）。局部路径规划只需要通过传感器实时采集环境信息，确定环境地图信息，然后获取其在当前位置图中的位置和局部障碍物的分布情况，即可获取从当前节点到子目标节点的最优路径。局部路径规划常用的算法主要有人工势场法、模糊算法、A*算法等。人工势场（artifical potential field，APF）是一种虚拟力场方法，其基本思想是将AGV所在的工作环境虚拟化为势场。势场中的力分为引力和排斥力两种。目标产生的力是AGV受到的引力，随着目标与AGV之间距离的。减小而增加。障碍物产生的力是AGV受到的排斥力，随着AGV与障碍物距离的减小而增大，AGV的运动由引力和排斥力的合力控制。A*算法是一种启发式算法，它使用启发式信息来查找最佳路径。A*算法需要在地图中搜索节点，并设置适当的启发式函数进行指导，通过评估每个节点的生成值，获得下一个要扩展的最佳节点，直到到达最终目标点位置。

随着AGV作业范围的不断扩大和工作任务的日益复杂，单台AGV很难完成人们设定的任务。在这种情况下，需要多台AGV协调配合，在解决工作环境问题的同时保证工作效率。相比于单AGV路径规划，多AGV路径规划难度大，使用启发式算法可能难以求解。多智能体强化学习算法可以良好地解决多AGV路径规划问题。当前已经存在研究[23]使用强化学习算法优化具有自动化物流的仓库环境中的移动机器人路径规划方案，构建了一个模拟环境来测试仓库环境中的路径导航，比较了两种基本的强化学习算法——Q-Learning和Dyna-Q算法的算法性能。为尽量减少随机路径搜索，该方案在目标位置附近设置了较高的奖励值，以减少低效探索，从而提高路径搜索精度，并保持路径搜索时间。还有研究[24]提出了一种具有多步前进树搜索（MATS）策略的分布式多智能体强化学习（MARL）框架来解决动态多智能体路径查找问题，应用于AGV取放包裹等仓储服务。该框架可很好地扩展到有大量智能体的真实环境中，且在线响应时间在可接受的水平内。随着智能体数量的增加，在路径长度和求解时间等指标上，该框架优于其他现有算法。

2.4.5 AGV冲突避免

避碰（避障）是AGV物流运输的核心技术之一，路径规划算法需要在起点与终点之间规划出一条无碰的且代价最小的路径，但由于物流运输过程环境的动态性，AGV在运动过程中需要实时感知环境态势，并对潜在的障碍物和其余AGV进行避让，除了需要高效地完成任务，更要遵守外界的约束条件，保证导航过程的安全性，不与其他AGV或各类障碍物发生碰撞，从而造成不可估量的损失。在避碰研究的早期，多是针对静态、单个障碍物的简单情形，并取得了不错的效果，然而现实的环境是复杂动态的甚至是未知的，如何在复杂动态且未知的环境中高效避障与规划路径，至今仍是一个研究热点与难点。目前，避障问题的研究主要集中在以下3个方面。

① 不同速度与大小的智能体的避障。在实际的物流运输过程中，AGV需要与各种不同的智能体进行交互，这些智能体可能包括其他的AGV、人类或者其他的移动设备。这些智能体可能具有不同的速度和大小，因此，AGV要能够根据这些智能体的特性进行避障。例如，对于速度较快的智能体，AGV可能需要提前进行避障，以防止碰撞；对于较大的智能体，AGV可能需要选择更远的路径进行避障，以确保安全。此外，AGV还要能识别这些智能体的运动轨迹，以预测它们未来的位置，从而进行有效的避障。

② 静态和动态环境中的避障。在静态环境中，所有的障碍物都是固定的，AGV可以通过预先规划的路径进行避障。然而，在动态环境中，障碍物的位置可能会随着时间的推移而改变，因此，AGV要能实时感知环境的变化，并根据这些变化调整自己的行驶路径。例如，一个障碍物突然出现在AGV的行驶路径上，AGV需要立即做出反应，改变自己的行驶方向，以避免碰撞。此外，AGV还需要预测动态环境中的变化（例如，预测其他智能体的运动轨迹），以提前规划避障路径。

③ 单智能体和多智能体的避障。单智能体不用考虑智能体之间的交互。多智能体系统需要考虑环境非平稳性的问题，其可分为集中式和分布式，集中式系统通过一个中央控制器实时统一协调，而分布式系统的每个智能体基于机载传感器进行独立决策，适合以较低的计算预算部署大量智能体。

传统避障方法有人工势场法、最优互惠避碰法、蚁群算法等。人工势场法基于目标产生引力、障碍产生斥力的原则，通过对环境建立势场，将目标与障碍产生的合力作用于智能体，从而引导智能体运动[25]。现有研究采用了离散人工势场算法（DAPF）[26]，通过构造离散势场实现动态算法，算法规划的路径长度更为合理，并且缩短了运行时间，但该算法需要在全局地图已知的情况下才能使用。最优互惠避碰法（ORCA）将动态避碰问题转化为二次线性规划问题，在速度平面凸区域内求解[27]。还有研究[28]将概率速度障碍（PVO）方法应用于动态占用网格，提出了一种估计碰撞概率的方法，其中障碍物的位置、形状和速度的不确定性、遮挡和有限的传感器范围直接影响计算。实验证明，智能体能以恒定的线速度在障碍物中安全运行，但缺乏对非线性速度障碍物的处理。这些算法可以处理很多避障问题，但是可能陷入局部最优，且在适应性、计算效率、自主性、稳定性等方面需进一步加强。

近年来，人工智能算法也被广泛应用于多智能体环境的协同避障问题。基于深度神经网络的强大的环境感知能力，监督学习首先得到了应用。许多工作利用机载传感器将运动数据输入神经网络模型，常用卷积神经网络提取环境特征，训练模型后输出简单的避障指令[29]。此外，深度强化学习（deep reinforcement learning，DRL）也受到了很多关注[30, 31]，开始广泛应用于避障领域中。现在已有研究[32]以蝗虫的一种识别神经元为灵感，提出了一种人工神经网络模型并优化了模型参数，增强了模型的自适应性，将该模型与视觉传感器结合实现了智能体的动态避障。部分研究还提出了结合强化学习和行为树的自适应交通避障控制模型[33]，用于解决离散制造车间的AGV系统中的效率、及时性和安全性问题。还有学者将AGV和交通指挥器等组件定义为相互自主协作的特定智能体，由行为树构建行为模型，枚举AGV交通控制中所有可能的状态。通过这种方法，AGV能够从现有的可选策略中自适应地选择最优的基于规则的策略。

2.5　人工智能技术在生产系统过程自动化中的应用

人工智能（artificial intelligence，AI）技术在生产系统过程自动化中的应用广泛而深入，它可以提高生产效率、降低成本、改善产品质量，并在整个生产过程中发挥关键作用。本节将对三种最常见的机器学习方法展开详细论述。

2.5.1　深度学习

深度学习是一种机器学习方法，通过多层神经网络模拟人脑的结构，从大量数据中学习复杂的特征和模式。它广泛应用于图像识别、语音处理、自然语言处理等领域，通过深层次的结构能够高效地从数据中学到抽象的表示，实现高度准确的预测和决策。在生产系统过程自动化领域，深度学习强大的模式识别和学习能力使其在提高生产效率、质量控制和资源管理等方面发挥了关键作用。下面是八类最常见的应用场景。

① 预测性维护。通过分析设备和传感器的数据，深度学习模型能够识别潜在的故障模式并提前发出警报，使生产系统能够进行及时维护，避免不必要的停机时间，有助于预防代价高昂且耗时的生产调整[34]。

② 质量控制。利用深度学习的计算机视觉技术学习产品正常和缺陷状态之间的差异，以便及时识别并进行筛选，实现高度精确的质量控制。

③ 生产计划优化。通过分析历史生产数据、市场需求和资源约束，深度学习模型可以预测最佳的生产计划，以提高生产效率和降低生产成本。

④ 人机界面优化。通过自然语言处理和语音识别技术，工人可以通过语音或文字与生产系统进行交互，从而改善了人机界面的交互体验，使操作更加直观和高效。

⑤ 产品设计改进和优化。在产品设计阶段，模型可以帮助分析大量的数据，识别潜在的设计改进和优化方案，有助于提高产品的可制造性、降低生产成本，并提升产品性能。

⑥ 能源管理。通过分析设备的能耗数据，模型可以推荐、调整生产线的运行策略，

降低能源消耗，并提高能源利用效率。

⑦ 产品缺陷检测。复杂质量检测场景中，利用基于深度学习的解决方案代替人工特征提取，能够在环境频繁变化条件下检测出更微小、更复杂的产品缺陷，提升检测效率。美国机器视觉公司康耐视开发了基于深度学习进行工业图像分析的软件，利用较小的样本集就能在数分钟内完成模型训练[35]。

⑧ 制造工艺参数优化。采用深度学习算法对设备运行参数、工艺参数等数据进行综合分析，并找出最优参数，可大幅提升运行效率与制造品质。例如，阿里云ET工业大脑通过机器学习技术识别生产过程中的关键因子，并进行优选组合，最终提升了生产效率与产品良率。

由于深度学习技术在生产系统过程自动化中的潜在应用前景广阔，许多制造业公司积极投入研发，并将其应用于生产流程中。这一趋势不仅体现在制造业内部，还推动了制造业与各大互联网公司展开合作，共同探索如何最大化地利用深度学习技术来提高生产效率、质量控制和整体运营水平。这种跨行业的合作为推动智能制造和工业自动化迈出了重要的一步。

西门子（Siemens）于2016年推出了智能云平台MindSphere（图2-21），该云平台使制造商能够监控全球机器群。2016年，IBM的Watson Analytics平台也被添加到该服务提供的功能中，利用从云平台上获取的海量数据，并结合各项深度学习技术，可以掌握从开发到交付的制造过程中的每个参数，并找到问题以及解决方法。2022年，西门子公司与微软公司强强联合，使用深度学习系统对摄像机采集的图片和视频进行分析，并将其用于车间构建、部署、运行和监控人工智能视觉模型。质量管理团队借助计算机视觉等AI技术，能够更轻松地扩大质量控制的规模，识别产品差异，并以更快的速度进行实时调整。此外，

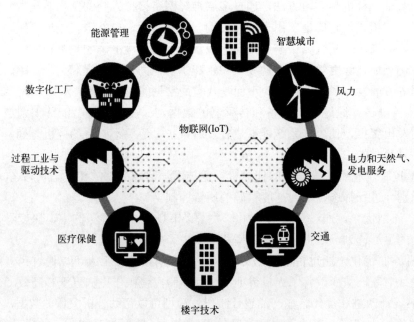

图2-21 MindSphere能力图谱

为增强跨职能部门的协作能力，双方将西门子的产品生命周期管理软件Teamcenter与微软的协同平台Teams、Azure OpenAI服务中的语言模型，以及其他Azure AI功能进行集成。

通用电气（General Electric）是全球最大的公司之一，横跨从家用电器到大型工业机械的多领域产品的生产。尽管在全球拥有500多家工厂，通用电气还在积极推进智能化改造，特别注重深度学习的应用[36]。通用电气的Brilliant Manufacturing Suite旨在全面跟踪和处理制造过程中的各个方面的数据，以便发现潜在问题和故障。通过采用这一解决方案，通用电气成功获得了对印度一家工厂的2亿美元的投资，并使该工厂的效率提高了18%。此外，通用电气的制造套件致力于将深度学习应用于制造的各个要素，包括设计、工程和分销，实现这些要素与一个可扩展的全球智能系统的紧密连接，如图2-22所示。Predix——通用电气自家的工业物联网平台，使用深度学习技术监测制造过程和设备性能，已经吸引超过10亿美元的投资。2020年，Predix已经可以每天处理超过100万亿兆字节的信息，彰显了通用电气在深度学习驱动的智能化生产中的引领地位。

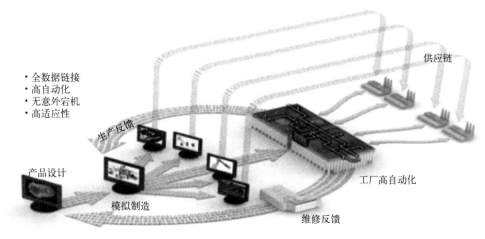

图2-22　深度学习助力通用电气发展

日本公司发那科（FANUC）是世界上最大的工业机器人制造商之一，它采用人工智能技术使其机器人更加智能化。通过将深度学习技术融入机器人系统，该公司成为工业机器人技术的领军者。近年来，发那科与罗克韦尔、思科等公司展开合作，共同推出了面向制造业的物联网平台——发那科智能链和驱动器。与此同时，发那科还与英伟达（NVIDIA）展开合作，研究AI芯片并使其能够应用于深度学习技术的应用，最终增强了一些工业机器人自我训练的能力。

ABB的机器人（图2-23）将深度学习图像处理和传感器应用于焊接质量检测。机器人每天要检测数千个焊点，并通过机器学习技术识别和报告有缺陷的焊点。相较于人工检测，ABB的人工智能机器人的质量检测速度提升了20倍，并且更加准确——它可以识别仅20μm的缺陷。此外，ABB最新款双臂YuMi机器人通过深度学习算法，能够识别字符并优化书写，如调节落笔角度、书写速度、加速节点和下笔力度。该项技术能应用在涉及专业技能的产线中，利用融合数据，机器人无需编程，便能快速、精确地重复人类的动作。

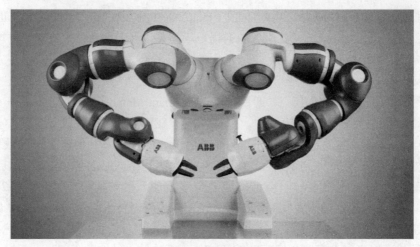

图2-23　ABB最新款机械臂Yumi

2.5.2　强化学习

强化学习通过试错来学习最优行为、最大化累积奖励，能够实现智能系统与环境的交互。通过模拟智能体与生产环境的交互，强化学习算法能够学习并优化复杂的生产流程，提高效率、降低成本，并适应动态的生产需求。在生产系统过程自动化中，强化学习可应用于决策问题，如生产计划、资源分配和调度；还可用于实时动态决策、机器人协作和供应链管理等。涉及实时决策和多机器人协同层面的生产系统过程自动化应用，强化学习算法相较于深度学习算法具有更突出的优势。下面针对强化学习技术的八项核心应用展开具体论述。

① 自主机器人控制。机器人通过与环境的实时交互，可以借助强化学习学到最佳路径优化的动作序列，以及避免障碍物的策略，而显著提高自动化生产线的灵活性和效率。

② 动态调度与资源优化。通过深入学习不同生产任务的最佳执行时间和资源配置，强化学习使得生产流程能够实现最优化，确保生产效率的最高化，使企业能够更灵活地适应变化的市场需求。

③ 供应链管理。通过对市场需求、供应链波动和生产能力的实时学习，强化学习能够实现供应链策略的及时调整，以适应市场的动态变化，同时降低库存成本，提高供应链的效率和韧性。

④ 协作机器人系统。各类机器人能够共同学习并协同执行生产任务，显著提高整个生产系统的灵活性和协同效能，进一步推动自动化水平的提升。

⑤ 过程优化与控制。通过对生产过程中参数调整和控制策略的深度学习，强化学习能够实现生产质量的最优化和稳定，为生产流程的精细化管理提供了有力支持。

⑥ 实时决策支持系统。在不断变化的生产环境中，强化学习可以帮助管理层做出准确决策，应对突发事件或市场需求的变化，为企业提供更高效的决策和响应机制。

⑦ 智能运输与路径规划。传统机器人主要依靠编程或者利用传感器进行固定路径行

驶，在较复杂的工厂中，易受干扰；在出发点、目的地或者路径状况变化导致运输线路改变时，则需要重新编程、调试，灵活性、经济性较差。强化学习算法可以赋予机器人根据环境状态和任务变化自主规划路径的能力。

⑧ 智能装配。传统的机器人编程通过定义装备位置和动作使机器人工作，比较复杂且不能适应多变的环境。当前，一些学者[37,38]对强化学习算法应用在装配机器人上做了实验研究，证明了应用算法的装配机器人会极大地提高生产系统的自动化程度。

由于强化学习技术在生产系统过程自动化中展现出广泛的应用前景，许多制造业自动化的研究正着重探讨这一领域的潜力。同时，强化学习和深度学习的应用也开始出现交叉融合的趋势，这种趋势使得其在实际应用部署时，制造业不仅能够充分利用强化学习在决策优化、资源管理和自主机器人控制等方面的优势，同时还能结合深度学习的模式识别和学习能力，实现更全面、更智能的生产系统过程自动化。这一综合应用不仅推动了制造业技术的不断创新，也为实现更高效、更灵活的生产流程奠定了坚实的基础。

联想公司的研究院与联想最大的电脑制造工厂联宝科技（LCFC）的运营组成员合作，采用基于深度强化学习架构的决策支持平台替代传统的手动生产调度，该平台可以调度工厂内所有43条装配制造线，均衡产量、换型成本和订单交付率的相对优先级，利用深度强化学习模型求解多目标调度问题。该平台将高计算效率与一种新的掩码机制相结合，可保证运行约束，能够避免模型将时间浪费在探索不可行解。通过使用该模型，改变了原有的生产管理流程，使得生产订单积压减少了20%，交付率提升了23%，还将整个调度过程从6h缩短到30min，与此同时保留了多目标的灵活性，使工厂能够快速调整以适应不断变化的目标。除计算机制造行业以外，该解决方案同样适用于手机制造行业、半导体制造行业、离散机加工行业等[39]。

横河电机公司在2020年提出了全球首个可用于工厂管理的基于强化学习的工厂自动控制算法——阶乘内核动态策略规划（FKDPP），如图2-24所示。通常情况下，从炼油和

图2-24　基于强化学习的工厂自动控制算法FKDPP架构图

石化产品到高性能化学品、纤维、钢铁、制药等的生产，过程工业的控制跨越广泛的领域，所有这些都涉及化学反应，需要极高的可靠性。而在持续35天的现场测试中，FKDPP方案成功地处理了确保产品质量和保持蒸馏塔中液体处于适当水平所需复杂条件的问题，同时最大限度地利用余热作为热源。实验结果证明，基于强化学习的生产系统过程自动化可以稳定质量，提高产量，并节省能源。

2.5.3　迁移学习

迁移学习旨在将在一个任务中学到的知识，应用于一个相关但不同的任务，用于提高模型在新任务上的性能，它允许在不同领域之间共享和迁移经验，以提升模型的泛化能力。通过利用迁移学习，生产系统可以更灵活、更高效地适应不同条件下的需求，提高生产效率、降低成本，并在面对新环境时，能更加智能化地应对。迁移学习在生产系统过程自动化中的应用展现了其独特的潜力，特别是在以下四个方面。

① 跨工厂生产优化。迁移学习不仅适用于不同工厂间的生产系统过程的优化，更是一种创新的方法。迁移学习通过将在一个工厂中积累的知识和模型成功地迁移到其他工厂，实现了新工厂的快速启动和生产系统的高效优化，从而显著降低了工厂的启动时间和生产成本。

② 质量控制。在生产质量控制方面，迁移学习可以将在一条产品线上学到的质量控制策略迁移到其他相似产品线，使得质量控制的效率大幅提升；在产品质量控制方面，迁移学习可以通过物体检测和分类技术实现产品缺陷的自动识别和分类。

③ 多工艺技术迁移。当生产系统需要适应不同的工艺条件时，迁移学习可以通过将已有的知识灵活迁移到新的工艺条件下，帮助生产系统在多样化的生产环境中维持一致的高效生产和卓越的质量标准。

④ 多产品工业视觉检测。在工业视觉检测中，迁移学习可以利用预训练模型和大规模数据集的特征表示，快速构建和训练新任务的模型，解决数据稀缺和标注困难的问题，提高工业视觉检测系统的性能和泛化能力。

全球范围内，制造业正在迈向数字化和自动化的智能时代，经历着全面的转型。在这个变革的进程中，迁移学习显现出关键性的作用。特别是在生产自动化领域，已有的源域知识库中的模型通过迁移学习得以泛化并应用到目标域，是在新任务中做出决策的一种低成本且高质量的实现方式。随着对迁移学习的深入研究，其核心思想体现在度量和降低源域与目标域之间的分布差异，实现源域知识库中模型的有效泛化迁移，从而在新任务中能够以更加经济高效的方式做出决策。这一发展不仅推动工业生产向更智能的方向迈进，也为不同领域的知识融合提供了创新性的解决途径。

DeepMind（谷歌的子公司之一）一直在探索强化学习和迁移学习在机器人技术中的应用，它通过将在一个任务上学到的经验迁移到另一个任务，使得机器人能够更灵活地适应不同的生产任务，提高生产效率。谷歌旗下的另一家子公司Waymo一直推动迁移学习技术发展，将其用于助力无人驾驶的发展，通过将在一个地区学到的驾驶经验迁移到其他地区，从而提高无人驾驶车辆对不同环境的适应性。

西门子与亚马逊网络服务（Amazon Web Services，AWS）展开紧密合作，旨在通过迁移其现有的工业软件，并将这些软件转变为软件即服务（SaaS）的形式，以及借助物联网技术（IoT），积极推动数字化转型，助力推进"第四次工业革命"在制造业自动化领域的演进，其架构如图2-25所示。这一战略伙伴关系聚焦于创新性的工业解决方案，通过整合西门子在工业自动化和数字化领域的专业知识与AWS强大的云计算平台，为企业提供更加灵活、智能的生产工具。该合作不仅侧重于软件的迁移与转变，更致力于借助AWS的先进云基础设施和物联网技术，构建更智能、互联的制造环境。通过实时数据的采集、分析和应用，制造企业能够实现更精准的生产计划、更高效的资源利用以及更快速的决策过程，这将为制造业带来更高的灵活性和可持续的竞争优势，推动产业向数字化、智能化转型。西门子和AWS的合作不仅有助于提高生产线的效率，还为制造业企业提供了更全面的数字化解决方案，涵盖了从设备连接和监测到生产计划和质量控制的各个环节。

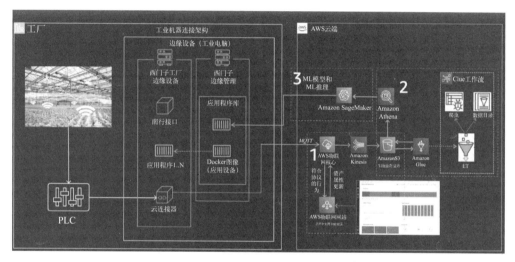

图2-25　西门子和AWS云端迁移架构图

2.6　边缘计算技术在生产系统过程自动化中的应用

随着生产系统过程自动化水平的不断发展，新兴的边缘计算技术在生产系统过程自动化中的实现与推广逐渐成为关键之一。边缘计算[40]是一种先进的分布式计算架构，即通过在生产设备和设施等物理边缘部署可利用的计算资源和数据存储模块，将应用程序、数据资料与服务等的运算由网络中心节点移往网络逻辑上的边缘节点，可为各种智能用户终端提供实时计算和数据处理功能，如图2-26所示。在这种架构下，生产系统过程自动化中的资料的分析与知识的产生更接近数据资料的来源，因此更适合处理生产系统过程自动化中的大数据[41]。

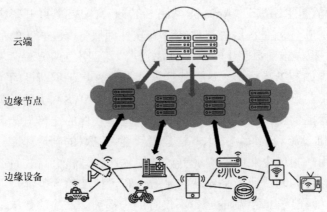

云端

边缘节点

边缘设备

图2-26　典型的边缘计算系统

2.6.1　边缘计算发展历程

智能设备连接到网络最早出现在1982年，Carnegie Mellon University改进的Coke Machine成了第一台网络连接的机器，它可以报告自己的库存，并且能够检测饮料是不是冰镇的，物联网世界自此正式拉开帷幕。边缘计算作为一种物联网应用的典型技术，从其发展历程来看，主要经历了以下三个阶段的发展期。

（1）技术储备期

边缘计算技术可追溯到20世纪90年代。1998年，阿卡迈（Akamai）公司成功发明了内容分发网络（content delivery network，CDN）。CDN是一种基于互联网技术的缓存网络，通过中心服务平台的负载分配均衡、内容分发与调度等技术，并依靠部署在不同地区的缓存服务器，将用户的访问请求指向最近的缓存服务器并完成任务，进而降低网络拥塞，提高用户的访问效率。CDN的核心思想是把用户需要访问的数据放在距离用户较近的网络节点上，强调的是内容（数据）的备份和缓存。而边缘计算强调的是功能缓存的实现。2005年，美国韦恩州立大学施巍松教授的团队提出了功能缓存概念，并将该技术成功应用于个性化的邮箱管理服务，降低了网络延迟，节省了带宽。2009年，卡内基梅隆大学教授Satyanarayanan等提出了Cloudlet概念，该架构可部署在网络边缘，与互联网连接，还可以被移动设备访问，为其提供服务，具有可信且资源丰富等特性。Cloudlet可以像云一样为用户提供服务，又被称为"小朵云"。在此期间，边缘计算技术主要强调下行，即将云服务器上的功能下行至边缘服务器，以减少带宽和时延[42]。

随后，在万物互联的背景下，为解决面向数据传输、计算和存储过程中的计算负载和数据传输带宽问题，研究者们开始思考在靠近数据源的边缘增加数据处理功能，即功能上行。随着边缘数据的爆发式增长，具有代表性的边缘计算是移动边缘计算、雾计算和海云计算。

移动边缘计算旨在接近移动用户的无线接入网范围内，提供信息技术服务和云计算能力的一种新的网络结构，创造出一个具备高性能、低延迟与大带宽的网络服务环境。移动边缘计算强调的是在云计算中心与边缘计算设备之间建立边缘服务器，在边缘服务器上完成终端数据的计算任务，但移动边缘终端设备基本被认为不具有计算能力，而边缘计算模型中的终端设备具有较强的计算能力，因此，可以说移动边缘计算是一种特别的边缘计算架构和层次。2012年，思科公司提出了雾计算，并将雾计算定义为迁移云计算中心任务到网络边缘设备执行的一种高度虚拟化计算，数据、处理和应用程序集中在网络边缘的设备中，而不是几乎全部保存在云中，是云计算（cloud computing）的延伸概念。它通过减少云计算中心和移动用户之间的通信次数，以缓解主干链路的带宽负载和能耗压力。雾计算关注的是基础设施之间的分布式资源共享问题，而边缘计算除关注基础设施之外，也关注边缘设备，包括计算、网络和存储资源的管理，以及边-端、边-边和边-云之间的合作。2012年，中国科学院开展了"海云计算系统项目"的研究，其核心是通过"云计算"系统与"海计算"系统的协同与集成，增强传统云计算能力。其中，"海"端是指由人类本身、物理世界的设备和子系统组成的终端。与边缘计算相比，海云计算关注"海"和"云"这两端，而边缘计算关注从"海"到"云"数据路径之间的任意计算、存储和网络资源。2013年，美国太平洋西北国家实验室的Ryan LaMothe在内部报告中首次提出"edge computing"一词。在此时期，边缘计算的含义已经既有云服务功能的下行，还有万物互联服务的上行。

（2）快速增长期

2015—2017年是边缘计算快速增长期。在这时期，由于边缘计算可以满足万物互联的需求，引起了国内外学术界和产业界的密切关注。2016年5月，美国国家科学基金会（NSF）在计算机系统研究中以边缘计算替换云计算。2016年8月，NSF和英特尔专门讨论了针对无线边缘网络上的信息中心网络。2016年10月，NSF举办了边缘计算重大挑战研讨会，研讨会的会议议题包括边缘计算未来5～10年的发展目标，达成目标所带来的挑战以及学术界、工业界和政府应该如何协同合作来应对挑战，这标志着边缘计算的发展已经在美国政府层面上引起了重视。

2016年5月，美国韦恩州立大学施巍松教授团队正式定义了边缘计算的概念：边缘计算是指在网络边缘执行计算的一种新型计算模型，边缘计算操作的对象包括来自云服务的下行数据和来自万物互联服务的上行数据，而边缘计算的边缘是指从数据源到云计算中心路径之间的任意计算和网络资源，是一个连续系统。2016年10月，ACM（国际计算机学会）和IEEE（电气与电子工程师学会）开始联合举办边缘计算顶级会议（ACM/IEEE Symposium on Edge Computing），这是全球首个以边缘计算为主题的科研学术会议。自此之后，ICDCS、INFOCOM、Middleware和WWW等重要国际会议也分别增设了有关边缘计算的分会或专题研讨会。

在工业界，2015年9月，欧洲电信标准化协会（ETSI)发表了关于移动边缘计算的白皮书，并在2017年3月将移动边缘计算行业规范工作组正式更名为多接入边缘计算，致力于更好地满足边缘计算的应用需求和相关标准制定。为了推进边缘计算和应用场景在边缘的结合，思科、ARM、戴尔、英特尔、微软和普林斯顿大学联合成立的OpenFog联盟组织于2018年12月并入了工业互联网联盟。

国内学者对边缘计算的研究也很广泛，特别是在智能制造方面。2016年11月，华为、中国科学院沈阳自动化研究所、中国信息通信研究院、英特尔、ARM等在北京成立了边缘计算产业联盟（ECC），致力于推动"政产学研用"各方产业资源合作，引领边缘计算产业的健康可持续发展。2017年5月，首届中国边缘计算技术研讨会在合肥开幕，8月，中国自动化学会边缘计算专业委员会成立，标志着我国边缘计算的发展已经得到了专业学会的认可和推动。

（3）稳健发展期

2018年是边缘计算发展过程中的重要时期[43]。在这一年里，边缘计算开始被大众熟知，边缘计算参与者的范围快速扩大，基本涵盖了计算机领域的方方面面，如云计算公司、硬件厂商、CDN公司、通信运营商、科研机构和产业联盟/开源社区等。

2018年9月17日在上海召开的世界人工智能大会，以"边缘计算，智能未来"为主题举办了边缘智能主题论坛，这是我国从政府层面对边缘计算的发展进行了支持和探讨。2018年8月，两年一度的全国计算机体系结构学术年会以"由云到端的智能架构"为主题召开，由此可见，学术界的研究焦点已经由云计算开始逐渐转向边缘计算。同时，边缘计算也得到了技术社区的大力支持，具有代表性的是2018年10月CNCF基金会和Eclipse基金会展开合作，把在超大规模云计算环境中已被普遍使用的Kubernetes带到物联网边缘计算场景中。Kubernetes物联网边缘工作组将采用运行容器的理念扩展到边缘，促进了Kubernetes在边缘环境中的适用性。2018年，百度公司发布了边缘计算平台OpenEdge，这是国内首个开源边缘计算服务平台。2019年，边缘计算产业联盟（ECC）与绿色计算产业联盟（GCC）联合发表《边缘计算IT基础设施白皮书1.0（2019）》，该白皮书中系统阐述了边缘计算的价值场景与技术方案。2020年，中国移动在创新研究报告中提出"边缘计算＋区块链"新兴研究方向，并分析了一些基于边缘计算与区块链的典型应用场景与技术实践。目前，国内一些关于边缘计算的白皮书相继发布，例如，中国信息通信研究院联合工业互联网产业联盟共同发布了《离散制造业边缘计算解决方案白皮书》，中国信息通信研究院联合CCSA TC621牵头，与云服务商、电信运营商、设备提供商、高校及研究机构共同发起了《"边缘计算＋"技术白皮书》，中国信息通信研究院牵头在工业互联网产业联盟内联合16家单位共同编写了《流程行业边缘计算解决方案白皮书》等。

边缘计算中的边缘（edge）指的是网络边缘上的计算和存储资源，这里的网络边缘与数据中心相对，无论是从地理距离还是网络距离上来看，都更贴近用户终端。在生产系统过程自动化中，运用边缘计算可将计算任务部署于接近数据产生源的网络边缘，并为用户设备提供大量服务或功能接口。例如，边缘计算允许支持传感器的设备在用户设备上收集和处理数据，以便在工厂现场快速提供见解，而无需与云通信。边缘计算使任何设备或计算机都能够实时处理数据，并以最少的延迟做出实时主导的决策。这种便利性带来了需要快速、实时洞察的新用例，如扫描装配线上的产品缺陷、识别工作场所危险、标记需要维护的机器等。如图2-27所示。与云计算相比，边缘计算具有以下特点。

① 低延迟。边缘计算将数据处理推向网络边缘，减少了数据传输的距离，从而大大降低了数据传输的延迟，实现了实时性更高的数据处理。

② 数据安全。边缘计算将数据处理置于本地设备或终端上，数据不需要通过云端传输，减少了数据在传输过程中的风险，提高了数据的安全性。

③ 网络带宽优化。边缘计算可以在本地设备上进行数据预处理和筛选，并将处理和筛选后的数据上传至云端，有效减少了对网络带宽的压力。

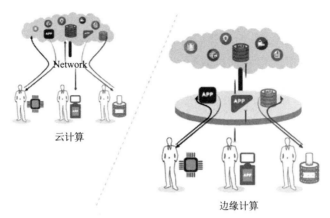

图2-27 云计算和边缘计算的区别

2.6.2 边缘计算应用概述

现今应用以往的云计算解决方案，将所有的数据传输到云数据中心进行计算已经很难满足工厂现场执行层面对处理的性能、效率的严苛要求。为了满足工厂侧的需求，边缘计算的出现完美地满足了边缘侧对数据快速处理、决策快速执行的要求。

（1）边缘计算在智能制造中的主要功能

边缘计算在智能制造中的主要功能主要体现在以下四个方面。

① 数据存储。边缘计算网关自身具备一定的数据存储能力，用于对采集的多种多样的工业设备数据进行存储，数据包括实时运行数据、状态数据、报警数据及故障数据。由于边缘网关的存储容量有限，不可能将所求数据全部存储，所以会根据需求定期将过期数据上传到云平台进行历史查询与分析，以此来释放多余空间，存储更多数据。

② 多接入协议互转。生产过程中使用的设备种类很多，采用的连接协议也是多种多样。为实现信息化和工业化相结合，即IT（information technology）和OT（operational technology）的融合，完成机器或者说是设备与设备间的信息传递，需要通过协议进行转换。边缘计算本身具备协议翻译能力，可以将设备所用的OT协议翻译成信息系统能够解析的IT协议，完成设备层多OT协议与IT协议的转换。

③ 及时分析。边缘计算本身就是分布式技术的延伸，可以解决边缘层数据的快速处理与分析，减少网络传输延迟带来的业务影响，可以进行报警规则的设置、数据的采集、数据的过滤等基本操作，带来更优的体验。

④ 边缘控制。边缘计算网关在采集到生产现场数据后，能够根据业务人员预置的规则对设备的运行状态进行自动反馈控制，无需上传到云端进行计算，可在边缘层形成一个闭环，保证时效性。

（2）边缘计算技术在生产系统过程自动化中的应用

在生产系统过程自动化中，利用边缘计算技术可实现以下七种具体应用。

① 生产自动化设备连接。生产系统过程自动化中的工业设备通常具有智能性和互联性，可以通过传感器、采集器等将设备状态信息进行采集和交互。通过边缘计算技术，这

些设备可以实现实时连接和交互，解决传统中心化架构的通信瓶颈和数据延迟问题。

② 现场生产数据处理。生产系统过程自动化中的现场数据的量巨大，需要进行及时的处理和分析。边缘计算可以利用部署的边缘设备将大部分计算和分析任务在设备终端完成，减轻中心服务器的计算负载，实现更快的响应速度和更高的数据处理效率。制造商不断寻求工艺改进，当与传感器数据相结合时，边缘计算可用于评估设备的整体效能。例如，在汽车焊接过程中，制造商需要满足许多要求，以确保其焊接具有最高质量，利用传感器数据和边缘计算，企业可以实时监控焊接质量，并在产品出厂前发现缺陷或安全风险，提高设备效能。

③ 实时状态监控。在生产系统过程自动化中涉及大量的传感器和设备，现场设备种类繁多，功能复杂，不可避免地会出现各种问题和故障，需要及时进行监控和维护。通过实时监控，系统可以收集设备运行数据（如温度、振动、电流等），用于及时发现设备的异常情况。边缘计算可以实现设备状态实时监控和决策，因而避免了设备故障给企业带来的生产损失和不良影响。

④ 智能预测与维护。在生产设备状态监测系统中，通过故障预警，系统可以根据设备运行数据预测设备的故障，提前进行维护，避免因设备停机时间过长带来的损失。系统可以对设备运行数据进行深度学习和分析，提高设备的运行效率和可靠性。边缘计算可以利用数据分析和机器学习算法对设备的运行状态和故障进行预测和预警，实现设备的智能维护和故障预防。例如，在化工厂中，利用摄像机生成的管道图像数据、深度学习和边缘计算的组合，可以准确评估管道中的腐蚀情况，并在管道造成损失之前，向工作人员发出警报。

⑤ 灵活的生产调度。生产调度是组织执行生产进度计划工作，生产调度以生产进度计划为依据，生产进度计划要通过生产调度来实现。现代工业企业，生产环节多，协作关系复杂，生产连续性强，情况变化快，某一局部发生故障，或某一措施没有按期实现，往往会波及整个生产系统的运行，因此，对生产调度的基本要求是快速和准确。加强生产调度，对于及时了解、掌握生产进度，研究分析影响生产的各种因素，根据不同情况采取相应对策，使生产差距缩小或恢复正常非常重要。在生产系统过程自动化中，通过边缘计算可以自动实时获取生产数据和订单信息，根据市场需求和资源情况，灵活调整生产计划和资源分配。例如，在产量优化方面，了解生产过程中所用原材料的准确数量和质量至关重要，通过使用传感器数据、人工智能和边缘计算，设备可以在参数更改时立即重新校准，以生产出质量更好的产品，不需要手动监督，也不需要将数据发送到计算中心进行审查，现场传感器能够实时做出决策，从而提高产量。又如，在车间优化方面，制造商必须了解如何利用工厂空间来改进流程。在汽车制造厂，如果工人必须步行到不同的地点来完成任务，则效率低下。传感器有助于分析工厂空间如何使用、谁在使用以及为什么使用。边缘计算和人工智能处理的信息被发送到计算中心，供生产管理人员审查，从而对工厂流程进行知情的优化。

⑥ 个性化生产。大规模个性化生产的首要目标是要具有柔性和快速响应能力。目标的实现以低成本和满足质量要求为约束条件，实现用户个性化需求和批量生产有机结合，以批量的效益进行单件定制产品生产，以柔性生产方式构建生产体系。与传统大规模生

产相比，大规模个性化生产模式在订单处理、生产排程、物料管控、生产执行、质量管控、物流配送等方面宜进行建设与改造，从而提升企业的生产能力。在生产系统过程自动化中，边缘计算可以实现对设备产生的每一个数据进行实时分析和处理，根据数据得出更准确的预测结果，推动生产线的自动调整和优化。边缘计算使智能工厂进行个性化生产成为可能。通过实时数据分析和处理，智能工厂可以根据客户需求和市场趋势进行个性化生产，灵活调整生产计划，提供定制化的产品和服务，满足不同客户的需求。此外，为实现个性化生产，公司需要持续了解采购、生产和库存管理数据。通过人工智能和边缘计算，公司可以更好地预测和管理供应链。因此，具有自动化流程的制造公司可以通知全国其他生产设施生产更多所需的原材料，从而不影响生产。

⑦ 节能环保。节能环保技术是通过应用先进的科学技术手段，减少能源消耗，提高资源利用效率的技术，它可以减少对环境的污染和对能源的浪费，不仅有利于企业提高经济效益，还有利于社会的可持续发展。边缘计算技术的应用推动了传统工厂向智能工厂的转型，智能工厂通过数字化技术和边缘计算，实时监测设备的能耗和排放情况，实现了节能减排和绿色生产，促进企业可持续发展。

总之，边缘计算技术的应用可以为制造业带来更高的效率、更低的生产成本和更好的生产质量，对于加速智能制造发展和提高制造业的国际竞争力具有重要的意义。

2.6.3 边缘计算系统架构

在生产系统过程自动化中，为了能够充分融合云计算、边缘计算的优势，本节结合生产系统过程自动化的特点，利用基于模型驱动的工程方法介绍一种边云协同的边缘计算架构系统，如图2-28所示。

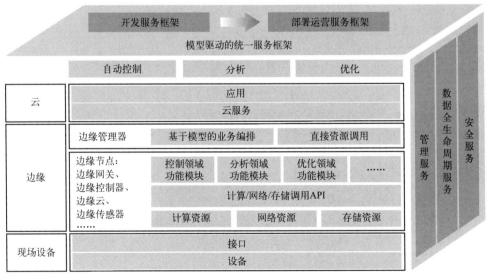

图2-28 边云协同的边缘计算架构系统

整个系统架构分为云、边缘和现场设备三层，其中边缘层处于云和现场设备层之间，边缘层需要支持各种现场设备的接入，还需要满足与云端服务器对接的要求。

云层提供决策支持系统，以及智能化生产、网络化协同、服务化延伸和个性化定制等特定领域的应用服务程序，并为最终用户提供接口。云层从边缘层接收数据流，并向边缘层以及通过边缘层向现场设备层发出控制信息，从全局范围内对资源调度和生产过程进行优化。

边缘层是边缘计算三层架构的核心，它可接收、处理和转发来自现场设备层的数据流，提供智能感知、安全隐私保护、数据分析、智能计算、过程优化和实时控制等对时间敏感的服务。边缘层包括边缘网关、边缘控制器、边缘云、边缘传感器等计算存储设备和对时间敏感的网络交换机/路由器等网络设备，封装了边缘侧的计算、存储和网络资源。边缘层采用边缘管理器软件，主要是提供业务编排或直接调用功能，操作边缘节点完成任务。

现场设备层靠近网络连接的传感器、执行器、控制系统和资产等现场节点，这些现场节点通过各种类型的现场网络和工业总线与边缘层中的边缘网关等设备相连接，实现现场设备层和边缘层之间数据流和控制流的连通。网络可以使用不同的拓扑结构，边缘网关等设备充当现场节点彼此连接以及连接到广域网的桥梁，它具有与集群中每个边缘实体直接连接的能力，允许从边缘节点流入数据和从边缘节点流出控制命令。

一个典型的边缘计算与生产系统过程自动化相融合的连接如图2-29所示[44]。根据计算能力的不同，边缘计算模块包括边缘层控制器、边缘层网关和边缘层服务器。

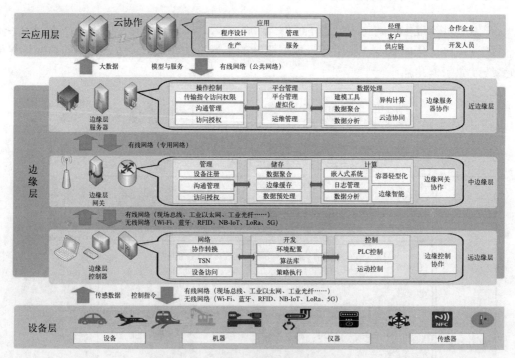

图2-29　边缘计算系统连接示意图[44]

边缘层控制器：边缘层控制器靠近现场设备。根据现场设备内置控制模块的类型，边缘层控制器主要包括不同设备的控制单元，如AMR的运动控制器、机械手的PLC，以及其他协作机器人的MCU（微控制单元）等。边缘层控制器执行工业数据预处理或简单的逻辑运算，还可以对现场设备中发生的紧急情况立即做出反应，并采取措施切换正在工作的现场设备。此外，边缘层控制器必须与不同的通信协议兼容，并能够访问制造系统中的所有传感器或现场设备。

边缘层网关：通过边缘层网关从边缘层控制器获取和存储工业数据，并执行一些异构计算操作。边缘层网关可以接收来自边缘层服务器的控制流并将其传输到边缘层控制器。与边缘层控制器相比，边缘层网关拥有更大的存储和计算资源，用于存储数据处理日志，管理多个模块。因此，在智能制造中，边缘层网关可以快速分析工业数据，管理崩溃的现场设备，避免出现生产事故。

边缘层服务器：边缘层服务器具有更强的计算和存储能力。设备实体需要通过专用网络连接到边缘层网关，并执行复杂的任务。基于深度学习的分类或推理模型可以在边缘层服务器上训练。同时，边缘层服务器可以对整个生产线或多条生产线的现场设备进行任务调度和运行参数优化，优化资源配置，提高制造系统的生产率。

云应用层：它主要从边缘层服务器收集重要信息，提取有价值的知识，并向企业管理者提供有用的反馈，如流程优化、机器人管理、工业生产技术解决方案等。此外，云应用层可以为边缘层提供分布式任务的初始化模型架构和参数。

设备层：设备层由各种不同类型的物联网终端（如工业传感器、NFC感应装置、智能卡、摄像头、智能车辆等）组成。这些智能终端通过有线连接（如工业以太网、现场总线和光纤等）或无线连接（如4G、5G、蓝牙、Wi-Fi、RFID和NB-IoT等）方式与边缘层中的边缘层控制器、网关相连，主要完成原始数据采集与上传任务，实现设备层与边缘层的信息、数据互通。在设备层中，为了延长设备的使用寿命，通常不考虑它们的计算能力。设备层中的工业设备需要完成产品制造、装配、测量、质量检测等协作任务。各种不同的设备产生的海量数据需要传输到相应的边缘层控制器，并在连接的边缘层网关或边缘层服务器上进行预处理。设备还需要自动执行来自不同边缘层控制器的指令，不同类型的设备需要执行相关的生产任务。

边缘层网关是应用于机器设备与云端平台之间的重要枢纽，它将计算、处理能力部署在设备现场，实现数据的本地处理与分析，具体实施过程如下。

① 网关部署和设备连接。首先确定现场网络环境及稳定性，确保机器设备能够与边缘计算网关进行通信，可以选择无线或有线网络（5G/4G、Wi-Fi、以太网等），根据具体需求进行部署。

② 数据采集和处理。通过协议解析和数据采集，实现对机器设备产生的数据进行采集和处理，包括数据格式转换、数据清洗等操作，实现数据的标准化，以便其他平台使用。

③ 边缘计算和分析。通过嵌入式边缘计算能力对采集到的数据进行实时计算和分析，这样可以在本地进行快速决策和反馈，减少数据传输到云端的延迟，并降低对云计算资源的依赖性。

④ 数据存储和管理。边缘层网关具备一定的存储容量，可以将重要的数据存储在本

地，这部分数据冗余主要实现断点续传功能，能够在掉线时暂时存储数据，保证数据的安全性和可靠性。

2.6.4　边缘计算工业应用场景

（1）边缘计算与5G实现AGV联网

为提高生产线产能、节省人力物力成本并保证货物运输有序高效，利用边缘计算和5G相结合的解决方案为无人车导航提供准确的联网支持，即将5G工业网关部署在AGV上（图2-30），通过通信接口连接控制单元（PLC），通过5G网络连接监控管理平台，实现AGV实时在线监测、故障报警、运维管理等功能，帮助企业节能增效，提高工作和管理水平。

在传统场景下，主要通过Wi-Fi实现AGV与管理平台的通信，进行指令下发、回传等信号传输工作。但当AGV的服务面积扩大时，尤其是大型设备的总装车间，Wi-Fi技术存在不抗干扰、易丢失数据、切换差等问题，无法保证稳定的网络环境，易造成指令传输问题，导致生产事故。在严重情况下，无线网络无法全部覆盖，以至于AGV无法实时连接到网络，与管理平台切断联系。同时，当AGV保持长时间的连续作业时，会对自身存储空间和计算处理能力提出更高的要求。为此，从降低网络部署复杂度、进一步提升链路稳定性及数据实时处理的角度出发，AGV应用场景对于高可靠边缘计算网络的需求日益迫切。

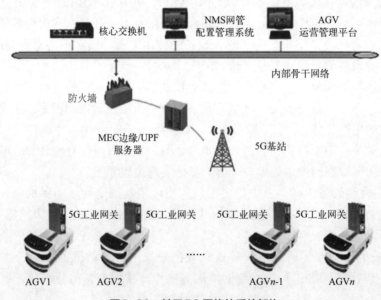

图2-30　基于5G网络的系统架构

使5G与边缘计算网络架构结合，可以有效解决智能工厂AGV应用场景所面临的网络稳定性和存储、计算能力不足等挑战。5G作为新一代的通信技术，具有低延时、大带宽、广接入的特性，可以满足不同场所针对网络速度、稳定性的需求。利用低延时特性提供更加可靠的大带宽、低时延的网络环境，时延控制在10ms左右、抖动仅2ms，有效保障了AGV在运行中的精准连续控制，解决了非授权频段无线技术在AGV应用中存在的信号易干扰、不稳定、丢包等问题。实现了AGV管理平台实时下发控制指令，确保AGV按照指令进行货物的收货、分拣、入库、搬运、出库等操作。边缘层网关部署在离AGV设备最近的操作区域或者零部件物流区域，利用分布式计算和存储能力，实现AGV数据的本地存储和实时分析。在云端与AGV之间建立一个快速处理通道，与云平台协同算力，降低数据处理成本的同时，提升AGV的工作效率与稳定性。

（2）利用边缘计算图形处理能力实现边线质检

以汽车制造为例，工厂每天要下线的车辆可能超过千台，各种零部件需要在流水线上按照设计工艺组装成不同的车型交付给最终用户，在这个过程中，质量把控是一个关键的流程。质检人员每天要完成成千上万个零件的检验，在车辆下线前，还要进行整车检查。在这种检查的模式下，质检人员工作负荷大，人员精力跟不上，易出现漏检、错检的情况。为此，汽车制造企业减轻质检人员的工作压力，提高产品质量，成为一个亟待解决的难题。

边缘计算属于分布式架构，可以很好地在数据最近的线边收集、分析和处理数据，结合深度学习、图形算法及AI技术，形成一套行之有效的工业线边侧的智能化图形质检解决方案。如利用英伟达的EGX边缘服务器，通过实时读取质检图片、分析图片内容、定位缺陷，能够判断缺陷类型、进行智能告警，而无需将所有的数据上传到云端进行计算，避免造成延时过大的问题。这样就满足了就近分析业务的需求，也满足了生产对于网络延时的要求。与此同时，它也可以与云平台相结合，将这些历史数据反馈到云端做进一步的分析，对后期的边缘计算中的图形算法进行优化。利用边缘计算网络及图形化的AI质检方案，可以快速、精准地捕捉质检中常见的缺陷，不会造成大量漏检、错检，从而提升员工工作效率，提高产品出厂质量。

（3）边缘计算框架实现海量数据的本地化处理

考虑一个智能工厂的场景，其中包含大量传感器，用于监测设备的运行状态。传感器数据在设备上进行预处理，然后传输到附近的边缘计算节点。在边缘计算节点上，使用实时数据流处理框架分析设备的性能，预测可能出现的故障，并在需要时触发及时维护。在特殊情况下，智能工厂需要将采集的PLC、CNC等现场设备的数据，以及用户接收的来自工厂现场设备或系统的数据，利用边缘计算进行汇聚，并对数据进行质量分析、报表呈现等。此外，智能工厂首先要实现的就是一切资源数字化，即利用边缘计算架构，实现IoT的构建，以便获取终端设备的各种运行数据，将之存储和分析，智能地做出方案，提供决策依据。在生产车间，物联网可以从生产设备到生产零件，从传感器嵌入式自动控制到能量计，从车到仓库的智能货架，连接各种设备，提升生产效率，使工厂智慧化。

2.7 本章小结

本章深入探讨了生产系统过程自动化的各个方面，包括生产系统过程自动化的定义

（包括其涵盖的技术和方法）及其在现代工业生产中的重要性，生产系统过程自动化的优势（提高生产效率、降低生产成本、提高产品质量等）、面临的挑战（技术难题、人员培训、设备投资等）。通过大量的国内外知名企业实例（例如西门子、ABB、玉溪卷烟厂、富士康等）介绍了生产系统过程自动化历史发展的各阶段，着重介绍了现代企业在生产系统过程自动化的设备、算法、管理方案等方面应用的情况，并探讨了生产系统过程自动化的未来趋势（人工智能技术、边缘计算技术等新兴技术的应用）。

总之，生产系统过程自动化是现代工业生产的重要组成部分，它通过使用自动化技术和设备，提高了生产效率，降低了生产成本，提高了产品质量，同时也提高了工作环境的安全性。尽管生产系统过程自动化面临着一些挑战，但是这些挑战也促使我们不断探索和创新，从而更好地实现生产系统过程自动化。

参考文献

[1] 潘英章. 我国过程自动化产品市场分析[J]. 中国仪器仪表, 2010, (S1): 36-39.

[2] 尚栋. 浅析自动化技术在我国的发展现状与未来方向[J]. 科技风, 2018, (6): 116.

[3] 工控网. 2020中国工业自动化市场白皮书[R/OL]. (2020) [2023-11-16]. http://www.gongkong. com/Manufacturing/ConsultInfo/837.

[4] 盛步云, 闫志峰, 苗志民, 等. 一种基于深度学习的产品数字模型智能装配系统: CN201710528109. 6[P]. 2023-11-26.

[5] Wang J, Chen T, Li S, et al. Applying BRIEF algorithm to product assembly guidance based on augmented reality[J]. Mechanical Science and Technology for Aerospace Engineering, 2013, 32(2): 213-216.

[6] 张秋月, 安鲁陵. 虚拟现实和增强现实技术在飞机装配中的应用[J]. 航空制造技术, 2017, (11): 40-45.

[7] 熊志华, 陈昊, 王长生, 等. 基于深度强化学习的人机协作组装任务分配[J]. 计算机集成制造系统, 2023, (3): 789-800.

[8] 徐远, 宋爱国, 李会军. 基于机器视觉和力反馈的自动装配技术研究[J]. 测控技术, 2019, (4): 11-16.

[9] Kulak O. A decision support system for fuzzy multi-attribute selection of material handling equipments[J]. Expert Systems with Applications, 2005, 29(2): 310-319.

[10] Zou W, Pan Q, Meng T, et al. An effective discrete artificial bee colony algorithm for multi-AGVs dispatching problem in a matrix manufacturing workshop[J]. Expert Systems with Applications, 2020, 161: 113675.

[11] 刘铭哲, 徐光辉, 唐堂, 等. 激光雷达SLAM算法综述[J/OL]. 计算机工程与应用, 1-17 [2023-11-27]. http://kns. cnki. net/kcms/detail/11. 2127. TP. 20231102. 1015. 004.html.

[12] Zeng C, Tang J, Yan C. Scheduling of no buffer job shop cells with blocking constraints and automated guided vehicles[J]. Applied Soft Computing, 2014, 24: 1033-1046.

[13] Li Z, Sang H, Pan Q, et al. Dynamic AGV scheduling model with special cases in matrix production workshop[J]. IEEE Transactions on Industrial Informatics, 2022, 16(9): 7762-7770.

[14] Zou W, Pan Q, Tasgetiren M F. An effective discrete artificial bee colony algorithm for scheduling an

automatic-guided-vehicle in a linear manufacturing workshop[J]. IEEE Access, 2020, 8: 35063-35076.

[15] Lin Z, Ding P, Li J. Task scheduling and path planning of multiple AGVs via cloud and edge computing [C]//2021 IEEE International Conference on Networking, Sensing and Control (ICNSC). IEEE, 2021, 562-567.

[16] Xue T, Zeng P, Yu H. A reinforcement learning method for multi-AGV scheduling in manufacturing[C]//2018 IEEE International Conference on Industrial Technology (ICIT). IEEE, 2018: 1557-1561.

[17] Li M, Guo B, Zhang J, et al. Decentralized multi-AGV task allocation based on multi-agent reinforcement learning with information potential field rewards[C]//2021 IEEE 18th International Conference on Mobile Ad Hoc and Smart Systems (MASS). IEEE, 2021: 482-489.

[18] Wang Z, Zhang Y, Yang R. Genetic algorithm based path planning for mobile robots [J]. Microcomputer Information, 2008(26) : 187-189.

[19] Wang L, Li M. Application of improved adaptive genetic algorithm in path planning of mobile robots [J]. Journal of Nanjing University of Science and Technology: Natural Science, 2017, 41(5): 627-633.

[20] Guo K, Zhu J, Shen L. An improved acceleration method based on multi-agent system for AGVs conflict-free path planning in automated terminals[J]. IEEE Access, 2020, 9: 3326-3338.

[21] Luo Q, Duan H. Chaotic artificial bee colony approach to step planning of maintaining balance for quadruped robot [J]. International Journal of Intelligent Computing and Cybernetics, 2014, 7(2): 175-191.

[22] 马乃琦, 吕蕾, 刘一良. 复杂场景下面向群体路径规划的改进人工蜂群算法[J]. 山东师范大学学报: 自然科学版, 2017 (4): 16-23.

[23] Lee H S, Jeong J. Mobile robot path optimization technique based on reinforcement learning algorithm in warehouse environment[J]. Applied Sciences, 2021, 11(3): 1209.

[24] Zhang Y, Qian Y, Yao Y, et al. Learning to cooperate: application of deep reinforcement learning for online AGV path finding[C]//2020 International Conference on Autonomous Agents and Multiagent Systems (AAMAS). IFAAMAS, 2020: 2077-2079.

[25] Gilbert E, Johnson D. Distance functions and their application to robot path planning in the presence of obstacles[J]. IEEE Journal on Robotics and Automation, 1985, 1(1): 21-30.

[26] Lazarowska A. Discrete artificial potential field approach to mobile robot path planning[C]//2019 IFAC Symposium on Intelligent Autonomous Vehicles (IVA). IFAC, 2019: 277-282.

[27] Van den Berg J, Guy S J, Lin M, et al. Reciprocal n-body collision avoidance[C]//2019 International Symposium on Robotics Research (ISRR). IFRR, 2011: 3-19.

[28] Fulgenzi C, Spalanzani A, Laugier C. Dynamic obstacle avoidance in uncertain environment combining PVOs and occupancy grid[C]//2007 IEEE International Conference on Robotics and Automation (ICRA). IEEE, 2007: 1610-1616.

[29] Pfeiffer M, Schaeuble M, Nieto J, et al. From perception to decision: a data-driven approach to end-to-end motion planning for autonomous ground robots[C]//2017 IEEE International Conference on Robotics and Automation (ICRA). IEEE, 2017: 1527-1533.

[30] Sui Z, Pu Z, Yi J, et al. Formation control with collision avoidance through deep reinforcement learning using model-guided demonstration[J]. IEEE Transactions on Neural Networks and Learning Systems, 2020,

32(6): 2358-2372.

[31] Shi H, Shi L, Xu M, et al. End-to-end navigation strategy with deep reinforcement learning for mobile robots[J]. IEEE Transactions on Industrial Informatics, 2020, 16(4): 2393-2402.

[32] Salt L, Howard D, Indiveri G, et al. Parameter optimization and learning in a spiking neural network for UAV obstacle avoidance targeting neuromorphic processors[J]. IEEE Transactions on Neural Networks and Learning Systems, 2019, 31(9): 3305-3318.

[33] Hu H, Jia X, Liu K, et al. Self-adaptive traffic control model with behavior trees and reinforcement learning for AGV in industry 4. 0[J]. IEEE Transactions on Industrial Informatics, 2021, 17(12): 7968-7979.

[34] 腾讯研究院. "人工智能＋制造"产业发展研究报告[R/OL]. (2018-06) [2023-11-24]. https://cloud. tencent. com/developer/news/261699.

[35] 工业互联网产业联盟. 工业智能白皮书[R/OL]. (2022) [2023-11-20]. https://aiialliance. org/resource/c331/ n3655.html.

[36] New brilliant manufacturing module from GE digital changes the game in manufacturing visibility[N/ OL]. GE Digital, (2016-06-14) [2023-11-18]. https://www.ge. com/news/pressreleases/new-brilliant-manufacturing-module-ge-digital-changes-game-manufacturing-visibility.

[37] Wu X, Zhang D, Qin F, et al. Deep reinforcement learning of robotic precision insertion skill accelerated by demonstrations[C]//2019 IEEE International Conference on Automation Science and Engineering (CASE). IEEE, 2019: 1651-1656.

[38] Vecerik M, Sushkov O, Barker D, et al. A practical approach to insertion with variable socket position using deep reinforcement learning[C]//2019 International Conference on Robotics and Automation (ICRA). IEEE, 2019: 754-760.

[39] Liang Y, Sun Z, Song T, et al. Lenovo schedules laptop manufacturing using deep reinforcement learning[J]. INFORMS Journal on Applied Analytics, 2022, 52(1): 56-68.

[40] Shi W, Cao J, Zhang Q, et al. Edge computing: vision and challenges[J]. IEEE Internet of Things Journal, 2016, 3(5): 637-646.

[41] 李辉, 李秀华, 熊庆宇, 等. 边缘计算助力工业互联网: 架构、应用与挑战[J]. 计算机科学, 2021, (1): 1-10.

[42] 边缘计算产业联盟, 工业互联网产业联盟. 边缘计算参考架构3.0[R/OL]. (2018) [2023-11-15]. http:// www.ecconsortium. org/Lists/show/id/334.html.

[43] 边缘计算产业联盟, 工业互联网产业联盟. 边缘计算与云计算协同白皮书2.0[R/OL]. (2022) [2023-11-17]. http://www.ecconsortium. org/Lists/show/id/522.html.

[44] Qiu T, Chi J, Zhou X, et al. Edge computing in industrial internet of things: architecture, advances and challenges[J]. IEEE Communications Surveys & Tutorials, 2020, 22(4): 2462-2488.

第 3 章

智能生产数字化信息系统

3.1 智能生产数字化信息系统概述

3.1.1 定义与功能

智能生产数字化信息系统利用先进的信息和通信技术与智能化技术，对生产过程中的各种数据进行采集、传输、存储、处理和分析，以实现生产过程的数字化、智能化管理和优化，它是在数字化转型和智能制造背景下，为企业提供全面的生产数据支持和智能化决策的系统[1]。智能生产数字化信息系统主要功能如下。

生产计划与调度：智能生产数字化信息系统可以帮助企业进行生产的计划和调度，根据订单需求和资源情况合理排产，提高生产效率和资源利用率。

实时监控与控制：系统可以实时监控生产线上的设备的运行状态、生产进度和产品的质量指标，通过传感器和物联网技术获取数据，并能够对设备进行远程控制和调整。

数据采集与分析：系统可以自动采集生产过程中的各种数据，包括设备运行数据、生产质量数据、能耗数据等，通过数据分析和挖掘，提供实时的生产指标和报表，帮助企业进行决策和优化。

质量管理：系统可以对生产过程中的质量进行监控和管理，包括产品检测、质量追溯和异常处理，帮助企业提高产品质量和用户满意度。

物料管理：系统可以对生产所需的物料进行管理，包括物料采购、库存管理和供应链协调，确保生产过程中物料的及时供应和合理利用。

人力资源管理：系统可以对生产人员进行管理和调度，包括人员排班、绩效考核和培训管理，提高人力资源的利用效率和生产团队的协作能力。

故障诊断与维护：系统可以通过故障诊断算法和预测模型，对设备的故障进行预警和诊断，提供维护建议和故障处理指导，减少设备停机时间和维修成本。

远程协作与管理：系统可以支持远程协作和管理，包括远程监控、远程操作和远程会议等功能，方便企业进行跨地域和跨部门的协作和管理。

智能生产数字化信息系统使用先进的数字技术来改进制造过程，它是制造业的颠覆者，有望彻底改变产品的设计、制造和分发方式。智能生产数字化信息系统是利用数据和自动化来提高效率、灵活性和速度的系统。

智能生产数字化信息系统结合了工业自动化与信息和通信技术，它将物理机械、网络传感器和软件相结合，用于预测、控制和提高性能。其目标是形成能自我调节的系统，优化生产力，减少浪费，并提高整体的运营效率。

在核心层面，智能生产数字化信息系统是关于连通性和智能的系统，它将制造过程的所有方面，从供应链管理到生产再到用户服务，都纳入一把数字化大伞下。这种整体的方法为整个系统的运营提供了一个连贯的视角，促进了更加明智的决策的制定和创新的孕育。

智能生产数字化信息系统的理念和应用场景之间存在着密切的关联，这种系统的全面连通性不仅为生产提供了全方位的数字支持，还为生产过程中各环节的数据交流和分析打下了坚实的基础。正因为如此，智能生产数字化信息系统能够应用于多个场景，如预测性维护、实时监控和控制、产品质量保证、供应链优化、成本节省、工业安全以及个性化和定制化。

预测性维护场景从制造设备中嵌入的传感器收集数据，并分析这些数据以预测机器可能出现故障或是否需要维护。实时监控和控制具有对生产过程连续跟踪以及在必要时进行即时调整的能力。产品质量保证中，制造商可以通过智能生产数字化信息系统监控和控制生产过程的每一个步骤，从原材料的选择到最终产品的测试。在供应链优化中，通过数字化和整合供应链的所有元素，制造商可以实现生产的透明度、效率和韧性。通过自动化流程提高效率，制造商可以大幅度地降低运营成本。安全是任何制造环境的首要优先事项，智能生产数字化信息系统可以显著提高这一点。智能生产数字化信息系统还使得个性化和定制化以一个以前无法想象的规模成为可能。借助3D打印和物联网等先进技术，制造商可以有效、经济地制造定制化产品。

总的来说，智能生产数字化信息系统是通过整合工业自动化与信息和通信技术，运用数据和自动化，优化生产力，减少浪费，提高运营效率，整合供应链管理、生产和用户服务等各个方面，以实现预测性维护、实时监控和控制、产品质量保证、供应链优化、成本节省、工业安全和个性化定制等目标[2]。智能生产数字化信息系统的应用范围广泛，对制造业的影响深远，有望彻底改变制造业的面貌。

3.1.2 关键技术

智能制造的演进和实施是当今工业革命的核心，它依托先进技术的融合和应用，推动生产力的飞跃发展。物联网（IoT）和工业物联网（IIoT）在智能制造中扮演着至关重要的角色。它们通过互联网将机器、传感器、软件相互连接，形成一个综合的网络。这个生态系统的互联性不仅允许对实时数据进行采集和交换，还使得生产过程的监控、控制和优化成为可能。在实际操作中，IIoT的应用更为专业，专注于工业环境中设备和系统的连接，以促进运营效率和生产率的提升。

人工智能（AI）为智能制造系统提供了自主学习和决策的能力，这些技术能从系统的大量数据中识别有价值的信息，减少人工干预，对预测性维护、产品质量保证和供应链优化起到关键作用。大数据分析补充了AI，通过揭示数据中隐藏的模式、关联并洞察，进一步提升了运营效率、产品质量和用户满意度。

机器人和自动化技术则在操作重复性高、精度要求严格的任务中取代了人工劳动，提高了生产效率。AI能够促成自主制造系统的建立，进一步优化生产流程。此外，云计算作为智能制造的关键推动力，提供了一个可扩展、灵活且成本效益高的平台，用于存储和处理数据，使得实时数据共享和协作成为可能，从而使智能制造系统可更加高效和有效地决策。

为了确保系统的成功实施和发挥最大的效益，在实施智能制造系统的过程中，必须完成一系列基本步骤。首先，需要制定与组织的目标相一致的明确策略。其次，由于数据是智能制造的生命线，要保障数据的安全，以防范潜在的安全风险。此外，智能制造系统操作人员需要新的技能和专长，制造商应投资员工培训和发展项目。实施过程建议分阶段推进，以避免混乱和过载。最后，由于智能制造是一个持续的过程，制造商应定期审查并调整它们的智能制造系统。

　　智能生产数字化信息系统的主要特点反映了智能制造背后的技术逻辑。系统通过传感器和物联网实时采集生产数据，进行有效的数据传输。采集的数据被存储和管理，用于建立完整的生产数据库，以支持企业决策。数据处理和分析技术赋予了系统能力，以清洗、整理和分析数据，提取有价值的信息。这些信息进一步支持对生产过程的优化和对故障的预警。智能化决策支持是系统的另一个显著特点，它基于数据分析结果提供生产计划优化、设备维护调度等决策支持。最后，系统的可视化展示和监控功能使用户能够实时监控生产状态。由于智能制造代表了制造业的未来，它涉及将尖端技术整合到生产过程中，因而提高了生产效率、质量和灵活性。在这一背景下，物联网（IoT）和工业物联网（IIoT）成为推动智能制造的基石。物联网通过互联网将物理设备互联，形成一个数据收集、交换和分析的生态系统，实现生产过程的实时监控和优化。IIoT特指在工业设备和流程中实现互连，使制造商能够获取并利用数据来提升运营效率和生产率。

3.1.3　基本步骤与特点

　　实施智能生产数字化信息系统需要策略性的规划。企业必须制定一个与其长远目标相符的明确策略。数据安全是实施智能生产数字化信息系统时必须优先考虑的问题，因为数据不仅是系统运行的核心，也潜藏着安全风险。同时，制造商应致力于培养员工的技能和专长，以适应新技术。实施过程建议分阶段进行，以免造成过度冲击。由于智能制造是一个动态的过程，需要定期审查和调整以保持系统的有效性。

　　智能生产数字化信息系统的特点体现在整个生产环节的数字化管理上。数据采集和传输通过传感器和物联网实现，确保了生产数据的实时更新。数据存储和管理保证了数据的完整性和可访问性，为决策提供了全面的数据支持。系统对采集到的数据进行处理和分析，将数据转化为有价值的信息，用于进一步优化生产流程和预警潜在问题。智能化决策支持通过优化生产计划和设备调度，提高了生产效率和产品质量。系统的可视化展示和监控功能确保了生产过程的透明度，允许用户及时监控和响应。

　　智能制造的关键技术如物联网（IoT）、人工智能（AI）、大数据分析、机器人以及云计算等，共同构建了一个高效、自适应且智能的生产环境。这一综合技术框架不仅提高了生产效率，还增强了企业对市场变化的响应能力和创新能力。在实施智能生产数字化信息系统的过程中，企业面临的挑战不仅涉及技术选型和应用，更关键的是采用有策略、分步骤且持续审视的方式确保系统的有效运行和安全性。

　　智能生产数字化信息系统的实施，涉及从硬件的选择配置到软件的定制开发，以及从前端的用户界面到后端的数据处理的全方位设计。系统通过全方位的数据管理和分析功能，可以为企业提供决策支持，这种支持基于对数据的洞察，涵盖了从日常运营决策到长期战略规划的所有层面。系统通过实时监控生产线的状态，可以预测潜在问题，并提前进行干预。同时，企业通过分析历史数据，可以优化其供应链，减少库存成本，提高用户满意度。

　　此外，智能生产数字化信息系统的成功实施还需要企业员工的技能提升和组织结构的调整。人才是实施智能生产数字化信息系统的关键，需要其具备跨学科的知识体系和解决问题的能力。因此，对于企业来说，员工培训和发展计划至关重要。同时，组织结构可能需要变得更加灵活和扁平化，才能更快速地响应变化和促进创新。

在安全性方面，随着系统的开放性和互联性的增加，数据安全和网络安全成为必须重点关注的问题。企业必须采取先进的安全措施，包括数据加密、访问控制和持续的安全监控，以防止数据泄露和其他安全威胁。

智能生产数字化信息系统是一个持续发展的生态系统。随着新技术的出现和业务需求的变化，系统需要定期更新和升级。企业应建立一个灵活的技术框架，用于快速集成新的技术和工具，保持竞争优势。通过持续的创新和改进，智能生产数字化信息系统可以帮助企业在不断变化的市场中保持领先地位。

3.2 智能生产数字化信息系统架构

3.2.1 研究历史

在企业资源计划（ERP）领域已经形成了一个多方面的研究体系，涉及项目实施、企业内部流程再造以及组织管理优化等关键方面。项目实施层面的研究主要集中于信息系统如何实现企业资源计划，包括对产品标准功能的分析和二次开发管理。该研究领域的主要参与者包括 ERP 软件厂商，如 SAP 和 Oracle，它们专注于产品功能的持续迭代；提供信息技术咨询的公司则基于这些软件的标准功能提出定制化的管理建议，并在此基础上实施二次开发，这些咨询公司通常采用 PMP 等项目管理方法来指导 ERP 的实施。

随着时间的推移，组织管理优化研究已经从单一的库存管理理论（如最佳订货模型和 JIT 理论）转变为更广泛的企业管理理论。ERP 概念不断扩展，现已涵盖了财务共享中心模式和一体化平台经销模式等新理念，这些新理念不仅超越了传统的财务和管理范畴，还探索了将业务流程与财务流程整合的平台化特征。此外，随着 ERP 概念的不断发展，研究也趋向于集成组织的整体战略、外部经营环境和内部管理运作方式，这反映了当前和未来 ERP 研究的趋势。

流程优化理论作为现代管理学的一个分支，起源于泰勒的科学管理理论，后来深入为更具体的流程优化研究。在 ERP 的早期实践阶段，该理论主要关注生产车间的流程控制问题，对应于 MRP II 阶段。1970 年，全面质量管理（TQM）概念在日本提出，标志着生产流程优化理论的发展。1990 年，哈默教授进一步拓展了这一理论，结合 SWOT 分析，提出了面向企业整体的流程优化。此阶段，随着精益制造、供应链管理和六西格玛等理论的发展，流程优化理论的深度和广度都得到了增强。

信息和通信技术的发展为流程优化理论在生产实践中的应用提供了新的可能性。流程优化和信息和通信系统的结合不仅奠定了两者的共生关系，而且互相促进——信息和通信技术成为流程优化的支撑平台，而流程优化理论的发展也反过来推动了信息和通信技术的进步。

智能生产数字化信息系统架构代表了智能制造的一个全新阶段，这一架构整合了现代管理理论、智能制造理论与最新的信息技术、自动化技术、通信技术。这种集成化的架构不仅包含了企业设备、生产监控、制造执行、企业管理和设计研发单元，还包含了智能设计、智能经营、智能生产和智能决策等单元。

3.2.2　主要组成部分

ERP系统作为信息化的核心，统筹管理销售、生产、采购、库存、质量、成本核算等业务。产品生命周期管理（PLM）系统负责产品设计的全过程，为ERP系统和制造执行系统（MES）提供必要的数据支持。MES则在车间层面实现生产过程的数字化管理，确保信息与设备的深度整合，提供给ERP系统完整、实时、准确的生产数据，为智能工厂的运营提供坚实基础。

仓库管理系统（WMS）则专注于库存的精细化管理，它通过自动化技术如自动引导车辆（AGV）来实现物料的高效配送，从而优化仓储管理。信息物理系统（CPS）通过集成计算机、通信、感知系统，实现了对物理世界的实时、可靠和协调的感知与控制，这对于确保整个系统的同步运行至关重要。

企业信息门户（EIP）则实现了企业内部的纵向整合和与用户、供应商及合作伙伴间的横向集成，支持协同商务和信息共享，这样的集成为企业提供了业务协同和信息流的无缝对接。此外，智能设计、智能产品、智能经营、智能服务、智能决策等系统通过技术革新，进一步提升了企业的生产效率、质量控制水平、资源利用效率和决策能力。

总体而言，智能生产数字化信息系统架构的主要组成部分共同构建了一个全面的智能工厂模型。这个模型不仅优化了企业内部的生产和管理流程，还通过信息化、数字化和智能化的手段提升了企业的整体竞争力和市场适应性。企业通过这种深度的技术集成，能够在日益复杂的全球市场中，实现更加高效和灵活的运营，并为可持续发展奠定坚实的基础。

基于企业系列标准的支持和企业级别的信息安全要求，在信息物理系统（CPS）的支持下，构建智能设计、智能产品、智能经营、智能服务、智能生产、智能决策六大系统。这些系统通过互联网和物联网将企业设施、设备、组织和人互相连接，集成计算机、通信系统和感知系统，实现对物理世界的安全、可靠、实时、协调的感知和控制。同时，通过企业信息门户实现与用户、供应商、合作伙伴的横向集成（如协同商务和信息共享），以及实现企业内部的纵向集成（如不同系统之间的业务协同）。

3.2.3　主要层次架构

在当今科技迅速发展和智能化生产日益普及的背景下，构建智能生产数字化信息系统已成为企业发展的必然选择。智能生产数字化信息系统的架构是多层次、模块化的，可支持生产的自动化和信息化。下面是对工厂智能生产数字化信息系统架构的主要层次的详细划分和功能解析。

（1）生产基础自动化系统层

生产基础自动化系统层是智能生产数字化信息系统的基础，主要由生产现场的各类设备及控制系统构成。具体来说，生产设备包括可编程逻辑控制器（PLC）、机器人、机床、检测与物流设备等。控制系统则根据制造类型的不同分为过程控制系统（适用于流程制造）、单元控制系统（适用于离散制造）以及用于运动控制的数据采集与监控系统，这些控制系统协同工作，确保生产活动的精准高效。

（2）制造执行系统层

制造执行系统（MES）层包含多个子系统功能模块，这些计算机软件模块涵盖了制造数据管理、计划排程、生产调度、库存、质量、人力资源、设备、工具工装、采购、成本、项目看板管理等多个领域。MES层的作用是实现生产过程的数字化管理，确保生产数据的准确性和及时性。

（3）产品全生命周期管理系统层

产品全生命周期管理（PLM）系统层贯穿产品的研发设计、生产、服务等环节。研发设计环节聚焦产品设计、工艺与生产仿真，仿真工具能够为产品设计提供现场反馈，推动设计的持续改进。生产环节则包含前述的生产基础自动化系统层和制造执行系统层的功能。在服务环节，通过网络实现实时监测、远程诊断和维护等功能，利用大数据分析为服务决策提供支持。

（4）企业管控与支撑系统层

企业管控与支撑系统层涉及战略管理、投资管理、财务管理、人力资源管理、资产管理、物资管理、销售管理、健康安全与环保管理等多个子系统。这一层的主要职能是提供企业级的决策支持和资源优化，保障企业在宏观层面的可持续发展。

（5）企业计算与数据中心层

企业计算与数据中心层主要由网络基础设施、数据中心硬件、数据存储与管理系统、应用软件等构成。这一层为企业的智能制造提供必要的计算资源和数据服务，支持具体的应用功能，并通过可视化界面提升用户体验。

系统供应商对这一市场的服务必须适应人性化、科技化和专业化的发展趋势。未来的智能生产数字化信息系统将更加强调用户体验、技术创新和行业专业知识的融合，以满足企业在智能化转型中的复杂需求。随着智能技术的进步，智能生产数字化信息系统的架构也将不断演进，以支持更加灵活、高效和可持续发展的生产方式。

3.3 企业资源计划（ERP）

企业资源计划（enterprise resource planning，ERP）系统在近十几年内已经成为最受企业欢迎的管理工具之一。使用ERP系统，制造企业内几乎所有部门都可以进行集成整合，实现高效管理，例如生产设计管理、物料计划管理、制造管理、库存管理、财务管理、项目管理、上下游企业沟通、信息仓库、人力资源管理，甚至能够辅助企业管理者制定决策。ERP系统利用信息技术保证了企业更加快速和稳定地发展。另外，ERP系统在其他行业也取得了瞩目的成绩，如教育、医疗、交通运输、批发零售等行业。ERP系统是软件系统，其目标是通过单独使用一个信息系统就能够实现对独立组织内各种功能的管理[3]。

ERP 系统的原型诞生于 20 世纪 70 年代末到 80 年代初，彼时计算机刚刚被用于支持生产计划管理。物流控制概念——"物料需求计划（MRP）"是 ERP 系统的基础。在用 MRP 系统计划生产时能够计算出各组件应当"什么时间生产"以及"生产的数量"，以此确保生产活动高效进行。很快地，MRP 系统的应用被扩展到其他领域，例如产量计划、主生产计划等，也就是"制造资源计划（MRP Ⅱ）"。接下来，ERP 系统的发展伴随着不同功能的信息系统的集成和联合。这些信息系统实现了多种组织功能，例如人力资源管理、财务等。ERP 系统供应商 SAP 公司最早就是以财务软件起家的，而其竞争对手 Oracle 公司最开始是数据库供应商。企业使用不同功能的信息系统时有一个弊端，就是这些系统都是彼此独立运行的，形成了"信息孤岛"，在使用过程中产生了很多低效操作，如多余的数据输入、数据结构不一致等，这使人们意识到了高效整合的信息系统的重要性。于是，软件公司开始开发能够集成不同控制功能的信息系统。随着计算机软硬件技术的发展，功能强大的计算机和高级的数据库管理系统为信息系统的整合提供了充分的条件，使得企业能够得到期望的系统，即现代的 ERP 系统[4]。

3.3.1　研究现状

企业资源计划理论的发展经历了三个阶段，即 MRP—MRP Ⅱ—ERP（企业资源计划的简称）。其中，MRP 是早期制造业为了管控库存和主生产计划提出的，其专注的核心点在于企业的库存管理，强调计划排产和库存之前减少错配，最终减少资金的压占，所以 MRP 的重点在于库存订货点与最佳经济批量模型。

之后，在 MRP 的基础上发展出了更全面的理论（即 MRP Ⅱ），企业资源计划的外延得到了拓展，不再仅涵盖生产，而是强调业务与财务的结合，业财一体化的概念开始普及，同时与生产相关的价值活动（如物流管理等）也纳入了企业资源计划的范畴，并且从 MRP Ⅱ 开始，这一概念的载体基本通过信息系统来实现，即企业通过信息系统将 MRP Ⅱ 的管理理念与模式具体落实到位。

此后，随着信息技术的发展，MRP Ⅱ 在企业内的实践越发成熟，同时企业面临着更多的外部挑战，事前的控制与预算体现出重要性。至此，企业资源计划发展至第三阶段，开始强调企业的资源管理需要适应外部的市场环境，具体映射到企业资源计划中表现为企业资源计划整合了新的模块——供应链、管理会计与分销网络。进入 21 世纪后，随着商业模式的推陈出新，企业为了应对商业模式的改变，对企业资源计划的概念进行了更深入的延伸，开始向中台化和平台化发展，注重企业内部资源之间、外部市场与内部资源之间的协同与交互。

目前对于企业资源计划的研究主要集中在项目实施、企业内部流程再造及组织管理优化等方面。其中，项目实施是通过信息系统对企业资源计划进行落实的研究，包括产品的标准功能研究、二次开发管理等。主要实施的群体是软件厂商（例如 SAP 和 Oracle），软件厂商主要关注的是产品标准功能的迭代。同时，提供信息技术咨询的公司基于已有产品的标准功能对实施对象做出有针对性的管理建议，并基于此进行二次开发，实施的方法是 PMP 所推行的项目管理方法。

企业内部流程再造则是将重点放在系统与流程的融合上，从资源利用最优的角度考虑流程的设计与执行。这部分与流程优化理论十分相似，将在后面展开。

组织管理优化研究是一个博采众长的过程。在早期的MRP阶段，企业资源计划聚焦于库存与物料，所以当时的理论研究主要是基于库存管理的，例如最佳订货模型、JIT理论研究等。随着企业资源计划的发展，其概念的不断外延，推动相应的研究也与时俱进，并涵盖了企业管理的各个方面，例如新兴的财务共享中心模式、企业的一体化平台经销模式，已经突破了传统意义上的财务和管理的范畴，并开始探索将业务流程与财务流程相结合并辅以平台化的特性，而这种特征也是未来企业资源计划研究的大趋势。

3.3.2 功能与简介

企业资源计划系统是一款业务工具，拥有强大的、全面的管理功能。作为一种集成性软件解决方案，ERP系统具有多种特性，旨在协调和管理组织内各业务流程和功能。下面是ERP系统的一些关键特性。

① 集成性。集成性是ERP系统最重要的特性之一，这意味着系统可以将所有业务流程、部门和功能（包括采购、销售、库存管理、生产计划、财务、人力资源等）集成到一个单一的系统中。这种集成性有助于确保数据的一致性和精确性，同时避免了数据重复输入和冗余。

② 自动化。ERP系统可以自动处理许多常规和重复任务，如订单处理、发票生成、工资单生成等。这种自动化可以极大地提高工作效率，减少错误，并允许员工将更多的精力投入到更具挑战性和创造性的任务中。

③ 实时数据访问。ERP系统提供了对实时数据访问的功能，这对于做出快速、准确的业务决策至关重要。无论是销售数据、库存水平还是财务报告，所有的信息都可以在需要时立即获得。

④ 模块化。大多数ERP系统都是模块化的，这意味着它们由一系列独立但互相集成的模块组成，每个模块都专门处理一个特定的业务领域（如销售或财务），这种模块化设计使得企业可以根据自身具体需求选择和定制ERP系统。

⑤ 可扩展性。随着企业的发展，其业务需求也会发生变化。ERP系统的可扩展性允许企业根据自身变化的需求轻松地添加或修改系统功能，这种灵活性确保了ERP系统可以随着企业的需求发展。

⑥ 数据分析和报告。ERP系统通常包含强大的数据分析和报告工具。ERP系统可以生成各种报告（如销售报告、库存报告、财务报告等），并提供关键性能指标（KPI）和仪表板，以可视化的方式展示业务，帮助企业理解其业务运行的状况，并做出数据驱动的决策。

⑦ 用户友好性。ERP系统功能强大，它的界面一般被设计成用户友好型，用户可以方便地使用它。这些界面包括直观的用户界面、易于理解的菜单和选项，以及详细的用户帮助和支持界面。

⑧ 安全性。鉴于ERP系统处理的是企业的敏感数据，因此其必须具有强大的安全措施，以防止数据泄露或未经授权的访问。这包括用户访问控制、数据加密、审计跟踪以及

备份和恢复等功能。

⑨ 移动和云能力。随着移动设备和云计算的普及，ERP系统通常包含移动访问和云部署功能，这可以让员工从任何地方访问ERP系统，使得企业可以享受到云计算的诸多好处，包括更低的硬件成本、更快的部署速度和更强的灵活性。

总体而言，ERP系统的关键特性使其成为一款强大的业务工具，它能够综合管理企业的各业务流程和功能，提供实时数据和自动化流程，实现数据集成和一致性，提供报表和分析功能，具有可扩展性和定制化能力，并注重数据安全和权限管理。这些特性为企业提供了一个强大而综合的平台，协调和优化业务运营，从而提高效率、降低成本，并增强企业的竞争力。

3.3.3 实施过程

企业资源计划（ERP）系统的实施是一个涉及多个步骤的复杂过程，需要精心地规划和执行。企业通过系统性的规划和执行，能够成功实施ERP系统，并提升业务流程的效率和效果。这些步骤为企业提供了一个指导框架，有助于确保ERP系统的顺利实施和长期成功运营。下面是ERP系统的主要实施步骤。

① 项目规划。这是ERP系统实施的第一步，涉及确定项目的范围、目标和预期结果。在这一步骤，需要明确系统应满足的具体业务需求，确定实施的时间表和预算，并指定一个项目团队来负责实施过程。

② 业务流程分析。在这个步骤，项目团队将深入了解和分析当前的业务流程，确定哪些流程需要改进或实现自动化。这通常涉及与各部门的关键人员进行访谈，以获取他们对于现有流程的见解和建议。

③ 系统选择和配置。这个步骤涉及选择合适的ERP系统，并配置它以满足组织的业务需求，这可能涉及比较不同的ERP供应商和系统，以确定哪一个系统最适合组织的需求。一旦选择了某个系统，就需要对它进行配置，包括设置参数、定义业务流程和输入数据。

④ 系统测试。在系统配置完成后，需要进行全面的测试，以确保系统能够如预期那样运行，包括功能测试（确保每个功能都按预期实现）、性能测试（确保系统在高负载下依然能够正常运行）和用户接受测试（确保用户能够正确地使用系统）。

⑤ 员工培训。为使员工能够有效地使用新的ERP系统，需要对他们进行培训。这包括教授员工如何操作系统、如何执行常规任务，以及如何解决可能遇到的问题。培训可以采用现场授课、在线教学或一对一指导等方式进行。

⑥ 系统启动。系统启动是ERP系统实施的最后一步，也是最重要的一步。在系统启动之前，需要确保所有的数据都已经被正确地转移到新系统中，用户所有员工都已经接受了培训，所有的测试都已经成功完成。一旦系统启动，就需要密切监控其性能，以便快速解决任何可能出现的问题。

⑦ 持续优化。ERP系统实施并不是一次性的，而是需要持续地维护和优化，包括定期评估系统的性能、收集用户的反馈、进行必要的更新和改进，以确保系统始终能够满足组织的业务需求。

总的来说，ERP系统实施是一个涉及多个步骤的复杂过程，需要精心地规划和执行。从项目规划、业务流程分析到系统选择和配置，再到系统测试、员工培训、系统启动和持续优化，每个阶段都具有重要的意义。企业通过逐步推进，能够确保ERP系统顺利地融入组织，提升业务流程的效率和协同水平。此外，持续的优化和改进也是ERP系统实施的关键，以确保系统能够适应不断变化的业务需求，并为企业带来长期的价值和竞争优势。综合考虑所有的步骤和措施，ERP系统实施需要全面的团队合作、清晰的目标设定和周密的计划，以确保成功实现系统的顺利过渡和长期稳定运行。

3.3.4　新兴技术对ERP的影响

新兴技术对企业资源计划（ERP）系统的影响是巨大的，推动了它的发展和改变。这些新兴技术为ERP系统带来了许多创新和增强功能，使其能够更好地满足企业的需求并适应快速变化的商业环境。下面是一些主要的新兴技术和它们对ERP系统的影响。

① 云计算。云计算使得ERP系统变得更加灵活和可扩展。基于云的ERP系统可以随着业务需求的变化进行快速扩展，减少了对本地硬件资源的依赖。此外，云计算还降低了ERP系统的拥有成本，因为云计算采用的是订阅模式，企业不再需要进行大规模的初期投资。

② 大数据。大数据技术使得企业能够处理和分析大量的业务数据，从而获得更深入的洞察。在ERP系统中，大数据技术可以用来优化业务流程，提高运营效率，以及进行更准确的预测和决策。

③ 人工智能（AI）。AI技术可以用来自动化ERP系统中的一些任务，如数据分析和报告生成。此外，它还可以用于提高系统的预测能力，如预测销售趋势或库存需求。AI技术也可以提高ERP系统的使用体验，如通过智能助手来帮助用户快速找到信息或完成任务。

④ 区块链。区块链技术可以提高ERP系统的安全性和透明度。对于涉及多方共享数据的业务流程（如供应链管理），区块链可以提供一个安全的、不可篡改的数据共享平台。此外，区块链技术也可以提高数据的可追溯性，使得企业能够更容易地追踪和验证业务或新兴技术对ERP系统产生的重大影响，推动了ERP系统的发展和改变。

⑤ 物联网（IoT）。物联网技术可以让ERP系统实时收集和处理来自各种设备和传感器的数据，用于提高系统运营的效率和准确性。例如，ERP系统通过监测仓库中的RFID标签，可以实时更新库存信息。

⑥ 移动通信技术。移动技术可以让员工在任何地方使用ERP系统，提高了员工工作的灵活性和效率。移动通信技术也改变了用户与ERP系统的交互方式，使得用户可以通过手机或平板电脑访问系统。

总的来说，随着新兴技术的不断涌现和演进，未来的ERP系统将变得更加智能化、自动化和个性化。AI技术的发展将使ERP系统能够学习用户偏好和行为，提供更个性化的用户体验和建议。物联网的普及将实现更全面的数据收集和分析，为企业提供准确的决策依据。区块链技术的应用将提供更安全、可信赖的数据共享平台，加强合作伙伴关系和供应链的可追溯性。移动通信技术的普及改善了移动端用户的体验和系统的功能，使员工可以随时随地访问和管理ERP系统，提高了工作的灵活性和效率。

3.3.5 ERP案例

ERP系统用于帮助企业整合和管理各部门的业务和功能，它可以提供全面的业务流程管理、数据分析和决策支持，从而提高企业运营的效率、准确性和提升企业的竞争力。为了更好地理解ERP系统的应用和效果，这里以三款实际软件——Striven ERP、SAP Business One 和 Intuit QuickBooks 为例进行介绍。

（1）Striven ERP

Striven ERP 是一款一体化的业务管理软件，为公司运营的各个方面提供全面的解决方案。它提供了一系列的功能，以简化操作、提高效率，并增强组织内的协作。Striven ERP 解决方案具体展示如图3-1～图3-3所示。

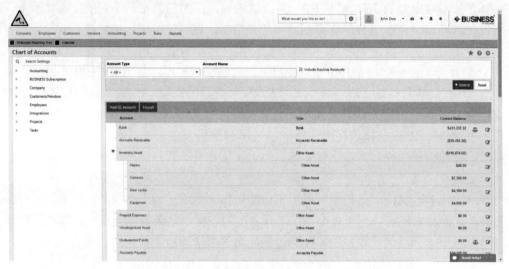

图3-1　Striven ERP解决方案示例（一）[5]

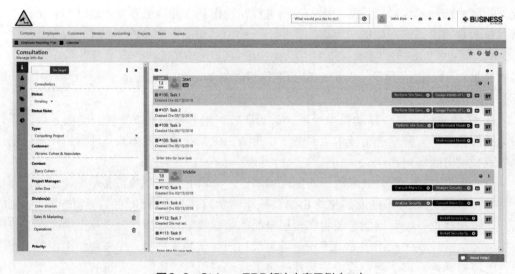

图3-2　Striven ERP解决方案示例（二）

图3-3　Striven ERP解决方案示例（三）

在当今竞争激烈的商业环境中，企业需要高效的工具来管理各个方面的运营，并保持竞争优势，所以像Striven ERP这样的一体化业务管理软件受到更多的关注。Striven ERP不仅提供了全面的解决方案，还具备一系列功能，可以帮助企业应对复杂的业务挑战。Striven ERP具体功能如下。

① 集成的业务管理。Striven ERP旨在将不同的业务功能集成到一个平台上，使公司能够更有效地管理和运营。它将财务、项目管理、客户关系管理（CRM）、库存管理、人力资源等模块结合在一起。

② 流程简化。借助Striven ERP，企业可以自动化并简化流程，减少手动任务，提高整体效率。该软件提供了工作流管理、任务跟踪、文档管理和协作等工具，使团队能够无缝协作。

③ 财务管理。Striven ERP包括强大的财务管理功能，如总账、应付和应收账款、预算和财务报告。它帮助企业跟踪其财务行为、管理现金流并生成准确的财务报表。

④ 项目管理。Striven ERP提供了项目管理功能，使企业能够跟踪和管理项目。它提供了项目调度、资源分配、任务管理和进度跟踪等工具，这有助于企业保持组织，按时完成并成功交付项目。

⑤ 客户关系管理（CRM）。Striven ERP包括CRM功能，用于帮助企业管理与客户的互动和客户关系。它提供了线索管理、联系人管理、销售跟踪和客户支持等工具，这使得企业能够提高客户满意度并推动销售增长。

⑥ 库存管理。Striven ERP提供了库存管理功能，用于帮助企业优化其库存水平，跟踪库存变动并管理供应商。它提供了库存跟踪、订单管理和需求预测等功能，确保企业在正确的时间有可用的产品。

⑦ 报告和分析。Striven ERP提供了强大的报告和分析功能，使企业可以深入了解其运营情况并做出数据驱动的决策。它提供了可自定义的仪表板、实时报告和高级分析等工具，帮助企业监控性能、识别趋势和确定改进内容。

（2）SAP Business One

BWISE的SAP Business One是一款强大的企业资源计划软件，为企业提供整套解决方案，特别适用于零售、医疗保健、酒店/旅游、制造业和媒体等行业。该软件的主要优势在于它可以帮助企业实现精细化的安装流程、专业的实施计划、有效的工作流整合和生产率提升。BWISE的SAP Business One的解决方案具体展示如图3-4、图3-5所示。

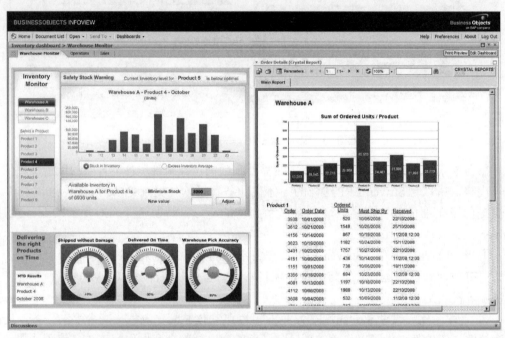

图3-4　BWISE的SAP Business One的解决方案示例（一）

BWISE的SAP Business One提供了一系列丰富的功能。在财务方面，它可以帮助企业手动对账银行对账单，并对资产生命周期各阶段进行监控。在采购和制造环节，它可以帮助企业为特定的物品编号来分配多个供应商，同时建立生产、销售和组装等多种类型的BOM。此外，该软件还提供了库存管理、供应链管理、订单管理、客户关系管理、项目管理、服务管理、资产管理以及分析和报告等功能。

然而，BWISE的SAP Business One也有一些限制。首先，它不提供开箱即用的核心人力资源功能，包括薪资、福利、员工自助服务和入职等功能。其次，它不服务于食品饮料行业、建筑行业、非营利组织或房地产行业等领域。最后，该软件缺乏基于AI的干扰缓解推荐工具。

总的来说，BWISE的SAP Business One是一款功能丰富、适用范围广的ERP软件，尽管存在一些限制，但其强大的功能和灵活性使其成为各行业企业的理想选择。

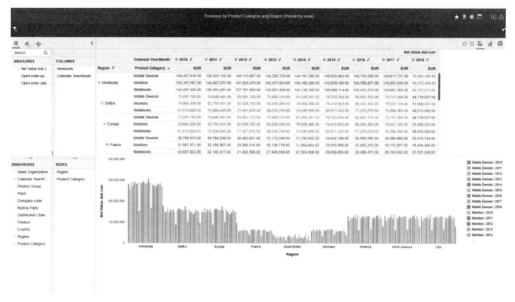

图3-5　BWISE的SAP Business One的解决方案示例（二）

（3）Intuit QuickBooks

Intuit QuickBooks是一款能够整合和优化企业财务管理流程的财务软件，它通过提供一系列的工具和功能，如账户表设置、收入和支出的跟踪、开票和付款以及财务报告，使企业能够更有效地管理其财务，并据此制定出有针对性的商业策略。此外，通过集成的工资管理功能，该软件还能够帮助企业效地管理员工工资，计算税款，并直接处理工资税的申报和付款，从而简化了企业的工资管理流程，降低了企业的运营成本。具体而言，Intuit QuickBooks具有以下功能。

① 账户表设置。Intuit QuickBooks允许设置一张账户表，这是一张列出了业务中使用的所有账户的列表，包括资产、负债、权益、收入和费用。例如，费用账户可以包括销售成本、广告费用、利息支出、折旧费用、薪水或工资等类别。

② 收入和支出的跟踪。通过链接用户的银行账户和信用卡，Intuit QuickBooks能够跟踪收入和支出，能够自动导入交易并相应地进行分类。例如，QuickBooks可以将来自销售、服务或租金等收入，以及租金、公用事业、办公用品等支出进行分类。

③ 开票和付款。Intuit QuickBooks提供了创建和发送专业发票给用户的工具。用户可以自定义发票模板，添加标志，并包含付款条款。Intuit QuickBooks还允许用户接受在线支付，使用户的客户更容易支付。

④ 财务报告。Intuit QuickBooks提供了一系列能够洞察企业财务状况的财务报告，这些报告包括利润和损失报表、资产负债表、现金流量表等。用户可以根据特定需求定制报告，并分析自身的业绩。

⑤ 工资管理。Intuit QuickBooks具有集成的工资功能，允许用户管理员工工资，计算税款，生成工资单。用户还可以直接从软件中处理工资税的申报和付款。

为体现Intuit QuickBooks在实际应用中的效果，图3-6、图3-7提供了Intuit QuickBooks解决方案示例。

图3-6　Intuit QuickBooks解决方案示例（一）

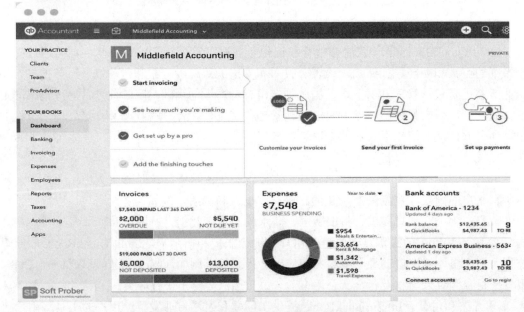

图3-7　Intuit QuickBooks解决方案示例（二）

3.4　制造执行系统（MES）

3.4.1　MES基本框架与技术

制造执行系统（manufacturing execution system，MES）是一种信息系统，用于管理

和控制工厂的生产活动，它为生产线的操作员提供了一种实时的、可见的控制生产过程的方式[5]。

（1）MES的主要性质

① 实时性。MES能够实时收集生产过程中的数据，并立即对这些数据进行分析和处理。例如，MES可以实时监控设备状态，一旦发现设备有故障或者效率降低，就能立即通知维修人员进行处理。

② 可见性。MES可以将生产过程中的信息可视化，使得管理者能够直观地了解生产线的运行状态。例如，MES可以通过图表或者报表的形式，展示出生产线的效率、生产数量、质量问题等信息。

③ 控制性。MES不仅可以监控生产过程，还可以对生产过程进行控制。例如，MES可以根据生产计划，自动调度设备和员工，以达到最优的生产效率。

（2）MES的主要目标

① 提升质量管理。引入实时机器和流程监控，采用数字化任务指导，并进行即时质量评估，不仅可以提升流程一致性和产品质量标准，还能确保偏差被及时记录。

② 转向数字化制造。通过数字化任务指导、电子订单部署和数字化记录保持，从传统的纸质记录方法转向数字化记录。这不仅减小了对环境的影响，还最小化了人为错误，并整合了数据源。

③ 简化制造流程。通过建立集成和监督跨多个部门和设施的车间地面活动的连接，可以最大化制造效率。利用实时反馈识别潜在问题，并迅速纠正，进一步提升流程效率。

④ 提升设备运行效率。实时监控设备性能，跟踪磨损和进行预测性维护，可以最小化非计划的停机时间，延长设备的使用寿命，提高设备运行效率。

⑤ 确保合规性和可追溯性。许多行业都面临严格的监管审查，MES软件可以确保产品在规定条件下生产，获取并存储所有相关数据以方便追溯，确保生产符合行业特定的规定。

⑥ 改善库存管理和减少浪费。MES可以通过实时查看库存水平和生产需求，减少过度生产和过多的库存成本。此外，它还可以帮助识别和最小化浪费（包括材料、时间、流程的浪费）。

（3）MES集成

MES可以与以下技术集成，以获得相应的功能与益处。

① 可编程逻辑控制器（PLC）。从PLC传递到MES的信息包括设备状态、产量、数量和可用性信息。

② 销售订单管理。销售订单管理中的客户需求数据对生产调度有显著影响。MES将订单履行状态信息反馈到销售系统，以便销售人员能够告知客户预期的交货日期、订单状态。

③ 产品生命周期管理（PLM）。PLM和物料清单模块的数据传递到制造执行系统，用于协调生产特定产品所需的步骤。MES获取的质量信息可以反馈给PLM/BoM系统，用于优化产品的制造方式。

④ 计算机化维护管理软件。CMMS模块帮助MES考虑设备维护的计划停机时间。

MES中收集的设备健康状况数据传入CMMS模块，用于协调所需的维护事件。

⑤ 仓库管理软件。WMS和库存模块提供库存可用性信息，用于协调物料可用性和生产调度。MES向WMS提供反馈信息，详细描述对在制品（WIP）库存的跟踪。

⑥ 物料资源计划（MRP）。协调预测、物料管理、生产和其他生产操作的流程。MES可以提供车间条件数据，用于优化材料采购活动的时机，支持降低库存持有成本的即时生产计划。

⑦ 劳动力管理。使用劳动力调度和跟踪功能，保证班次调度时有员工可用。由制造执行系统获取的员工绩效信息可以传递给劳动力管理软件，改善劳动力调度。

⑧ 商业智能软件。允许从多个来源聚合业务数据，同时提供报告生成和可视化数据分析工具，用于支持更有效的业务决策。例如，设备总效率（OEE）分析、吞吐量、质量指标等MES数据可以传输到BI系统，并可获得额外的报告能力，包括在决策制定仪表板中显示。

在工业4.0、智能制造等新的生产模式下，MES的作用更加重要。MES通过将生产中的各项活动数字化、自动化、智能化，使得企业能够实现精细化管理，可达到持续改进和优化的目标。同时，MES可以整合企业内部的资源，包括人、机、物、环等各种要素，形成高效、灵活、可控的生产体系。MES也可以与供应链、市场、客户等外部环境进行连接，形成全面、开放的信息化平台，支持企业的快速响应和持续创新。

3.4.2　MES研究现状

MES系统本身的使命是"为链接中枢而生"。制造执行系统协会提出的MES系统的功能组件可划分为11大功能模块，并且提出即使只具有其中一个或多个模块，也属于MES系列产品。MES系统功能模块如图3-8所示。随着互联网、物联网等的飞速发展以及制造业的信息化程度的不断提升，MES系统在制造业中的应用也越发广泛。在企业应用MES系统的过程中，行业本身也在发生剧烈的变化。从外界来看，迅猛发展的信息和通信技术以及基于互联网的应用系统层出不穷，给制造业带来了巨大的冲击。但是，从行业本身来看，各项自动化智能设备的广泛应用、客户量的迅猛增多、生产量的快速提升都推动MES系统不断地演变，同时，也引来了国内外很多学者参与研究[6,7]。

图3-8　MES系统功能模块

国外制造业智能制造研究起步较早，在MES系统理论的提出、研究以及实践等方面，国外众多机构和学者做出了重大贡献[8]。Rolon等学者针对MES系统处理生产异常事件进行了相应的研究，提出了基于Agent的智能MES系统及解决方案，以更加有效地处理生产过程中因不确定性因素所导致的中断问题。美国罗克韦尔公司开发了一款针对MES系统的软件平台FactoryTalk，该平台致力于将工业场景中各独立系统进行互联，实现多系统集成。日本制造科学技术中心开发了 OpenMES，以模块化和可组合的方式，为离散制造业提供了一种全新的解决方案。通过 OpenMES，软件系统和制造设备之间实现了开放的互联互通。由于 MES 系统具有一定的行业特色，国外已经在多个领域产生了一批使用 MES 系统的领头企业，如 Siemens、Honeywell、ABB、AVEVA 等，这些企业在发展自身 MES 系统的同时，也在对外进行扩张，在一定程度上加快了我国制造业信息化变革的进程。相比国外，国内制造业信息化变革较晚，MES 系统的发展也较慢。但国内有一大批学者一直从事相关研究，也取得了显著的成果。邵景峰等依据纺织制造的工艺流程对生产数据进行分析，并将大数据融入 MES 系统中，解决了生产信息孤岛的问题。浙江大学杜耀提出了一种基于工作流技术的流程可配置方案，并结合领域驱动设计，使系统的灵活性、可扩展性得到了提高。北京机械工业自动化研究所有限公司开展了面向信息物理系统的 MES 系统的研究，为 MES 系统的开发和应用提供了解决方案框架。广东工业大学苑笛将传统服务技术特点和离散制造车间中的业务相结合，提出了可重构 MES 系统，将离散制造车间相关业务进行拆分重构。宋庭新等学者站在造船行业的角度，基于作业分解以及任务包调度理论，提出了一种精益造船方法，并将之融入制造执行系统，从而提高了生产效率。李孝斌等通过分析企业进行服务型制造转型时的需求，提出了云制造服务模式的 MES 系统。

3.4.3 MES与ERP对比

ERP 是指企业资源计划，主要是对企业的财务资源、人力资源、生产资源等进行计划，用于提高资源的利用效率。ERP 管理的主要内容是计划；而 MES 主要实现的是制造现场的控制，是将企业的生产计划分解细化，下达到岗位、机台，控制相关人员和设备完成生产作业，并收集制造现场数据，以实现实时现场调度、生产追溯和管理分析。在制造企业管理信息系统中，ERP 和 MES 属于不同的管理层面，如图3-9所示。

ERP 属于企业级的计划层（Level3）；MES 属于生产级的执行层（Level2），主要是从计划层获取生产计划（生产订单），将细化的生产任务传递给作业人员，或将控制指令下达给过程级的流程控制层（Level1），同时从作业人员或流程控制层收集现场信息，反馈给计划层（Level3）。

虽然 MES 和 ERP 都是用于管理企业内部运营的信息系统，但它们在管理的目标和范围、实现方式、时间周期、工作方法等方面存在以下显著差异。

① 管理的目标不同。ERP 的重点在于财务，也就是从财务的角度出发来对企业的资源进行计划，相关的模块是以财务为核心展开的，最终的管理数据也是集中到财务报表中。MES 的重点在于制造，也就是以产品质量、计划兑现率、设备利用率、管理流程控制等作为管理的首要目标。

② 管理的范围不同。ERP 管理的范围比 MES 广，但是 MES 管理比 ERP 更细。生产资源作为企业资源的一部分，也在 ERP 管理的范围内，也有生产计划、数据收集、质量管理、物料管理等功能模块，所以往往会和 MES 混淆。ERP 管理的范围主要是以工作中心为单位，MES 能更细致到每个制造工序，对每个工序进行任务的下达、执行的控制和数据

采集、现场调度。管理的功能不同。ERP在生产管理方面的功能主要是编制生产计划，收集生产数据。MES除细化生产计划和收集生产数据外，还有批次级的生产控制和调度管理功能，例如批次级的工艺流程变更，对生产设备、人员和物料的验证控制，批次分拆、合并，批次生产订单变更等现场调度功能。

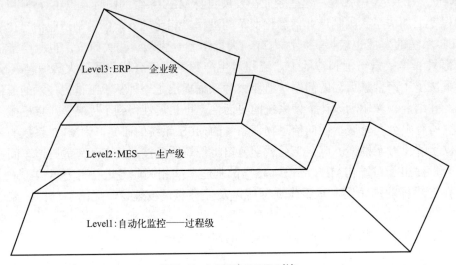

图3-9　MES与ERP对比

③ 实现的方式不同。ERP主要采用填写表单和表单抛转的方式实现管理，现场收到的生产任务信息通过表单传达，现场制造数据通过填写表单完成收集。MES是采用事件的方式实现管理，生产订单的变化和现场的生产情况的变化，通过MES内置的WIP引擎立刻触发相关事件，要求相关人员或设备采取相应的行动。因此，MES可以减少数据输入工作，减少差错，提高及时性。

④ 管理的时间周期不同。正是因为MES采用了WIP引擎来驱动管理，能够做到现场的"实时管理"：上级生产计划和生产调度能立刻反映在生产现场的作业界面中，现场的生产数据和异常扰动情况也能实时反映在管理岗位的监督界面中，使得及时调度成为可能。ERP的表单方式不可避免地会有一个录入周期，因此在生产调度上会有录入周期的滞后，使得生产执行情况和扰动信息不能及时反馈到管理层，对于制造周期短的生产会造成影响。

⑤ 工作方法不同。为了实现对制造现场的实时控制和调度，工作方法也会发生一些变化。ERP的工作方法是从生产计划部门获取生产订单或生产进度，完成现场作业后将生产情况填写在报工单或批次流转单上向上级报告。但使用MES后，工作现场的指令下达和数据收集都是通过信息系统来实现的。

总体而言，根据不同的场景选择合适的管理系统至关重要。ERP的财务重点与MES的制造重点形成鲜明对比，因此在选择系统时应根据企业的实际需求和重点进行评估。另外，MES在实现方式上的实时性和减少错误的优势，以及能够实现现场的实时管理，对于生产调度和反馈至关重要。因此，在需要快速响应和实时监控的环境中，MES可能是更为合适的选择。

3.4.4 MES功能与特性

在制造业中，MES（制造执行系统）扮演着关键的角色，它是用于监控、管理和优化生产过程的关键工具。

（1）MES主要实现的功能

① 资源分配和状态管理。这个模块管理机床、工具、人员、物料、其他设备及其他生产实体（例如进行加工必须准备的工艺文件、数控加工程序等文档资料），用以保证生产的正常进行，它还要提供资源使用情况的历史记录，确保设备能够正确安装和运转，同时提供资源的实时状态信息，对这些资源的管理，还包括为满足生产计划的要求对其所作的预定和调度。

② 工序详细调度。在编制生产作业计划时，该模块提供与指定生产单元相关的优先级、属性、特征及处方的作业排序功能，其目标是通过良好的作业顺序最大限度减少生产过程中的准备时间。

③ 生产单元分配。这一模块以作业、订单、批量、成批和工作单等形式管理生产单元间的工作流。

④ 文档控制。此模块控制、管理并传递与生产单元有关的信息文档，包括工作指令、工程图纸、标准工艺规程、零件的数控加工程序、批量加工记录、工程更改通知以及各种转换操作之间的通信记录，并提供了信息编辑功能。

⑤ 数据采集。该功能通过数据采集接口来获取并更新与生产管理功能相关的各种数据和参数，包括产品跟踪、维护产品的历史记录以及其他参数。这些现场数据，可以从车间以手工方式获取或由各种自动方式获取。数据采集的时间间隔差别很大，有时可达到分钟级的精度。

⑥ 过程管理。该模块用于监控生产过程、自动纠正生产中的错误，并向用户提供决策支持，以提高生产效率。

（2）MES的特性

① 变更管理。协调订单变更，包括物料、设备、流程或供应链路线的更改。

② 客户投诉管理。将客户投诉转化为可行的检查，用于找出出现生产质量问题的根本原因。

③ 文档管理。通过多格式数据存储、搜索和检索实现操作文档（如SOP、CAD图纸、生产规格和质量程序）的无纸化。

④ 停机管理。通过与可编程逻辑控制器（PLC）连接或手动输入，安排和跟踪机器停机时间。

⑤ 电子可追溯性。通过条形码或RFID启用部件、批次或批次跟踪，以Pinpoint管理材料在生产流程中的位置，无需手动数据输入。

⑥ 检查管理。指定工作流程控制，用于协调和执行产品和流程质量检查。

⑦ 工作跟踪。随着工厂中工作的进展，实时查看订单状态。

⑧ 劳动力跟踪。根据工作分配和调度数据，跟踪劳动时间和出勤情况。

⑨ 主生产计划。基于评估的能力、资源可用性和截止日期，对生产订单制定计划。

⑩ OEE分析。基于收集的性能、负载和可用性数据，设备综合效率（OEE）分析。

⑪ 生产流程建模。设计生产步骤，用于优化制造过程。

⑫ 质量管理。协调质量控制过程，包括数据收集、缺陷跟踪和纠正措施。

⑬ 基于规则的路由。根据业务逻辑条件制定生产的路线。

⑭ SPC分析。统计过程控制（SPC）分析测量过程变异，分析过程能力，减少过程变异。

⑮ 供应商质量表现。记录、调查和管理供应商产品质量的不符合项。

⑯ 在制品（WIP）跟踪。确定生产过程所有阶段的库存水平。

⑰ 工作量预测。将订单预测数据纳入生产调度和需求分析中。

3.4.5　MES案例

MES（制造执行系统）用于帮助企业优化生产计划与调度，从而提高企业的生产效率。同时，还能够帮助企业实现精确的产品质量控制，降低产品缺陷率，这有助于提高产品质量、满足客户需求，并增强企业的竞争力。为了更好地理解MES的应用和效果，我们以三款软件——Fishbowl、MasterControl和IMCO-CIMAG为例进行介绍。

（1）Fishbowl

Fishbowl是一款广受欢迎的库存管理软件，可以与制造执行系统集成，加强对生产和库存的控制。虽然网络搜索结果中没有提到Fishbowl在MES上的具体应用示例，但Fishbowl的功能使其成为与MES集成的合适选择，其解决方案示例如图3-10、图3-11所示。

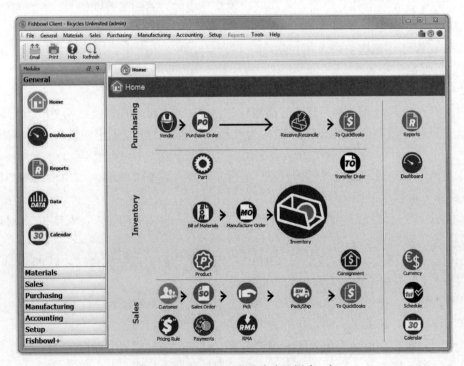

图3-10　Fishbowl解决方案示例（一）

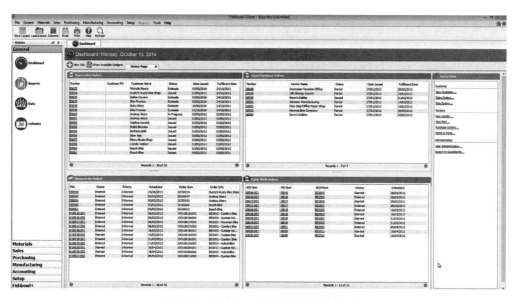

图3-11 Fishbowl解决方案示例（二）

Fishbowl提供了实时库存跟踪、订单管理、制造和生产控制、报告和分析等功能。通过将Fishbowl与MES集成，制造商可以更好地查看和控制其生产过程。下面是一些Fishbowl如何在MES上使用的可能示例。

① 实时库存跟踪。Fishbowl可以实时跟踪库存水平，使制造商能够监视原材料和成品的可用性。这些信息可以与MES集成，用于确保准确的生产计划和调度。

② 订单管理。Fishbowl的订单管理功能可以与MES集成，用于简化订单履行过程。这种集成可以帮助制造商根据客户需求和可用资源，优先安排和计划生产订单。

③ 制造和生产控制。Fishbowl的制造功能（如物料清单管理和工作订单处理）可以与MES集成，用于对生产过程的全面控制。这种集成使制造商可以跟踪每个生产订单的进度，有效地管理资源，并确保及时完成订单。

④ 报告和分析。Fishbowl的报告功能可以与MES集成，用于提供有关生产性能的宝贵见解。制造商可以生成关键绩效指标（KPI）的报告，如生产效率、库存周转率和订单履行率，用于识别改进的领域并做出数据驱动的决策。

总的来说，将Fishbowl与MES集成可以通过提供实时库存可见性、简化的订单管理、高效的生产控制和深入的报告，来增强制造水平。

（2）MasterControl

MasterControl专为制造业设计软件解决方案，正在为生命科学和其他领域的制造执行系统带来革命性的变革。它提供了一种灵活、可扩展且成本效益高的替代传统制造执行系统的解决方案。其解决方案界面如图3-12～图3-14所示。

MasterControl的制造执行解决方案部署迅速，配置简单，易于使用，并且成本效益高，可在企业所有生产线上推广，包括那些传统MES难以服务的生产线，如多种型号少量生产线或一批只生产一个产品的生产线，一旦实施便可迅速验证。这种现代制造执行解决方案可以提供在制造领域迅速交付、衡量结果所需的基本功能，包括生产计划、制造执行、质量控制和保证、数据管理和分析、主模板创建和管理。

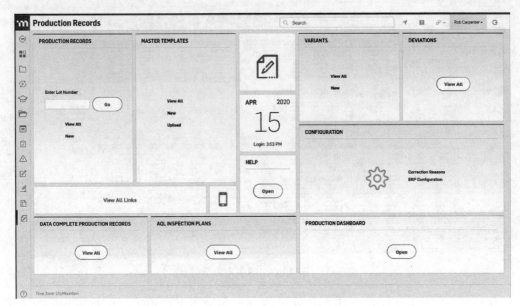

图3-12 MasterControl解决方案示例（一）

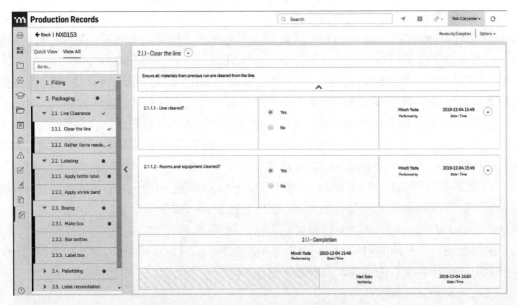

图3-13 MasterControl解决方案示例（二）

从制造运营领导到生产线主管和操作员，从质量保证（QA）和质量控制（QC）团队到IT技术团队，MasterControl创建了一种制造执行解决方案，能在整个生产周期中提供独特的价值。

MasterControl的制造执行解决方案还包括以下特性：100%的数字化生产记录、数字化的标准操作程序和工作指导书、加强过程可视性和洞察力、在线质量控制、事件和培训、例外复审和加速发布。

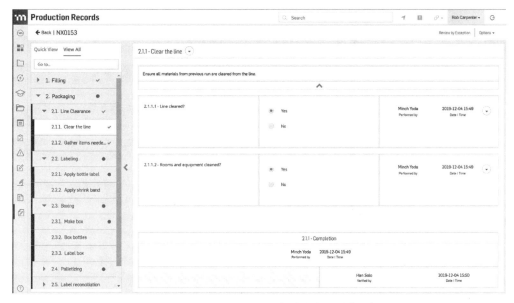

图3-14　MasterControl解决方案示例（三）

（3）IMCO-CIMAG

IMCO-CIMAG的设计者了解到制造业并非是"一刀切"的行业，这就是为什么该软件专为小型企业设计，用于提高效率和降低运营成本。作为一种MES，IMCO-CIMAG提供了对当今竞争激烈的制造业的可视化、准确性和控制的增强。其解决方案示例如图3-15～图3-17所示。

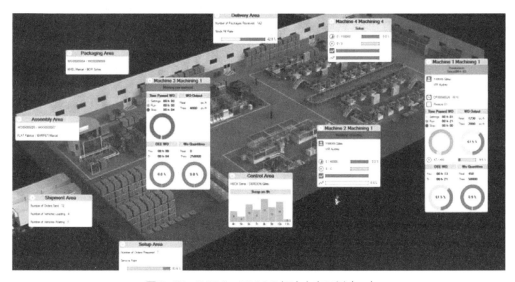

图3-15　IMCO-CIMAG解决方案示例（一）

IMCO-CIMAG软件提供了一个排程模块，可以最小化闲置时间，减少设置或拆卸时间，并改善分级。强大的质量控制功能可通过在整个公司范围内的实时可视化来降低成本。

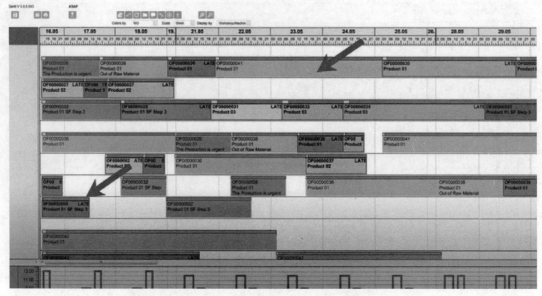

图3-16 IMCO-CIMAG解决方案示例（二）

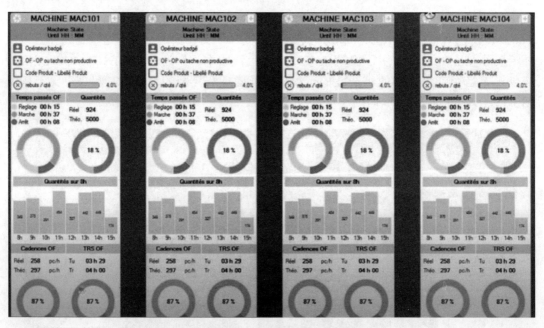

图3-17 IMCO-CIMAG解决方案示例（三）

IMCO-CIMAG软件有几个可用的模块，包括能源管理系统、计算机学习、时间考勤、设施访问。

IMCO-CIMAG软件各模块的具体功能如下。

① 能源管理系统。允许主管和经理实时查看消耗数据，提高能源效率和总体生产力，平衡生产，确定生产的最佳能源组合，跟踪水消耗和CO_2足迹。

② 计算机学习。通过学习关键资产的行为，在未计划的停机发生之前，预测过程异

常和设备故障，实现实时分析和边缘机器学习。提供IIoT开放平台与IMCO-CIMAG的完全集成，提供视频录制、数据可视化和报告、大数据历史记录、远程访问、离线分析和机器学习、迁移学习等功能。

③ 时间考勤。提供了一种简单和自动化的方式来管理人员活动，包括劳动力调度、管理复杂的时间周期、管理考勤和加班、管理薪资的可变元素、进行劳动力分析、监控活动。

④ 设施访问。提供了一套完整和自动化的监视设施及设施内特殊区域访问的解决方案，包括通过门和障碍物控制访问，通过徽章（刷卡）、PIN码或生物识别来控制访问，以个人授权级别控制入口和出口，跟踪并报告访问尝试，火灾和其他紧急警报，检测门窗状态，通过电子邮件、短信或页面进行警告。

其服务的行业包括航空航天、汽车、化学、医疗、金属和金属制品、医药、塑料等。

此外，IMCO-CIMAG软件可以无缝地与任何ERP或遗留系统集成。许多小型制造商使用Fishbowl进行库存管理，该软件可以完全与Fishbowl集成，使制造商能够简化生产并增加利润。

3.5 统计过程控制（SPC）系统

统计过程控制（SPC）系统是一种基于数据的生产软件，它采用科学的可视化方法，通过消除过程中的特殊原因变异来监视、控制和改进过程[9]。其主要含义如下。

① 统计。统计是一门研究数据收集、整理、分析和从数据中提取信息的科学。

② 过程。过程是将输入资源转变为所需的输出（商品或服务），涉及人员、材料、方法和机器以及测量。

③ 控制。在控制方面有系统、策略和程序，以便总体输出满足要求。

如今，各企业面临着日益加剧的竞争和不断上升的运营成本，包括原材料价格的上涨。因此，对企业来说，对运营进行控制是有利的。企业必须努力持续提高生产质量、效率，降低成本。许多企业仍然在生产后对产品进行检查，来解决质量相关问题。SPC帮助企业转向以预防为基础的质量控制，而不是以检测为基础的质量控制。通过监控SPC图表，企业可以轻松预测过程的行为。

SPC专注于使用统计工具分析数据，对过程行为进行推断，然后做出适当的决策，以持续优化改进过程。SPC的基本假设是所有过程通常都受到变异的影响，为此，变异测量了数据围绕中心趋势的分散程度。此外，变异被分为两种类型：共同原因变异和可指定原因变异。

① 共同原因变异。过程中的变异原因是偶然而非可归因于任何因素，它是过程中固有的变异。受共同原因变异影响的过程将始终稳定且可预测。

② 可指定原因变异。它也被称为"特殊原因变异"，它不是由于偶然而是可以识别和消除的过程中的变异。受特殊原因变异影响的过程将不稳定和不可预测。

1924年，沃尔特·A.舒哈特在美国贝尔实验室提出了控制图和过程可能处于统计状态的概念。第二次世界大战前，SPC的概念被W.E. Deming博士包含在管理哲学中。当日本工业为与西方工业竞争实施这个概念时，SPC开始变得有名。1980年以后，SPC在西方工业中得到了广泛应用。

3.5.1　SPC主要步骤

SPC旨在通过统计分析和控制技术，监控并改善生产过程中的质量表现，它可以帮助企业实时监测质量指标，识别和纠正潜在问题，从而提高产品的一致性和客户满意度。SPC的主要步骤如下。

① 识别过程。识别影响产品输出的关键过程，或者对客户来说非常关键的过程。例如，如果板材厚度影响产品的性能，那么就考虑板材制造过程。

② 确定过程的可测量属性。识别在生产过程中需要测量的属性。例如，将板材厚度视为可测量属性。

③ 确定测量方法并执行测量系统分析。创建包含测量工具的测量方法工作指导或流程。例如，考虑使用厚度计测量厚度并创建合适的测量流程。测量系统的可重复性和可再现性（Gage R & R）用于确定测量系统在测量数据时产生的变异量。应依据表3-1所示规则进行分析。

表3-1　分析规则

规则编号	规则名称	模式
1	超出限制	一个或多个点超出控制限
2	A区域	3个连续点中有2个在A区域或更远
3	B区域	5个连续点中有4个在B区域或更远
4	C区域	7个或更多的连续点在平均值的一侧（在C区域或更远）
5	趋势	7个连续点呈上升或下降趋势
6	混合	8个连续点中没有在C区域的点
7	分层	15个连续点在C区域
8	过度控制	14个连续点交替上下

④ 制定子组策略和抽样计划。基于产品的关键属性确定子组大小，并确定抽样大小和频率。例如，按时间序列收集20组板材厚度，子组大小为4。

⑤ 收集数据并绘制SPC图表。根据样本大小收集数据，并根据数据类型（连续或离散）和子组大小选择合适的SPC图表。例如，对于子组大小为4的板材厚度，选择Xbar -R图表。

⑥ 描述属性的自然变异，计算控制限。按上述例子计算Xbar范围的上控制限（UCL）和下控制限（LCL）。

⑦ 监控过程变异。解读控制图并检查是否有点失控及失控模式。

3.5.2 统计方法

（1）控制图的概念

控制图基于一个统计学的基本原理被提出：在一次观测中，小概率事件是不可能发生的，一旦发生就认为系统出现了问题，需要即刻做出调整。控制图主要分类如图3-18所示[10]。

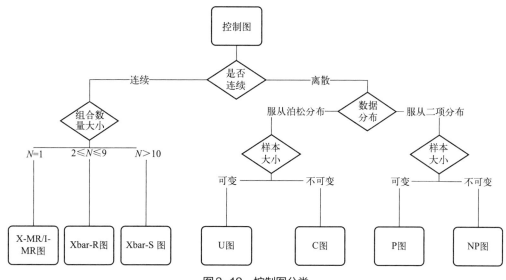

图3-18 控制图分类

控制图是主要的统计过程控制（SPC）技术之一。控制图是质量特性的图形显示，这些特性是由样本测量或计算得出的，与样本数量或时间相关。此外，控制图包含一个代表质量特性平均值的中心线，以及两条水平线，即上控制限（UCL）和下控制限（LCL）。

（2）控制图的分类

选择合适的控制图非常重要，否则它将以不准确的控制限监控数据。控制图的选择取决于数据类型——连续或离散。

1）常用的检测连续变量质量特性的控制图

连续（变量）控制图可以在连续的尺度上测量输出，用于测量产品的质量特性。常用的检测连续变量质量特性的控制图如下。

① Xbar-R图（数据随时可用）。Xbar-R图用于监测连续数据的过程性能，以及在设定的时间段内以子组形式收集的数据。换句话说，用两个图表监视过程均值和过程变异。

② 运行图（有限的单点数据）。运行图显示随时间推移的观测数据，它只是一个基本图表，按时间顺序显示数据值。它可以用于识别过程中的趋势或变化，也允许用户测试过程中的随机性。

③ X-MR图（I-MR图，个体移动范围）。I-MR图也称X-MR图。当连续数据没有以子组形式收集时，使用个体移动范围（I-MR）图。换句话说，就是一次收集一个观察值。I-MR图以图形方式提供了过程变异。

④ Xbar-S图（当标准差随时可用时）。Xbar-S图经常用于检查过程均值和标准差。当子组具有大样本时，此图被使用，Xbar-S图比范围图能更好地理解子组数据的分布情况。

⑤ EWMA图。EWMA（指数加权移动平均值）图用于在统计过程控制中监视变量（或行为像变量）的属性。此外，它使用给定输出的所有历史记录，这与其他将每个数据点单独处理的控制图不同。

2）常用的检测离散变量质量特性的控制图

属性（离散）控制图输出的是决定或计数，无法测量产品的质量特性。换句话说，它基于视觉检查属性，如好或坏、失败或通过、接受或拒绝。常用的检测离散变量的控制图如下。

① P图（针对有缺陷的产品——样本大小变化）。当过程输出的产品的一部分有缺陷时，使用P图，可以显示为有缺陷的数量占总数量的百分比。绘制在P图上的点是在 n 个样本中发现的不符合单位或有缺陷的产品。

② NP图（针对有缺陷的产品——样本大小固定）。当数据在相同大小的子组中收集时，可使用NP图。NP图用于显示过程随时间的变化，通过生产的不符合规定的项目（有缺陷的产品）来衡量。换句话说，过程用于描述通过或失败、是或否。

③ C图（针对缺陷数量——样本大小固定）。当数据与产品的缺陷数量有关时，可使用C图表。收集每个子组的机会区域中的缺陷数量。

④ U图（针对缺陷数量——样本大小变化）。U图是一种属性控制图，用于显示过程或系统中的缺陷数量或不一致数量的出现频率如何随时间而改变。收集每个子组的机会区域中的缺陷数量。

（3）控制图的基本形式

传统的Shewhart控制图的基本形式如图3-19所示。纵坐标表示被控制的质量特性值，横坐标为样本号。控制图中设有中线CL、下控制限LCL和上控制限UCL。当控制图的控制限根据 $\pm 3\sigma$ 准则设定时，样本点落在控制线外的概率为0.27%。

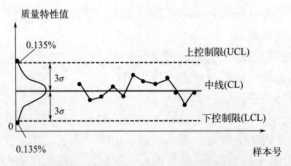

图3-19 传统的Shewhart控制图的基本形式

控制图中的上、下控制限是判断过程是否失控的主要依据。因此在应用控制图工具时，合理地确定上、下控制限尤为关键。如果上、下控制限之间的距离太近，则会增加控制的难度，并使废/次品率提高。如果上、下控制限之间的距离太远，则难以保证产品的质量。

（4）在应用控制图时可能会犯的错误

控制图的建立是以概率论为基础的，因此与统计检验一样，也存在判断错误的问题。在控制图的应用过程中，可能会犯以下两类错误。

① 虚发警报的错误。虚发警报的错误也称第一类错误。在过程稳定的情况下，纯粹出于偶然因素而使样本点出界的概率虽然很小，但是这类事件还是有可能发生的，一旦发生，据此判定该过程出现异常，就犯了虚发警报的错误。发生这种错判的概率通常记为α，如图3-20中A曲线的阴影部分所示。

② 漏发警报的错误。漏发警报的错误也称第二类错误。当生产过程出现异常情况时，质量特性值会发生偏移，但还是有一部分质量特

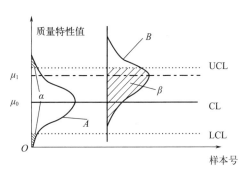

图3-20　两类错误发生的概率

性值是落在上、下控制限之内的，如果抽检时，正好抽到这类样本，这时由于样本点未出界而判定过程未出现异常，就犯了漏发警报的错误。发生这种错误的概率通常记为β，如图3-20中B曲线的阴影部分所示。

虚发警报的错误会无谓地增加人们的工作量，漏发警报的错误又会使人们失去控制过程的良好机会，这两类错误都会造成不良后果。因此，我们在应用控制图时，应尽量减少这两类错误的发生。

由于控制图是通过抽样来获取质量数据的，因此发生上述两类错误是不可避免的。在控制图上，中线一般是对称轴，能变动的只是上、下控制限的间距，孤立地看，两种错误的概率都可以通过调节控制限的位置减少到最小，但是要同时减小两种错误的概率是不可能的。在应用控制图时，若将间距增大，则犯第一类错误的概率α减少，而犯第二类错误的概率β增大；反之，则α增大，而β减少。因此，在应用控制图时，往往只能根据这两类错误造成的总损失最小的原则来确定控制图的上、下控制限。传统的控制图根据原则设定控制限。应用控制图的目的是使过程始终处于"受控状态"。受控状态（即稳定状态）是指生产过程只受偶然性因素的影响，其产品质量特性值基本上不随时间变化的状态；反之，则为失控状态，或称异常状态。人们对控制图进行观察分析就是为了判断过程是否处于受控状态，以便决定是否采取措施，消除过程中的异常因素，使过程保持稳定。

根据控制图对过程异常作出判断主要是依据概率论中的"小概率原理"进行的，即小概率事件一般是不会发生的，但如果经过一次或几次试验，这些小概率事件发生了，这就意味着过程中有异常情况发生。

受对过程小偏移比较灵敏的CUSUM控制图和EWMA控制图的启发，人们在判异准则"点出界就判异"的基础上，为常规Shewhart控制图又增加了"界内点排列不随机"判异原则。当控制图同时满足以下两个条件时，可以认为过程处于受控状态：条件一，控制图上没有点越出控制限外；条件二，在控制限内的点是随机排列的。当过程发生异常时，可以说过程处于失控状态，应立即采取措施，消除发生异常的原因。

3.5.3　SPC案例

在制造业领域，统计过程控制（SPC）在提升质量管理水平和生产效率方面发挥着重要作用。几个具有代表性的平台，如Oracle NetSuite、DELMIAWorks和Katana Cloud Inventory，能够帮助企业实现更好的质量控制和过程监控。这些平台通过提供实时数据分析、可视化控制图表和异常警报等功能，使企业能够快速识别和纠正潜在的质量问题，同时优化生产流程，实现持续改进和可持续竞争优势。

（1）Oracle NetSuite

NetSuite是一款集成的云应用软件，主要包括ERP/财务、人力资源、CRM、库存和订单管理、电子商务、项目管理等功能。

NetSuite通过连接、自动化、简化财务和运营流程，帮助企业提高生产能力和效率。它允许用户一键实时获取业务洞察，并使用商业智能进行预测和情景规划。NetSuite为企业提供了对数据的清晰可见，能够使企业更紧密地控制业务，具体解决方案示例如图3-21、图3-22所示。

图3-21　Oracle NetSuite解决方案示例（一）

在许多专门的商业管理软件（如CRM或ERP）中，NetSuite是提供深度工具和功能集的全面财务管理解决方案。许多用户表示，一款软件提供如此多的功能实在是太方便了。这使得NetSuite区别于其竞争对手。Cube是NetSuite最受欢迎的财务集成模块之一。

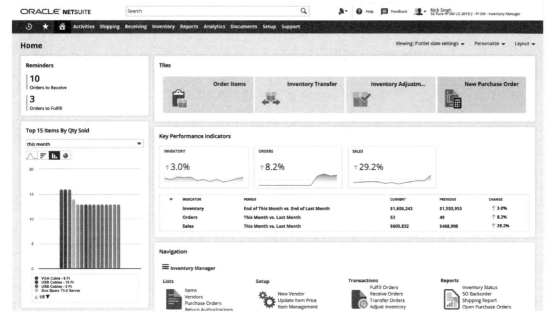

图3-22　Oracle NetSuite解决方案示例（二）

Cube可以连接NetSuite，然后导入、清洗和组织用户的数据，这样用户就可以直接在Excel或Google表格中使用了。

　　NetSuite最适合需要全方位解决复杂财务规划问题的中型和大型企业。尽管NetSuite为所有企业提供了选择，但小型企业可能并不需要所有的功能和工具。NetSuite被200多个国家和地区的超过31000个用户使用，涵盖各类公司和行业，从教育行业到金融业再到零售业（特别是它们的电子商务支持）。

　　NetSuite的产品和特性如下。

　　① ERP。ERP平台是一款集成的应用软件，用于管理财务、订单、库存、生产、供应链和仓储操作。

　　② 会计软件。会计软件可以简化记录交易、管理应付账款和应收账款、收集税款和关闭账本的过程，这使得及时、准确地报告和加大对财务资产的控制成为可能。

　　③ 全球业务管理。公司可以以单一的ERP系统管理多个子公司、业务单位和法律实体。

　　④ 客户资源管理（CRM）。管理所有客户关系，具有传统CRM的功能，以及管理报价、佣金、销售预测和合作关系等功能。

　　⑤ 人力资源管理。这个工具用于人力资源、薪资和财务的管理，它允许组织创建更吸引人的员工经验，并对员工表现和业务表现做出知情的决策。

　　⑥ 专业服务自动化（PSA）。NetSuite提供了一套全面的、端到端的PSA系统，支持整个服务业务的单一云套件。

　　⑦ 商务。NetSuite的云解决方案统一了业务运营和商务应用，提供了一个关于项目、库存、客户和订单的单一数据来源。

⑧ 分析和报告。NetSuite提供了对公司运营和财务绩效的实时可视，还包括预见和易于定制的报告和分析。

⑨ 基础设施。NetSuite在全球的数据中心为企业提供了全面的安全性、可用性和数据管理。

⑩ 平台。这是一个为IT部门设计的可扩展环境，允许企业定制核心的NetSuite产品。

NetSuite的优点包括中心仪表板提供了用户需要的所有关键信息；创建了一个单一数据来源；分配了权限，并允许团队成员无缝协作；提供了多种定制选项，满足用户的特定业务需求；整个系统的设计都是为了能够轻松扩展并能随着业务一起增长。

此外，NetSuite也有一些缺点。例如，其定制和实施过程可能会变得相当复杂，并且可能需要专门的开发人员。另外，尽管NetSuite提供了大量的功能，但这可能会使一些用户感到不知所措，因为用户可能只需要一部分功能。

NetSuite的定价基于许多因素，包括用户数量、所选模块、总交易量和数据库复杂性。因此，最好是直接与NetSuite的销售团队联系，以获取具体的定价信息。

总的来说，NetSuite是一个强大而灵活的业务管理平台，可以帮助企业管理各个方面，从财务到人力资源，再到客户关系。尽管它可能对一些小公司来说过于复杂，但对于需要一套全面解决方案来管理复杂业务的中大型企业来说，它是一个非常值得考虑的选择。

（2）DELMIAWorks

在制造业中，经济效益主要依赖于生产线的运营。因此，对生产流程和工厂车间进行实时、精准的可视化管理，已经成为现代企业制造环境的重要组成部分。DELMIAWorks（曾被称为IQMS）软件作为一个企业资源计划（ERP）解决方案，能够从各个方面提升制造过程可视性和透明度。解决方案示例如图3-23、图3-24所示。

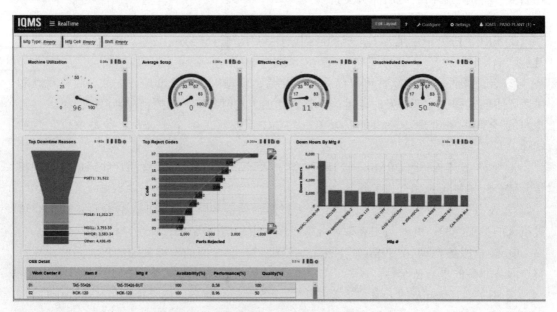

图3-23　DELMIAWorks解决方案示例（一）

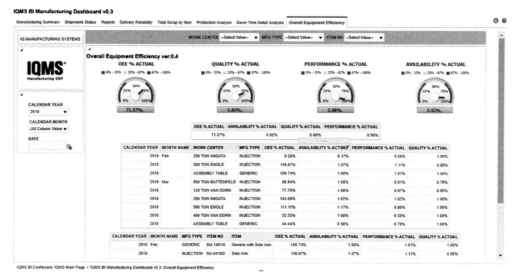

图3-24　DELMIAWorks解决方案示例（二）

1）采用DELMIAWorks的制造执行系统（MES）的用户可以体验到的以下优势。

① 减少生产过程中的错误。

② 缩短交货时间。

③ 提升组织全体的生产效率。

④ 改善质量合规性并减少质量损失。

⑤ 提升生产的吞吐量。

⑥ 主动高效的MES软件。

自1993年以来，DELMIAWorks一直领先于双向通信技术，通过跟踪和收集车间生产数据，并将其传递至全国范围内的ERP系统，可实现主动决策。当现有的ERP系统无法提供所需数据时，DELMIAWorks的MES解决方案能够应对最为棘手的生产挑战。

无论管理的生产方面如何变化，DELMIAWorks强大的MES软件都可以根据具体需求进行定制，并与ERP系统连接，以集成关键数据。无论是单一设施还是多个全球设施，通过DELMIAWorks的专有数据共享工具，企业车间所需信息都将在ERP系统和MES软件之间进行传递。

2）DELMIAWorks的MES软件提供的全方位的功能如下。

① 具有先进的过程监控工具，能够跟踪项目编号、工作中心详情、批次号、日期和时间等过程参数。

② 收集车间设备数据，如计划与实际产量、非计划停机时间、实时生产质量和设备综合效率（OEE）。

③ 除卓越的智能制造外，DELMIAWorks还提供了详细的库存跟踪（包括物料移动、库存水平和消耗）、全面的质量工具［如集成的产品生命周期管理（PLM）、统计过程控制（SPC）、文档控制等］、生产追溯性、跟踪和系谱、业务活动监控（如生产警报和关键绩效指标）及精益制造工具（如看板和平稳生产系统）等功能和工具。

3）DELMIAWorks的优势。

① 提供详尽的库存追踪。

② 拥有专有的数据共享工具。

③ 提供独立解决方案或作为ERP的一部分使用。

（3）Katana Cloud Inventory

Katana Cloud Inventory是一款基于云的库存管理软件，为企业提供对其库存的全面可见性和控制。它提供了一系列功能和工具，帮助企业简化库存管理流程并提高效率。图3-25 ～图3-27所示为Katana Cloud Inventory的解决方案示例。

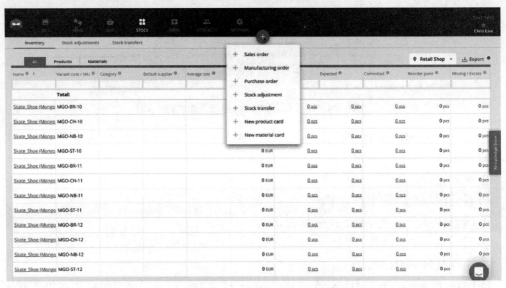

图3-25　Katana Cloud Inventory解决方案示例（一）

图3-26　Katana Cloud Inventory解决方案示例（二）

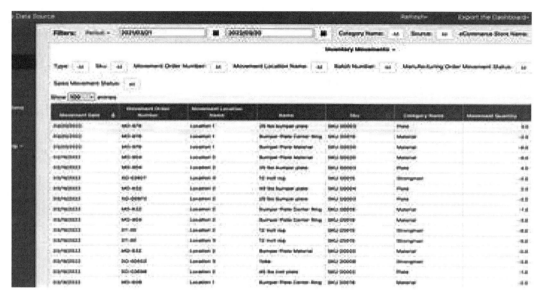

图3-27 Katana Cloud Inventory解决方案示例（三）

1）Katana Cloud Inventory的功能

① 库存管理。Katana Cloud Inventory让企业能够实时跟踪和管理库存。它提供了一个集中的平台，用于监控库存水平、跟踪产品移动和管理库存位置。

② 订单管理。Katana Cloud Inventory使企业能够创建和管理销售订单、采购订单和生产订单。它有助于优化订单履行并确保及时向客户交货。

③ 生产计划。Katana Cloud Inventory提供了生产计划功能，允许企业创建生产订单、安排生产任务和跟踪进度。它有助于优化生产流程并确保资源的有效分配。

④ 集成。Katana Cloud Inventory Shopify、WooCommerce和Amazon等电商平台的集成，可实现库存数据在多个销售渠道之间的无缝同步。它还能与QuickBooks和Xero等财务软件集成，用于实现财务管理的流线化。

⑤ 报告和分析。Katana Cloud Inventory提供了全面的报告和分析功能，使企业能够深入了解库存水平、销售趋势和生产效率。它有助于企业做出基于数据的决策并识别改进的领域。

2）Katana Cloud Inventory的优点

① 提高效率。Katana Cloud Inventory变手动库存管理任务为自动化，减少了库存跟踪、订单管理和生产计划所需的时间和努力。

② 实时可见性。Katana Cloud Inventory的云基础性质为企业提供了对其库存水平、销售订单和生产状态的实时可见性，这有助于企业做出明智的决策，避免缺货或过度库存。

③ 增强的协作。Katana Cloud Inventory使参与库存管理的不同团队（如销售、生产和采购）之间的协作成为可能。它改善了沟通和协调，使操作更加顺畅。

④ 可伸缩性。Katana Cloud Inventory被设计为可以随着企业的发展而扩展。它可以容纳增加的库存量、销售渠道和制造复杂性，使之适用于小型企业和大型企业。

总的来说，Katana Cloud Inventory是一款强大的库存管理软件，能够帮助企业实现库存管理流程的优化，提高运营效率，以及实现业务数据的实时可见性。Katana Cloud Inventory通过与各种电商平台和财务软件的集成，能够实现库存数据的无缝同步和财务管理的流线化，从而进一步提高企业的运营效率。此外，Katana Cloud Inventory还具有良好的可伸缩性，能够随着企业的发展而扩展，满足企业不断增长的库存管理需求。

3.6　本章小结

本章对智能生产数字化信息系统进行了全面的概述，阐明了其定义、功能和关键技术，并探讨了实施智能生产数字化信息系统的基本步骤。智能生产数字化信息系统通过集成先进的信息技术和智能化技术，实现了对生产数据的有效管理和优化，提升了生产效率和质量管理、物料管理、人力资源管理、故障诊断和维护以及远程协作的能力。

智能生产数字化信息系统的实施，不仅是技术的应用，更是一次对企业生产流程和管理方式的深刻变革，它对制造业的影响深远，有助于企业构建更高效、更灵活、可持续的生产体系。企业通过预测性维护、实时监控和控制等应用，能够提前发现潜在的问题并迅速响应，从而大幅度提升运营效率和产品质量，减少成本和浪费，加强工业安全，同时实现个性化和定制化生产。

实施系统时，企业应先制定明确的策略，确保数据安全，并考虑组织的目标与需求，通过这种方式，智能生产数字化信息系统能为制造业带来革命性的进步，推动企业向智能化、数字化转型。

参考文献

[1] 宁静雁. 计算机控制技术在工业自动化中的创新应用[J]. 电子技术, 2024(1): 154-155.

[2] Stark A, et al. Hybrid digital manufacturing: capturing the value of digitalization[J]. Journal of Operations Management, 2023, 69(6): 890-910.

[3] Klaus H, Rosemann M, Gable G G. What is ERP?[J]. Information Systems Frontiers, 2000, 2(2): 141-162.

[4] Mandal P, Gunasekaran A. Issues in implementing ERP: a case study[J]. European Journal of Operational Research, 2003, 146(2): 274-283.

[5] Almada-Lobo F. The Industry 4. 0 revolution and the future of manufacturing execution systems (MES)[J]. Journal of Innovation Management, 2015, 3(4).

[6] Shojaeinasab A, et al. Intelligent manufacturing execution systems: A systematic review[J]. Journal of Manufacturing Systems, 2022, 62: 503-522.

[7] Benoit Saenz de Ugarte, Artiba A, Pellerin R. Manufacturing execution system-a literature review[J]. Production Planning & Control, 2009, 20(6): 525-539.

[8] Mantravadi S, Mller C. An overview of next-generation manufacturing execution systems: How important is MES for Industry 4. 0?[J]. Procedia Manufacturing, 2019, 30: 588-595.

[9] MacCarthy B L, Wasusri T. A review of non‐standard applications of statistical process control (SPC) charts[J]. International Journal of Quality & Reliability Management, 2002, 19(3): 295-320.

[10] Hassan A, Baksh M S N, Shaharoun A M, et al. Improved SPC chart pattern recognition using statistical features[J]. International Journal of Production Research, 2003, 41(7): 1587-1603.

Chapter
4

第 4 章

制造系统虚拟量测技术

随着国家工业数字化、智能化转型及"零缺陷制造"目标的提出，制造业对品质管控能力的重视日益增强。除了细分领域的技术突破，还需与国家宏观战略同步，结合智能制造技术实现高效、高质量生产及产业升级。提高生产效率与质量，需从维稳生产和减少异常入手，监测工艺参数并实现故障预警至关重要。传统质量抽查方法（如抽样检测）存在离线、破坏性强、高成本及高滞后性等问题，无法满足全面把控产品质量的需求。由此，虚拟量测（virtual metrology，VM）技术应运而生，它利用生产参数预测产品质量关键指标，广泛应用于半导体生产。随着AI技术的快速发展，虚拟量测技术有望拓展至更多工业生产领域，预测难以直接测量或测量成本高的物理量，为制造业的品质管控带来革命性变革。本章旨在深入探讨虚拟量测技术在制造业中的应用与发展，推动制造业品质管控的持续优化与创新。

4.1 虚拟量测概述

德国在2011年提出工业4.0，掀起了一波全球智能制造浪潮。目前，工业朝着数字化转型发展是世界工业大国的主要发力方向，实现工业数字化转型，关键在于解决信息技术与工业技术等的融合问题。当前，信息技术（Information Technology，IT）、操作技术（Operational Technology，OT）及通信技术（Communication Technology，CT）正在深度融合，使得工业互联网初步实现了数据和实体的全面连接，推动了服务与数据创新，促进了数据价值实现，也使实时决策成为可能。

在工业升级的过程中，一方面为了填补目前的工业3.0和未来的工业4.0之间的空白，出现了"混合战略(HS)"或"产业3.5"[1]；另一方面，在向工业4.0迈进时，产品良率的重要性尤为突显。只有确保卓越的产品品质，才能使高生产力具有实质意义，并帮助制造商实现经济实惠的目标。对此，业界提出了"零缺陷制造"（zero-defect manufacturing，ZDM），又称"工业4.1"，这一概念由成功大学智能制造研究中心主任郑芳田倡导，意在借助OT与IT的高度融合，实现生产线上的全检流程，从而令产品近乎达到零缺陷状态，继而稳步提升整体生产力。

零缺陷制造理念自20世纪60年代末起，一直是制造业追求产品质量改进的核心目标之一，旨在通过预防措施提高生产效率，减少浪费[2,3]。ZDM作为实现零缺陷目标的系统性策略，分为两步：第一步是运用高效且经济的全质量检测技术，确保所有出厂产品达到零缺陷标准；第二步是通过大数据分析和持续优化，不断提升产品良率，直至确保所有产品的绝对零缺陷。

产品生命周期中产品良率与成本曲线如图4-1所示，图中清晰揭示了产品良率在整个生产周期中的关键作用。产品良率（上升实线）在研发阶段和上升阶段逐渐上升，而在量产阶段则保持稳定。相反，产品成本（下降实线）在生产生命周期中不断下降。如果企业能将其产品良率和成本曲线从实线改为相应的虚线，将有效提升企业的竞争力。产品良率的提升意味着产能的有效利用和成本的节约，对于高科技产业而言，提产品升良率是获取利润的核心要素。然而，实现全检往往需要大量量测设备投入且占用较多生产时间。智能生产线的全检不仅能有效监控产品质量，使之趋于零缺陷，同时还能优化生产流程，降低材料成本，这就是工业4.1通过OT与IT深度融合所带来的价值。

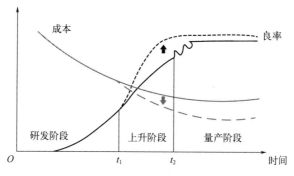

图4-1　产品良率与成本曲线

现实生产中，出于成本考虑，企业通常采用抽样检测的方式来监控品质，但这无法实现全面品质管控。在此背景下，虚拟量测技术应运而生（图4-2）。作为一种基于过程工具感知数据，无需物理计量操作的方法，虚拟量测可在产品无法或未进行实物量测的情况下，根据生产设备参数预测产品品质，将原本离线且存在滞后性的抽检转变为实时在线的全检。这样一来，不仅能够解决品质检测难题，提高产品良率，还能够维护生产过程的稳定性，通过实时监控生产设备性能，防止在生产过程中出现性能漂移。

总之，产品良率在制造业中占据首要地位，零缺陷制造理念的提出正是对这一核心需求的回应，而虚拟量测技术的发展则有力地推动了零缺陷管理目标的实现，使得在保障高质量的同时，实现了经济效益的最大化[4-6]。

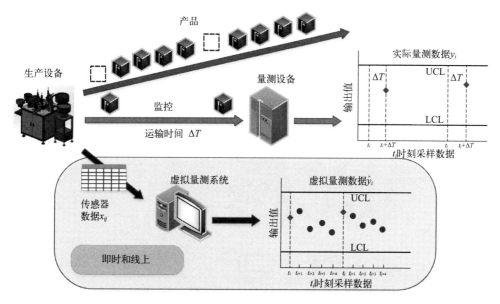

图4-2　虚拟量测概念图

图4-3中按功能总结了虚拟量测组织架构中涉及的一些术语并将其分门别类。按照重要性来分，核心部分包含了建立虚拟量测系统的最简单的模块，对于一个虚拟量测系统，应该优先构建这个部分。必要部分包括了构建一个"健壮稳定的"虚拟量测系统的必要模块，其中，更新性指的是当数据漂移发生时能用相对较小的学习成本对现有的模块、算法、流程进行更新。附加部分包含了不必要但对整个虚拟量测系统有增强功能的模块。

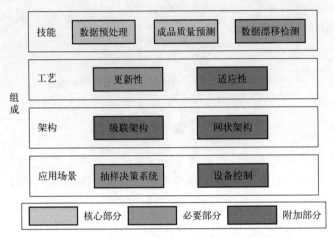

图4-3　虚拟量测组织架构

图4-4总结了虚拟量测框架在具体实现上的架构。该架构的目的在于完整地将虚拟量测的所有组成部分以及应用串联在一起。虚拟量测模块将原始工艺流程数据作为输入，通过数据预处理的一系列流程，最后提供给质量预测器及数据漂移检测器。在数据预处理阶段，需要移除异常值，进行必要的数据降维，并对数据进行标准化。质量预测器从预处理后的数据中提取出信息，通过模型对成品质量进行预测。数据漂移检测器通过识别预处理后的数据中的异常表现对工艺、模型内部的异常进行预警。

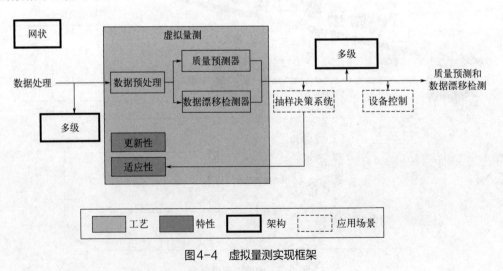

图4-4　虚拟量测实现框架

来自质量预测器和数据漂移检测器的结果最终可以应用于两个方面：①抽样决策系统

（sampling decision system，SDS），如图4-5所示，用于提高产品质量抽查效率；②基于质量预测的结果对设备进行动态控制。除以上两个应用之外，很多其他工业4.0的应用也基于虚拟量测的输出，例如预测性维护。产品质量很大程度上和设备的健康程度有正相关的关系，同时设备的健康问题也会导致数据漂移现象的发生。

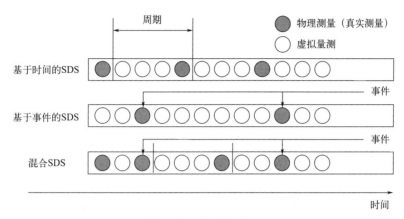

图4-5　抽样决策系统

　　抽样决策系统是虚拟量测的一大主要应用。绝大多数情况下，抽样决策系统都是基于时间的SDS。通常根据经验或者统计学的算法决定抽样的频率，抽样的效率很大程度上取决于决策者。虚拟量测技术可以让抽检频率根据质量预测系统的结果、数据漂移的结果和距离上次抽检的时间进行动态调整。图4-5中介绍了三种不同的基于VM的抽样决策系统。第一种是基于时间的SDS，以固定的时间为周期，用物理测量间或虚拟量测进行抽样检查。第二种是基于事件的SDS，以具体的几个产品的预测质量为事件，当这几个目标产品的质量产生变化时进行物理测量，其余时间使用虚拟量测。这种方法有一个缺陷：随着时间的流逝，该方法会受到数据漂移的影响，需要及时对模型进行更迭。第三种是混合SDS，它是表现最好的，综合了基于时间及基于事件的两种决策方案，既能保证高效，也能对数据漂移有一定的抗性。

　　基于质量预测以及数据漂移检测结果的设备动态控制是VM的另一大应用场景。绝大多数的设备控制都是在每个流程的最后对结果进行工艺参数的调整。基于VM的设备控制，可以做到在每批次间进行动态的参数调整，优化每个中间过程，以"零缺陷制造"的思想优化最终的生产表现。设备控制的主流算法有如下几种。

　　（1）指数加权移动平均值（exponential weighted moving average，EWMA）

　　移动平均值法是用一组最近的实际数据来预测未来一期或几期数据的一种常用算法。移动平均值法适用于即期预测。当产品需求既不增长也不快速下降，且不存在季节性因素时，其能有效地消除预测中的随机波动。移动平均值法根据预测时使用的各元素的权重不同，可以分为简单移动平均（一次移动平均法和二次移动平均法）和加权移动平均，具有计算量少、能较好地反映时间序列的趋势及变化的优势。

　　加权移动平均值法给固定跨越期限内的每个变量值赋以相等的权重。其原理是：历史各期产品需求的数据信息对预测未来期内的需求量的作用是不一样的。除以 n 为周期性变化。远离目标期的变量值的影响力相对较低，故应给予较低的权重。

指数加权移动平均值法是加权移动平均值法的一种改进，是一种常用的序列处理方法。在 t 时刻，指数加权移动平均值公式是 $V_t=\beta V_{t-1}+(1-\beta)\theta_t$，$t=1,2,3,\cdots,n$。式中，$V_t$ 为 t 时刻的移动平均预测值；θ_t 为 t 时刻的真实值；β 为权重。指数加权移动平均法就是通过当前的实际值和前一段时期的数据（由 β 约定平均了多少以前的数据）来平滑修改当前的值，并生成一个平稳的趋势曲线。

（2）双指数加权移动平均值（double-EWMA）

双指数加权移动平均值法由 Patrick Mulloy 发明，它对指数加权移动平均值法进行了改进，用于减少传统均线的滞后性，于 1994 年发表在美国金融类月刊 *Technical Analysis of Stocks & Commodities* 上。

双指数加权移动平均值法是通过两条指数移动平均线的计算来确定的。首先计算收盘价的指数移动平均线 EWMA1，然后对 EWMA1 进行二次平滑计算得到 EWMA2，最终的 DEWMA 是这两个 EWMA 的差值。

（3）模型预测控制（model predictive control，MPC）

模型预测控制是一种先进的过程控制方法，用于在满足一组约束的同时控制过程。自 1980 年以来，它一直在化工厂和炼油厂的生产过程中使用。近年来，它还在电力系统中用于平衡模型和电力电子领域。模型预测控制依赖过程的动态模型，最常见的是通过系统识别获得的线性经验模型。MPC 的主要优点是它允许优化当前时隙，同时考虑未来的时隙。这是通过优化有限时间范围来实现的，但只实现当前时隙，然后再次优化，反复进行。MPC 还具有预测未来事件的能力，并可以相应地采取控制措施。PID（proportion integration differentiation）控制器不具备这种预测能力。MPC 几乎普遍用于数字控制的实现，尽管有研究通过专门设计的模拟电路可实现更快的响应时间。

根据虚拟机部署和自动化程度，可将 VM 系统划分为如图 4-6 所示的四个级别。其中，全自动虚拟量测（automatic virtual metrology，AVM）系统是虚拟量测最高层次的技术，它能够快速应用到工厂的所有设备。

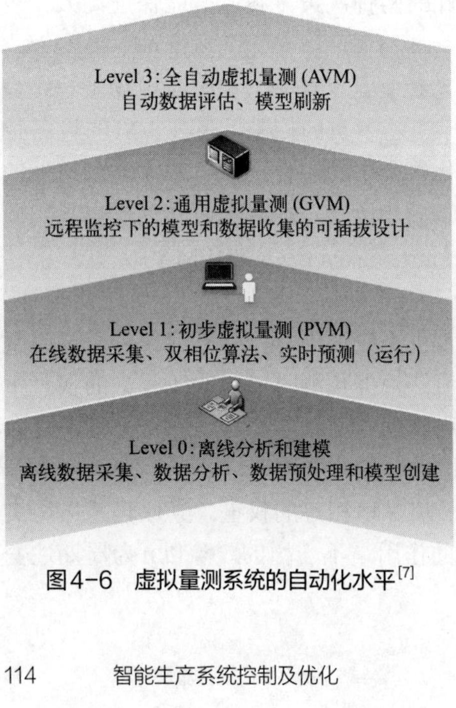

1）Level 0：离线分析和建模

传统的虚拟量测模型仅能预测虚拟量测值，无法提供预测值的信心指标，让使用者不敢贸然采用[8-13]。2007 年之前已有虚拟量测相关概念及方法，能够执行历史过程和计量数据的离线收集和分析，可以创建第一个阶段数据质量指数（DQI_x）模型、计量数据质量指数（DQI_y）模型、虚拟量测模型、信心指标（reliance index，RI）模型、全局相似性指数（global similarity index，GSI）模型。但彼时的虚拟量测方案只有单向输出，无法兼顾及时性和准确性，且尚未具有对收集的实际量测数据进行线上与即时品质评估的能力。

图 4-6　虚拟量测系统的自动化水平[7]

Level 3：全自动虚拟量测 (AVM)
自动数据评估、模型刷新

Level 2：通用虚拟量测 (GVM)
远程监控下的模型和数据收集的可插拔设计

Level 1：初步虚拟量测 (PVM)
在线数据采集、双相位算法、实时预测（运行）

Level 0：离线分析和建模
离线数据采集、数据分析、数据预处理和模型创建

2）Level 1：初步虚拟量测（preliminary virtual metrology，PVM）

为了克服传统 VM 模型的缺点，F. T. Cheng 等提出了一种双向虚拟计量方案，兼顾快速性和准确性，以及相应的 RI 和 GSI，来衡量依赖程度[14-17]，具有在线数据采集和在线学习功能。该方案能够解决下述问题：①通过双阶段虚拟量测值来兼顾立即性与准确性（图4-7）；②产生第一阶段和第二阶段 VM 值的 RI 和 GSI，以量化虚拟量测值的可靠度；③提供一种全自动虚拟量测的伺服器、系统与方法；④针对制程资料和实际量测资料，提供具有自动评估与筛选能力的资料品质评估指标。

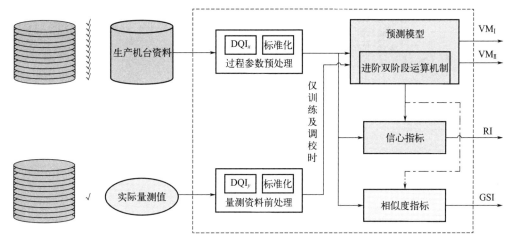

图4-7　双阶段虚拟量测示意图

在晶圆制造过程中，任何意外的工具损耗或变动都会降低集成电路的成品率，甚至导致晶圆的报废。因此，为了提高晶圆制造质量，对晶圆生产中的主要工艺工具（光刻、蚀刻、薄膜、化学-机械抛光等）进行在线监测，以保证晶圆制造的稳定性。在线监测不仅可以监测工具性能，还可以实时检测晶圆的质量。

3）Level 2：通用虚拟量测（general virtual metrology，GVM）

随着对 PVM 系统的进一步改进，通用虚拟量测系统实现了模块可插拔性。GVM 框架不仅继承了 PVM 的在线预测功能（图4-8），而且还具有可插拔性，可以轻松交换其数据采集驱动程序、虚拟量测和 RI/GSI 模块以及通信模块。例如，用于化学气相沉积（chemical vapor deposition，CVD）工具的 GVM 系统也可以应用于蚀刻工具中。

4）Level 3：全自动虚拟量测（automatic virtual metrology，AVM）

由于同一类型或同一设备内各个反应室的物理特性不尽相同，若想确保虚拟量测的精度，则需对各个不同反应室建构预测模型，但如此做将耗费庞大的人力资源与成本。为了解决这个问题，F. T. Cheng 团队提出了一种全自动虚拟量测系统，其包含一个模型创建服务器和多个虚拟量测伺服器，能够输出自动数据质量评价方案和自动模型刷新方案[18]。

由于有些制造过程的加工质量无法直接测量，为了更精确地处理间接 VM 问题，一种双阶段间接虚拟量测架构和虚拟磁带（virtual cassette）概念[19]（图4-9）被提出，除使用不同的算法或方法创建 VM 模型外，还可说明缺陷检测能力或 VM 预测精度。适用于薄膜晶体管液晶显示器（TFT-LCD）生产的自动虚拟量测框架AVMF（AVM framework）和AVMSIF（AVM system implementation framework）分别在2010年和2012年被设计并实现[20, 21]。

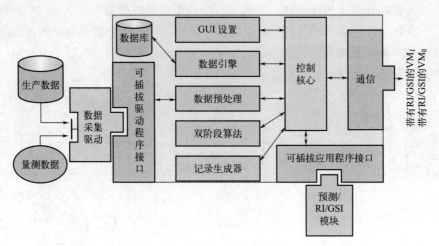

图4-8　GVM框架组成

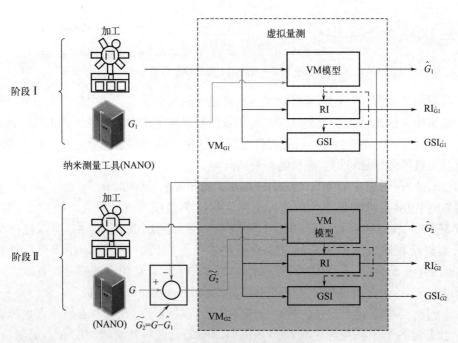

图4-9　双阶段间接虚拟量测示意图

另外，为了实现整体质量检测系统，并将R2R能力从批次的控制迁移到晶片的控制，F. T. Cheng等[22-24]提出了一种将AVM集成到制造执行系统（manufacturing execution system，MES）中的新型制造系统，定义了新型制造系统中AVM、其他MES组件和R2R（run-to-run）模块之间的接口（图4-10），实现了AVM功能。

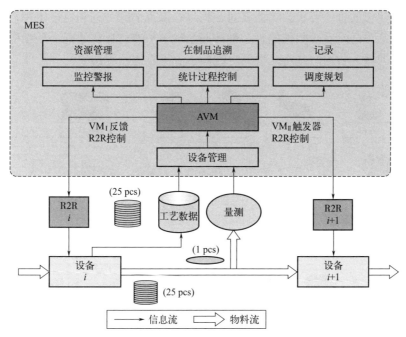

图4-10 AVM、MES和R2R模块之间的接口

4.2 多阶段虚拟量测功能架构

在制造业中，尤其是半导体制造领域，其生产工艺流程往往涵盖多个复杂阶段（图4-11），如集成电路的生产过程中就包含了数百道工序。以电子芯片生产为例，首先，使用线锯将硅锭切割成数个部分；然后执行一系列平整化处理步骤，如清洗、抛光和研磨等；最后，处理后的晶片进入前端和后端工艺流程，形成完整的芯片。在此过程中，同一或不同加工阶段的设备组需根据不同环节的需求被频繁调用，并借助相应的硬件检测设备采集各个阶段一定数量的采样节点数据，用于构建原始数据集。

然而，在面对这类具有特定输入结构和规模的数据时，直接应用传统的机器学习技术并不理想，通常需要进行精心的数据预处理。以往在半导体工艺分析中，常见做法是将繁杂的数据追踪简化为四个基本统计指标，即最小值、最大值、平均值和标准差。尽管这种方法操作简便，但不可避免地会导致部分信息损失，因而可能削弱模型的预测准确性。

另外，传统预测方法只能提供单一的标量预测结果，而无法揭示预测值的置信区间。对于多阶段工艺过程的虚拟量测建模，工程师通常采用两种策略：一是分别建立各个阶段的局部模型后再进行整合；二是将所有阶段数据合并后一次性构建全局模型。前者因局部模型与整合模型所需的特征属性的差异可能导致模型失真；后者则因庞大的建模参数和计算需求，对模型构建形成了巨大挑战。

因此，从测量的原始数据中精准提取并构建适用于多阶段工艺过程的特征变量，是半导体工艺控制建模的重要要求。这需要对数据进行深入的预处理和特征工程，以提取出最具信息量的特征，同时减少数据的复杂性和冗余性。只有这样，才能为后续的机器学习模型提供高质量的输入数据，并由此得到更准确、更可靠的预测结果。

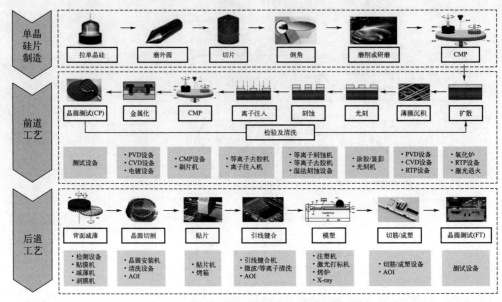

图4-11　半导体工艺制造流程及设备

　　研究人员在整合VM与先进制造系统的概念架构方面取得了显著突破。其中，深度神经网络（deep nueral network，DNN）的不同架构已被证实是处理高维复杂工业数据的有效工具。尤其值得一提的是，某些研究者已成功地开发了一种增强型长短期记忆（long short-term memory，LSTM）网络结构，它能够从连续的长时序生产数据中揭示与产品质量紧密相关的潜在动态规律[25]。

　　与此同时，在面对同时包含时序序列数据和静态属性数据的情境时，另一些学者创新性地将LSTM网络与经过改良的广度优先搜索和深度学习模型相融合，旨在精准捕捉影响产品质量的关键因素[26]。而在涉及如焊接、添加剂制造等工艺过程的图像数据分析时，利用卷积神经网络（convolutional neural network，CNN）对潜在缺陷进行前期处理和精确识别的研究也日益增多[27,28]。DNN技术巧妙地将特征抽取的任务自动化，极大地减少了对基于行业知识特征的人工设计的需求。

　　然而，尽管深度神经网络在解决复杂问题上表现出色，但它存在一个核心挑战，即模型的可解释性较差，难以直接洞察内部决策机制。此外，迄今为止，上述提到的研究大多集中于单一阶段的生产流程分析，对于多阶段复杂制造系统的端到端建模与预测仍有待进一步探索和完善。

　　现有研究中普遍缺乏针对多阶段制造系统（multi-stage manufacturing system，MMS）的VM模型的研究。然而，实际情况是大多数生产线都是以MMS的形式运行的，涉及多个工位。通常，由于混乱的阶段间耦合，MMS建模比单阶段系统更具挑战性。在MMS中，每个阶段的产品质量是先前步骤、当前操作和阶段特定噪声因素的函数。传统的数据驱动方法，例如基于决策树的集成方法和浅层神经网络，将来自所有阶段的信息聚集在一起，用于建立不揭示阶段之间耦合的端到端模型[29, 30]。这些模型的预测可能非常不透明，缺乏可解释性。在这种情况下，难以确定有问题的操作，且可能导致重大延误。因此，需要能够捕捉阶段间动态的方法，同时实现直接的解释。

此外，有学者建议利用监测中间产物的状态为MMS的阶段间行为提供有价值的建议，并使用聚类方法对不同类别的中间产品进行分类[31]。例如，将主成分分析（principal component analysis，PCA）模块与决策树相结合，用于产品的二进制分类[32]。但是这些方法无法对产品质量进行直接预测。因此，有学者先后提出了一种路径增强型双向图注意网络，用来学习远程机器依赖关系[33]；还有学者引入了多任务联合学习方法，并设计了损失函数来自动学习不同操作阶段和质量指标的重要性，提高了预测性能[34]；Zhao等将LSTM和遗传算法相结合，增强了多阶段钻孔过程的质量控制，但不能提供中间产品的过程中预测模型[35]。

变异流分析是广泛应用于MMS建模的主流方法[36]，而误差流（stream of variation，SOV）模型使用状态空间表示来捕捉质量变化的传播，并在MMS中预测逐阶段的产品质量，以减少差异。然而，使用SOV需要以线性动力学为背景，因此，这些技术的应用主要局限于机械加工和组装过程。尽管如此，SOV分析已经证明了建模质量传播的好处，模型提供了更好的过程可见性，并极大地帮助实施预测控制方案[37]。遵循这一想法，有学者提出了一种混合方法，将数据驱动方法集成到SOV中，用于对轧辊到轧辊的过程进行建模[38]，然而，混合模型依赖于人工特征选择，这对于大规模系统来说仍然是一个挑战。还有学者设计了一个有向图，用于表示多工位加工过程的拓扑结构，然后用神经网络对不同工位之间的质量演化进行编码[39]，该方法涉及训练多个不同的神经网络，可能导致累积预测误差。另外，还有研究人员设计了一个多任务堆叠DNN，用于联合预测所有感知输出，并使用两层神经网络来建模阶段间的质量传播[40]，然而，该方法产生的模型具有阶段间的非线性过渡，使得设计算法（例如，过程控制、系统设计和公差分配）改进生产系统变得困难。近年来，一些学者引入了质量流（stream of quality，SOQ）概念作为SOV的扩展，使得SOV能够推广到更广泛的非线性系统，这也为将质量传播分析集成到VM技术中提供了新的机会。

4.2.1 多阶段虚拟量测功能架构组成部分

多阶段虚拟量测功能架构是一个复杂的架构，它涉及多个加工阶段和多个组成部分。多阶段虚拟量测功能架构可以应用于许多领域（如机械制造、航空航天、医疗诊断等），这些领域都需要对数据进行精确的测量和分析，而多阶段虚拟量测功能架构正好可以满足这些需求。

多阶段虚拟量测功能架构的实现需要借助特定的工具和技术，其性能需要进行评估，主要用于预测半导体制程中的产品品质。该架构的核心目的是通过模拟和分析工艺流程数据，提前预测产品的质量和性能，进而减少实际测量的时间和成本。

具体来说，多阶段虚拟量测功能架构可以分为以下几个关键部分。

① 数据传输与处理。系统需要收集大量的原始工艺流程数据，这些数据可能来自各种传感器、监控设备和其他相关来源。这些数据需要进行清洗和预处理，以去除噪声和不相关的信息。数据采集具有以下特点。

高可靠性：能够稳定可靠地采集，不会因为设备故障或网络问题而中断数据采集。

灵活性：支持多种类型的测量设备和通信协议，可方便地接入新的设备和系统。

实时性：能够快速响应设备的变化，及时更新数据。

安全性：保护数据的安全，防止数据被篡改或泄露。

数据处理是连接数据采集和虚拟量测部分的关键环节，主要任务是对收集的数据进行预处理，包括数据清洗、数据融合等，以提高数据的质量和可用性。

数据清洗：去除无效、错误或重复的数据，保证数据的准确性。

数据融合：将来自不同设备或传感器的数据进行整合，形成统一的数据视图。

数据转换：将原始数据转换成适合虚拟量测生成算法使用的格式。

数据存储：将数据放置在适当的介质上，以便在需要时能快速访问和检索。

② 模型训练与调优。数据准备好之后，接下来的步骤是使用人工智能技术，如反向传播神经网络（back propagation neural network，BPNN）或偏最小回归模型（partial least squares，PLS）来训练预测模型。这一阶段的目标是找到能够最准确地预测产品质量的模型。

③ 双阶段虚拟量测。在双阶段虚拟量测架构中，第一阶段强调快速算出虚拟量测值，而第二阶段则专注于提升虚拟量测值的精度。同时，为了确保虚拟量测值的准确性和可靠性，系统还提供了信心指标和品质指标，这些指标用于衡量虚拟量测值的准确度和可信度。

虚拟量测系统的性能要求如下。

高精度：能够生成准确反映系统运行状态的虚拟量测值。

快速响应：能够快速地生成虚拟量测值，满足实时性的需求。

灵活性：可以根据实际需求调整模型和算法，以适应不断变化的需求。

可扩展性：可以方便地添加新的虚拟量测类型，支持更多的应用。

④ 模型部署与更新。一旦模型被训练和验证，它就可以部署到生产环境中。随着时间的推移和新数据的积累，模型可能需要进行定期的更新和优化，用于确保其持续的准确性和有效性。

⑤ 质量预测。通过 AI 模型训练和调优，利用已收集的相关参数与目标测量结果进行建模，能够实现产品质量的预测。可以在实际测量之前预测产品质量，解决了传统量测面临的挑战，并加强了生产线的量测能力。

数据展示：将虚拟量测值以图表、报告等形式呈现出来，供用户查看和理解。

数据分析：对虚拟量测值进行深入分析，发现系统中的问题和趋势。

决策支持：基于虚拟量测值提供决策建议，如负荷预测、故障定位等。

操作控制：基于虚拟量测值执行相应的操作，如调整设备参数、启动应急响应等。

⑥ 系统管理。系统管理是管理和监控整个系统的运行状态的关键环节。这一部分的主要任务是对整个虚拟量测系统进行管理和监控，包括系统配置、性能优化、故障诊断

等，确保系统的稳定、安全和高效运行。

系统配置：设置和调整系统参数，如数据采集频率、数据处理算法等。

性能优化：监控系统的运行状态，发现并解决性能瓶颈，提高系统的运行效率。

故障诊断：监测系统的运行状态，及时发现并排除故障，保证系统的稳定运行。

⑦ 安全防护。安全防护部分是保护整个系统的数据安全和运行安全的关键环节，主要任务是保护虚拟量测系统的安全，防止数据泄露、遭受网络攻击等。

数据加密：对传输和存储的数据进行加密，防止数据被窃取或篡改。

访问控制：设置和管理用户权限，限制未经授权的访问。

安全审计：记录系统的操作和事件，用于追踪和调查安全问题。

防火墙：阻止非法的网络访问，防止遭受网络攻击和中病毒。

恶意软件防护：检测和清除恶意软件，防止其对系统造成损害。

总体来说，多阶段虚拟量测功能架构提供了一个全面和高效的方案来预测和管理生产过程中产品的质量，有助于提高生产效率和降低成本。

4.2.2　多阶段虚拟量测功能架构分类

虚拟量测的主要目标是根据生产过程数据估计产品的质量，当前的操作质量通常取决于过去的操作质量。换句话说，操作 $n-1$ 的质量影响操作 n，这在实际生产线中是普遍存在的。多阶段虚拟量测功能架构定义了虚拟量测的互联性，它用于处理产品生产线上多个虚拟量测节点的集成和连接，提高质量评估的整体准确性。虚拟量测中多阶段架构主要分成如表4-1所示的三组，其架构图如图4-12所示。

表4-1　虚拟量测多阶段架构[41]

架构名称	描述	优势	缺陷
串行架构	虚拟量测点串行互联	高效	信息丢失
枢纽架构	使用类似的现有虚拟量测模型对新虚拟量测模型进行预培训	虚拟量测点数较少	需要较高的计算能力
		原始信息	
级联架构	串行架构和枢纽架构的混合	取决于确切的架构	结构复杂，设计实现难度较大

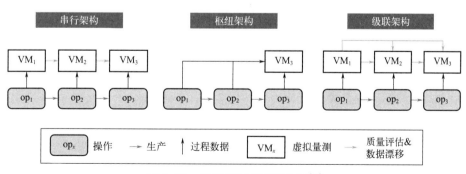

图4-12　虚拟量测多阶段架构图[41]

（1）多阶段虚拟量测串行架构

串行架构在不增加每个 VM 点的特征空间的情况下提高了 VM 的预测精度，已被普遍用于虚拟量测系统中，它利用了当前的预测值和之前工艺的预测值。在薄膜晶体管液晶显示器（thin film transistor liquid crystal display，TFT-LCD）生产中，将双阶段虚拟量测串行结构应用于 CVD 的质量预测[42]。

双阶段虚拟量测串行架构如图4-13所示。首先，玻璃被放置在 CVD 工艺室中，在处理过程中，每秒将处理参数报告给故障检测与分类（fault detection and classification，FDC）服务器。当采集的参数数据采集质量大于 0.9 时，由 FDC 服务器保存。接下来，测量设备定期对玻璃进行抽样和检查，并将检查玻璃的每个结果传送到主数据库（如 DB_2）和统计过程控制（statistical process control，SPC）数据库。最后，虚拟量测系统（virtual metrology system，VMS）从 FDC 服务器获取被检测玻璃的工艺数据，并从 SPC 数据库中获取被检测玻璃的计算指标，用于训练 VM 模型。

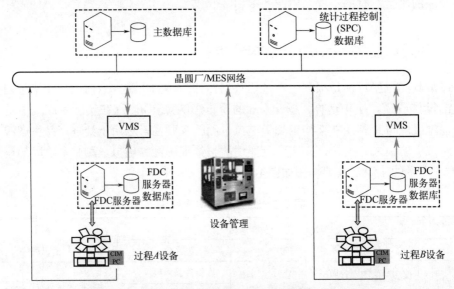

图4-13 双阶段 VM 串行架构[42]

双阶段 VM 架构如图4-14所示。首先，在过程 A 的前端设备处沉积玻璃，收集该设备的 10 个工艺参数，并将其传送到 VM_{G1} 进行数据预处理。接下来，由测量设备定期对玻璃进行采样和检查，包括膜厚在内的采样结果存储在 DB_2 和 SPC 数据库中，用于构建 VM_{G1} 模型、RI_{G1} 和 GSI_{G1}。

在完成过程 A 之后，玻璃被转移到过程 B 的后方设备，并收集后方设备的 10 个工艺参数作为 VM_{G2} 模型的训练数据。最后，将采样的玻璃检测结果和 VM_{G1} 模型的预测值传递给 VM_{G2}，用于建立 VM_{G2} 模型、RI_{G2} 和 GSI_{G2}。由于测量设备无法获得 G_2 的值，因此将以 $\hat{G}_2(\hat{G}_2=G-Y_{G1})$ 的值进行评估。

（2）多阶段虚拟量测枢纽架构

枢纽架构可以提高 VM 的精度，并且在过去操作的质量不可测量或精度较低时具有优势。此外，开发和维护 VM 涉及财务成本，这在某些情况下必须最小化。这个体系架构既

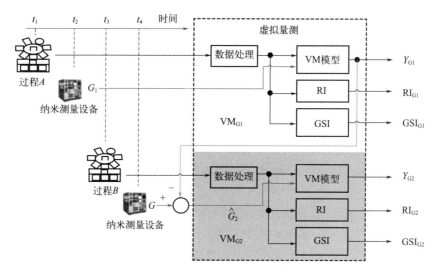

图4-14 双阶段VM架构[42]

可以用作质量控制点，也可以用作最终的质量控制验证。枢纽架构的主要限制来自维度，即随着对过去每一个操作的考虑，特征空间会增长，这限制了实时实现。

在半导体物理气相沉积（physical vapor deposition，PVD）过程的研究中，有学者提出了一种基于树型集成模型（集成树模型）的气相沉积测量方法，对半导体晶圆电参数进行VM模型在线构建，并利用超参数优化技术进行模型优化，实现了工艺偏差的实时报警[43]，提出的模型有助于定位缺陷晶圆，调整相关制造工艺，从而提高集成电路产品质量，降低生产成本，增强企业竞争力。

在以往的研究中，虚拟量测大多采用单一的模型或方法进行预测，模型达到了一定的预测精度。然而，通过模型学习获得的信息存在视角单一或过拟合问题。在复杂的半导体晶圆制造过程中，存在着随机性或模糊性等诸多不确定性。如果模型能够捕捉到更多的不确定性，模型的预测精度将进一步提高。因此，有学者将基于fused-LASSO的VM模型用于测量宽光谱范围的半导体工艺[44]，发现基于fused-LASSO的VM模型比基于LASSO的VM模型具有更好的预测精度和稳健性。此外，还有学者通过利用基于集成神经网络的模型来构建VM系统，以达到更好的计量性能[45]。然而，上述两种模式都存在一些缺陷：LASSO模型缺乏非线性；神经网络容易出现过拟合问题。相比之下，基于树的集成模型不仅对线性和非线性数据具有良好的拟合能力，而且对含噪声的数据具有良好的鲁棒性，它可以在少量数据的基础上达到较高的预测精度。实验表明，基于树的集成模型在半导体PVD工艺虚拟测量中的性能优于LASSO、偏最小二乘回归、支持向量回归、高斯过程回归、人工神经网络等模型。

每个集成树模型都有自己独特的学习视角，可以从不同的角度反映目标信息。为了综合考虑多角度信息，进一步提高虚拟量测的准确性，Chen等基于组合预测法构建了基于树的组合集成模型，对集成电路的电学参数进行实时虚拟量测。这种基于树的组合集成模型将4种基本学习器（Random Forest、Extra-Trees、XGBoost、lightGBM）组合在一起，对晶圆工艺进行初步的虚拟量测，然后将4种基本学习器的预测结果转换为元特征向量，作为元学习器的输入进行进一步的虚拟量测，并使用基于顺序模型的优化算法对组合集成模型进行优化。

（3）多阶段虚拟量测级联架构

级联架构的优点和缺点高度依赖于最终的架构。例如，一个级联架构建议在生产线上的每个操作点上都有独立的VM模型，但只将它们的预测值反馈给最后一个操作点的VM模型。最后一个操作点的VM模型使用所有之前的预测值加上最后一个操作的数据来估计产品的最终质量。因为大多数生产操作依赖不是串行的，所以大多数实现应该使用级联架构。这一领域的研究还很匮乏，因此必须进行更多的研究来比较不同的级联架构，并研究如何进行开发。

为了利用前阶段工艺中收集的知识来提高VM模型的预测精度，有学者提出了不同的多阶段VM方法[46]。利用前一工序的信息，作为工艺数据、逻辑数据、VM预测值和实际测量值，与当前工艺信息相结合，以提高VM模型预测的精度和准确度。该方法基于正则化方法和多任务学习技术来处理VM建模中最突出的两个问题：高维和数据碎片。为了解决这两个问题，有两种方法值得研究：①基于过程的多阶段VM，所有工艺步骤中收集的整体信息被用作VM模型的输入；②级联多阶段VM，使用中间的VM预测来汇总与生产线中最后一个工艺之前的其他工艺的相关信息。这些方法已经在与晶圆生产中连续的四步工艺流程（CVD、热氧化、涂层、光刻）相关的生产数据集上进行了测试。考虑了四种不同的数据源组合来评估多阶段VM方法的性能，并增加了问题的复杂性和维度。每个步骤代表要在晶圆上执行的操作（CVD、光刻Litho和蚀刻Etch）。每一步都可以用不同的设备来执行，并且事先清楚具体加工阶段对应的设备，每台设备都提供有关晶圆加工的信息，并假设处理某一步骤的所有设备都提供同类工艺信息。结果表明，通过使用与过去进程相关的信息丰富数据集，可以提高VM模型的性能，具体如图4-15所示。

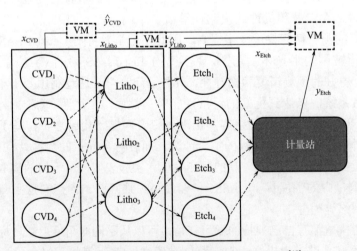

图4-15　级联架构中单步VM模块的工作情况[46]

考虑一个由 γ 顺序步骤组成的过程。第 i 步可由 η_i 个不同的工具执行，而数据集中涉及的工具总数为 η，则 $\eta = \sum_{i=1}^{\gamma} \eta_i$。

参考CVD、光刻和刻蚀多阶段VM问题的例子，其中有4个CVD工具、3个光刻工具和4个刻蚀工具。基于图4-16中树的所有可能路径来创建模型，一方面，可以避免数据碎片，尽管这样可能会导致次优预测（因为没有考虑工具之间的差异）；另一方面，可以节省成本，为每条不同路径单独建立一个模型成本较高。

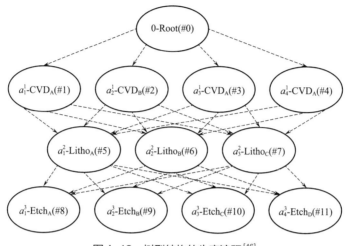

图4-16　树型结构的生产流程[46]

广义相加模型（generalized additive model，GAM）提供了一种可能的解决问题的方法。它基于对每个逻辑实体（树的每个节点）而不是每个不同的生产流程（树的每个路径）建模的思想，能够减少不同模型的数量，并增加每个模型可用的观测参数。

γ是生产深度，即建模中考虑的生产步骤数量。如图4-16所示，$\gamma=3$，因为顺序考虑了3个工艺（化学气相沉积、光刻和蚀刻）；$A_k=\{a_1^k,\cdots,a_{\eta_k}^k\}$是用于第$k$生产步骤的可用工具集合；$\eta=\sum_{k=1}^{\gamma}\eta_k$是指$\gamma$所考虑的进程中不同工具的总量。$\gamma$也是多阶段VM问题中考虑的进程数，其中第$\gamma$步是测量VM目标之后的一步。

第i个晶圆$\{x_i,y_i\}$与逻辑路径$\boldsymbol{P}_i=\{p_0,p_1^i,p_2^i,\cdots,p_\gamma^i\}$（即已经在其上加工晶圆的工具序列）相关联。其中$p_k^i=\begin{cases}0,k=0\text{ Root（对所有晶圆来说）}\\p_k^i\in\boldsymbol{A}_k,\text{其他}\end{cases}$。例如，参考图4-16的例子，如果在$CVD_A$、$Litho_C$和$Etch_B$上加工第$i$个晶片，则$\boldsymbol{P}_i=\{0,1,7,9\}$。因此，GAM形式为$f(x_i)=\sum_{k\in p_i}f_k(\boldsymbol{x}_{i,k})$，即预测值是过程中涉及的所有流程的独立影响的总和。$\boldsymbol{x}_{i,k}$表示晶圆x_i的输入空间，该输入空间用于对$f_k(\cdot)$进行建模，从而表示在特定工具p_k上执行的第k道工艺对VM预测的影响。假设x_{i,p_k}为x_i与第k个流程关联的部分（工具p_k中采集的传感器数据、关联的逻辑信息等），则$\boldsymbol{x}_{i,k}=[x_{i,0},x_{i,p_1},x_{i,p_2},\cdots,x_{i,p_k}]$，因为必须只考虑与$p_k$和之前的工艺步骤相关的工艺/传感器数据，而忽略了生产流程的未来情况。

在级联架构中，一般假设在最后一道工序前，对于生产流程中的所有k个工具，都有一个提供重要晶圆特征/参数估计的单阶段的VM模型，如图4-15所示。同时强调，在设计多阶段VM系统时，必须将现有的各单阶段VM模型作为先验条件来考虑。

利用VM预测$x_{i,k}$的有效性来总结单个参数（或者在多输出VM系统的情况下是多于一个的）设备 k 中执行过程的所有信息，此时，$x_{i,k} = \begin{cases} x_{i,k}, & k < \gamma \\ \text{过程或逻辑数据}, & k = \gamma \end{cases}$。因此，输入矩阵仅填充不属于目标步骤的设备的先前虚拟量测预测值，以及最后步骤的所有可用信息（传感器和逻辑数据）。

这种方法称为"级联虚拟测量"，其核心在于创建一个管道系统，该系统能将预测信息顺次传递，以确保信息的连贯性与模型估计的一致性。该方法的主要优势在于对输入空间造成的负担极小，它简化了模型选择的过程并显著减少了所需的计算资源。尽管如此，这种方法也存在两大缺陷：首先，在达到目标步骤之前，必须完成对虚拟量测的处理；其次，使用VM信息作为输入时可能导致多个步骤间出现信息流失。为应对此问题，可以根据计算能力和生产需求，定期更新多阶段VM模型，以优化性能。

此外，还有学者提出了一种基于核的VM方法，挖掘不同晶圆生产路径的共性，以便从不同的数据集中学习[47]。当共享相同制程路径的晶圆的数量相对较少时，也可以获得可靠的VM值，且适用于面向小批量工艺的生产现场。通过广泛的实验测试，证明并评估了其相对于传统的单阶段VM方法的优势。

4.3　基于智能方法的虚拟量测技术

随着虚拟量测受到越来越多学者和行业的关注，其技术也逐渐成熟。围绕数据预处理、预测建模方法、系统架构等方面探索了创新和高效的方法并应用于虚拟量测系统，可以将虚拟量测系统构建为一个描述各方面相互关系的框架，如图4-17所示。

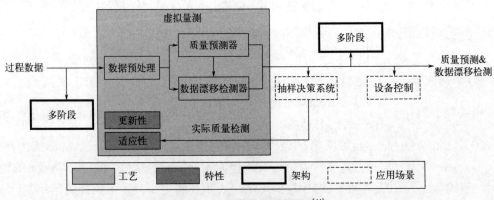

图4-17　虚拟量测系统框架[41]

依据在构建和维持VM系统时的必要性和重要性等级，将VM框架各组成部分进行分类，如图4-18所示。首先，核心部分囊括了构造VM系统及确保系统预测质量不可或缺的基本要素。这部分的核心在于一套完整的技术组件，它们共同构成了支持VM框架运行的基础。

其次，必要部分则专注于那些支撑和稳健VM架构所必需的条件。类似于工业4.0环境中的其他解决方案，VM系统的应用场景随着技术进步和时间推移而演进，因此所有相关技术需保持持续更新。这一部分主要涵盖了技术维护的各个方面，虽然它们并非短期内建立VM架构的硬性要求，但在VM架构长期部署和运行过程中却具有关键的重要性，特别是在工业应用情境中，对必要部分的关注尤为必要。

最后，附加部分包含了虽非VM基础架构或长期稳定的必需，但却能为VM系统创造附加价值的可选项。这部分在强化VM在工业实践中的表现以及提升其应用效果方面扮演着有益的角色，尽管其并非是必不可少的组成部分。

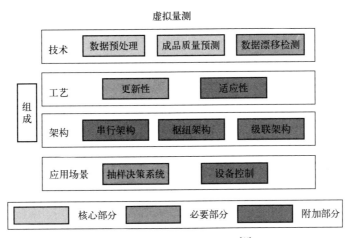

图4-18 虚拟量测技术模块[41]

4.3.1 数据预处理

工业数据具有高维非线性、大数据小样本等特点，难以直接应用。数据预处理是对数据进行分析、过滤、转换和编码的过程，使算法能够容易地解释数据的特征，提高预测模型的精度。数据预处理是对数据进行转换，可以提高质量评估的准确性。数据预处理包括多项操作，这些操作都可以离线执行，有时也可以在线执行，例如准备初始数据、评估丢失数据（有时在线）、去除离群值（在线）、数据标准化（在线）和特征工程（有时在线）。

（1）异常值去除

异常值是位于预测分布之外的异常数据，如果预测时将其考虑在内，则会降低预测精度。从数据集中识别和消除它们是虚拟量测领域备受关注的预处理技术。最常用的异常值去除方法见表4-2[41]。

表4-2　常用的异常值去除方法

方法	算法	描述	优点	限制
人工检测	基础绘图；t-SNE	基于可视化方法的人工去除方法	简单	仅离线
基于统计的方法	霍特林统计量	检验两组数据之间分布距离的统计算法	简单	统计假设
	Grubbs检测			

方法	算法	描述	优点	限制
基于主成分分析的方法	PCA	对投射到另一个空间的每个数据点进行距离监控	简单	线性变换
聚类算法	ART2	具体的聚类算法	—	—
新颖性检测方法	支持向量数据描述（SVDD）	检测异常值的聚类或一类分类算法	非线性	计算要求高
	高斯混合模型			
	Parzen窗			

最基本和最广泛使用的方法是手动异常值识别，但该方法只能离线使用，对虚拟量测的应用造成了严重限制。因此，有研究人员创建了用于虚拟量测离群值识别的ART2聚类方法，并被集成到AVM框架中[48,49]。在机器学习的一个领域——新颖性检测中，有学者提出了发现异常值的增强策略，其中几种方法已在虚拟量测上成功尝试[50-52]。

双阶段虚拟量测方案的一个缺点是其数据预处理模块无法在线实时地评估采集到的测量数据的质量，因此不能排除因过程或测量数据异常导致预测精度下降[53]。为解决此问题，有学者提出了一种基于小波的去噪方法来提高传感器数据的信噪比[54]，同时，为探索AVM与目标值调整方案相结合提供了思路，以增强AVM的自适应定制能力[55]。

在等离子体信息的虚拟量测中，有研究人员开发了一种基于等离子体信息的虚拟量测（PI-VM）算法，该算法通过参数化等离子体信息来跟踪和分析等离子体的状态，使过程预测的性能有了很大的提高[56,57]。此外，一些学者通过将光学发射光谱数据转换为状态变量识别数据，提高了蚀刻轮廓预测的有效性[58,59]。

（2）降维

降维是将特征空间从高维空间转变为低维空间，同时最大范围地保留有用信息的过程。由于高维特征空间存在维数高和计算复杂这两个棘手问题，因此使用高维特征空间不利于虚拟量测的应用。另外，保留与输出无关的属性可能会降低模型的整体功效[60,61]。由于许多过程传感器以高频率一次采样几分钟，因此VM模型的特征空间维度通常非常高。因此，降维是数据预处理中一个不可或缺的环节。

特征选择通过去除冗余或不相关特征来实现降维的目的。特征选择的一个优点是它的透明性。特征选择方法通常分为三大类：过滤法、包装法和集成法。常用的特征选择算法见表4-3[41]。

表4-3　常用的特征选择算法

方法	算法	描述	优点	限制
过滤法	皮尔逊法	基于相关性的方法	计算高效	—
	协变输入		简单	大多数为线性
	方差分析		可解释	与推理模型不关联
包装法	向前、向后选择	迭代法	非线性	计算要求高
	逐步选择		可解释	难以概括
	遗传算法		与推理模型相关	可能过拟合

续表

方法	算法	描述	优点	限制
集成法	LASSO算法	具有内置特征选择的推理算法	非线性	取决于推理算法
	基于树的方法		可解释	—

尽管计算要求很高，但包装法由于降维能力出色而被广泛应用。在许多研究中，有不少学者将包装法与多元线性回归法（MLR）或偏最小二乘法（PLS）等线性算法作为推理算法，也有部分学者将其与神经网络（NN）、高斯过程回归（GPR）或支持向量回归（SVR）等非线性算法相结合。考虑到收敛所需的迭代次数较多，经常使用诸如线性学习器之类的弱学习器。非线性学习器的使用突出了大多数支持向量回归问题的非线性，将线性算法应用于非线性问题将导致性能不佳。同样，过滤法也存在相似的问题。相比之下，集成法的普及率显著增长，最近越来越多的研究使用集成法作为降维方法。

特征提取将初始特征空间转变为更小的特征空间。这种转变允许移除特征之间的任何隐藏冗余，这在降维方面可以比特征选择更有效。新提取的特征空间总体上降低了噪声，可以提高预测精度。特征提取的最大局限是，一旦新的特征空间经过转变，就很难从新的特征空间中提取过程知识。此外，不同于特征选择需要对特征空间进行转变，特征提取必须同时离线和在线实现，从而增加了计算时间。常用的特征提取算法见表4-4。

表4-4 常用的特征提取算法

算法	描述	优点	限制
主成分分析法（PCA）	将输入要素投影到特征空间，去除最小特征向量	计算高效	线性，无监督
偏最小二乘法（PLS）	与PCA相似，但同时匹配输入和输出的投影	计算高效	线性，解释性差
卷积神经网络（CNN）	带内嵌特征提取的推理神经网络算法	非线性	计算量大，学习集大
自动编码器	基于神经网络的特征提取	非线性	计算量大，无监督，学习集大

主成分分析法和偏最小二乘法被广泛应用于线性问题中，为了解决这一限制，可以将它们关联起来探索非线性关系，这种方法通常被称为核主成分分析法或核偏最小二乘法。由于对非线性算法的需求不断增加，所有现有的非线性特征提取算法，包括卷积神经网络和自动编码器被广泛应用。

数据量化常用于VM，它通过特征分类并使用统计信息表示分类来减小数据集。除最常用的统计数据（如平均值、中位数和最大值）外，还包括稳态水平和持续时间、稳定时间和上升时间。一方面，减小数据集往往是以信息损失为代价的，这可能会降低预测的准确性。另一方面，一些方法需要定性特征，且可能获得更高的准确性。

4.3.2 预测建模

质量预测模型是虚拟量测技术的核心组成之一，它的作用是使用可测量的过程变量来估计产品质量。不同的工艺有不同的质量预测模型，但它通常只有一个输出，例如在等离子刻蚀工艺中，刻蚀深度是判断工艺是否合格的重要指标。虚拟量测技术常用预测算法见表 4-5[41]。

表 4-5　虚拟量测技术常用预测算法

方法	算法	优点	限制
线性回归	多元线性回归（MLR）	低复杂度	线性
		计算和数据效率高	稳定性较差
		可解释	对异常值敏感
	偏最小二乘法（PLS）	计算和数据效率高	线性
		特征提取	可解释性较差
			容易遗漏真实相关性
	LASSO	计算和数据效率高	线性
		功能选择	高相关变量性能差
		可解释	若描述元数量超过观测数量，则性能低
神经网络	多层感知器（MLP）	非线性	计算要求高
		能够从训练集中的子集生成新特征	数据集需求大
			黑盒
	卷积神经网络（CNN）	非线性	计算要求高
		特征提取	数据集需求大
		鲁棒性强	黑盒
	递归神经网络（RNN）	非线性	计算要求高
		有时间记忆	数据集需求大
			黑盒
	贝叶斯神经网络（BNN）	非线性	计算要求高
		因果性	数据集需求大
		先验知识	黑盒
核方法	高斯过程回归（GPR）	非线性	计算要求高
		计算效率高	可扩展性差
		内置不确定性量化	难以调优
			高斯性
	支持向量回归（SVR）	非线性	可扩展性差
		计算效率高	难以调优
		不易过拟合	
集成法	袋装法（Bagging）	非线性	可能导致大偏差
		易更新	
		内置不确定性量化	
		差异减少	
	堆栈法（Stacking）	非线性	计算要求高，时间长
		精度提高	

第一类常用的预测算法是线性回归算法。一方面它耗时短、复杂度低、计算效率高、抗噪能力强；另一方面，它存在精度低、在非线性问题中应用可能不稳定的问题。

第二类常用的预测算法是神经网络算法，包括多层感知器（MLP）、卷积神经网络（CNN）、递归神经网络（RNN）、贝叶斯神经网络（BNN），并已广泛应用于半导体制造领域，如CVD工艺中的故障分类诊断、晶圆表面检测、二维数据VM模型、不平衡数据集上的晶圆缺陷识别、IC布局补偿建议等。MLP曾经是最常用的方法，但它已逐渐被更先进的神经网络体系结构所取代。RNN在处理时间序列时使用时间相关性来提高其精度，然而，RNN存在严重的数据效率问题。此外，有研究表明，CNN可以以一种高效的方式和更高的精度捕获时间依赖关系，实现更高的精度和对漂移的鲁棒性；贝叶斯神经网络被挖掘出许多新的、有价值的功能，如计算机辅助制造工具的先验知识转移和因果关系。另外，混合架构在VM中取得了不错的效果，例如RNN和CNN的组合可增强针对数据漂移的解决能力。同时，由于计算能力的发展，神经网络的结构和参数可以利用各种优化算法进行优化，这使得神经网络的准确性、精确度和可解释性得到巨大提升。

早在2006年，有学者利用分段线性神经网络和模糊神经网络设计了虚拟量测方案。在化学气相沉积工艺中，先后有基于RBFN的虚拟量测方案[62-64]和多步骤虚拟量测技术[65]被提出。近年来，一些学者提出了各种基于CNN的虚拟量测模型，结果表明，CNN可以提高预测精度，进一步减小误差[66-68]。然而，在实际应用中需要考虑两个问题：①测量数据不足；②在线模型更新时的智能自学习能力。为此，有学者引入了基于卷积自编码器和迁移学习的AVMCNN系统来解决这些问题[69-71]。此外，贝叶斯方法、随机森林、逐步回归方法以及基于树的方法也被证明适用于虚拟量测系统的改进[72-75]。

第三类常用方法是核方法。支持向量回归（SVR）的应用度正逐渐下降，同时高斯过程回归（GPR）成为研究的热点。GPR在虚拟量测领域是一种很有应用潜力的方法，它提供了内建的不确定性量化，为VM的实际应用和实现提供了可能性。然而GPR最大的局限性是缺乏可扩展性，如果结合正确的降维算法（如LASSO或CNN），该限制能够得到降低。

尽管近年来集成法的研究逐渐增加，但它仍然是VM预测算法中使用最少的方法。袋装法不仅可以像GPR那样估计不确定性，而且还可以通过在集合中添加或删除信息来进行更新，因此集成法在工业中有着良好的应用前景。

4.3.3　漂移检测

预测模型通过所研究的物理方程（学习集）来学习概念，这一概念通常与时间相关，它的演变被称为概念漂移，如果不考虑它，它将不断降低预测的准确性，对于产品质量预测来说是致命问题。因此，漂移检测技术（drift detection，DD）是虚拟量测技术的一部分，是使虚拟量测系统长期及时运行的必要因素。具体来说，通过输入来检测概念漂移并将检测信息输入抽样决策系统来判断，输出一个布尔值，该布尔值指示漂移是否实际发生。实现漂移检测涉及两个步骤：第一个步骤是检测异常；第二个步骤是检测概念漂移。

（1）检测异常

在VM中用于异常检测的第一组算法称为不确定量化，这些算法通常假设存在高斯性，能够识别出预测模型的标准差，从而捕捉到它的"置信度"。计算置信度的一个优点是，除异常检测之外，它还可以提高预测算法的精度。全自动虚拟量测（AVM）提出了一种称为依赖指数的附加启发式方法，该方法基于两个不同预测模型的交叉。在此基础上，有学者开发了许多创新方法。例如，具有内置不确定性量化的回归方法（如GPR和袋装法）。

第二组算法主要为新颖性检测，它们是单类、分类或聚类算法。通常，它们的超参数中间接包含阈值，直接输出布尔值用于检测异常。

（2）检测概念漂移

概念漂移是指目标变量的统计特性随着时间的推移以不可预见的方式变化的现象。随着时间的推移，模型的预测精度将降低，表现为在线推理数据（实时分布）与训练阶段（历史分布）不一致，最终导致模型性能下降。检测到的异常通常可归类为异常值或概念漂移。为了区分概念漂移和异常值，在VM中使用的最简单的方法是只有在检测到多个连续的异常样本时才进行测量输出。另一种方法是对输出进行第二次验证，如果输出是正常的，而输入是异常的，则该样本被认为是一个异常样本。

4.3.4　采样决策系统

采样决策系统（SDS）是虚拟量测系统的主要应用，它可以根据VM结果来调整测量速率，它的决策是围绕VM质量评估器的输出、漂移检测的输出，以及自上次测量以来经过的时间建立的。仅基于时间的SDS策略称为被动或基于时间的策略，仅基于VM输出的SDS策略称为主动的或基于事件的策略，同时基于时间和VM输出的SDS策略称为混合策略，如图4-5所示。表4-6也对不同决策方法进行了总结[41]。

表4-6　采样决策系统策略

方法	算法	描述	优点	限制
基于时间的策略	统计过程控制	优化固定频率	简单	质量和效率未得到优化
			无需VM	
基于事件的策略	不确定抽样	当事件发生时更新	—	隐藏信息的敏感性
混合策略	智能抽样决策系统	以固定频率或在事件发生时更新	部分优化SDS	优化空间
	自动抽样决策系统	以优化的频率或在事件发生时更新	优化SDS	优化空间
				复杂

基于事件的策略弥补了基于时间的策略的限制，因为采样决策是基于每个产品的特定质量的。基于事件的策略主要为不确定性抽样，它包括当评估不再可信、超出容忍度或不可能时的再测量，如即时学习外推问题。基于事件的策略不应单独使用，因为总有一些偏

差来源是隐藏的，且对于漂移检测来说是不可见的，从而使整个系统容易出错。

混合策略是执行效果最好的一种策略，因为它同时具有基于时间和基于事件的策略的优势。基于时间的频率用于隐藏漂移，而基于事件的频率用于处理其他类型的漂移。此外，还有一些学者建议在事件发生的函数中调整基于时间的频率，通过这种方法，人们可以利用固定频率混合策略的一些优化空间。

近年来，神经网络逐步选择、神经网络输出与MR输出之间的选择、虚拟量测模型更新、增强混合特征选择等方法相继提出，用来提高预测精度。此外，为经济有效地降低测量成本，有学者提出了智能采样决策方案、主动检测框架和自适应主动学习方法[76-78]，以及基于AVM系统和先进算法的双阶段智能采样决策方案、动态方案和自动采样决策方案，用于在线和实时地适应和修改采样率[79-82]。目前，有研究者利用虚拟量测技术实现了智能采样方案C2O，并通过虚拟量测的部分联合训练进行有效分类[83, 84]；还设计了基于采样间隔的LSTM虚拟量测系统，以便处理工业过程不规则采样时间序列中的质量变量问题[85]。

4.3.5 模型实时更新

与"特征"的实时性相比，模型的实时性往往是从更全局的角度考虑问题。特征的实时性力图用更准确的特征描述事物，从而让推荐系统给出更符合这个事物的推荐结果。而模型的实时性则是希望更快地抓住全局层面的新的数据模式，发现新的趋势和相关性。因此，模型的可更新性也是VM中的一个重要特性，它使VM能够处理概念漂移。表4-7描述了模型的可更新性算法[41]。可更新性-可塑性困境（stability-plasticity dilemma，SPD）是区分各种更新方法的基础。高稳定性的方法具有高惯性，适应速度慢，而可塑性高的方法适应新概念的速度会更快，但可能会变得不稳定。

表4-7 可更新性算法

方法	算法	描述	优点	限制
移动窗（moving window，MW）	移动窗	将最新的信息保存在内存中	简单	可能会忘记有意义的信息
			SPD取决于窗口大小	难以解决反复漂移
	加权移动窗	重点放在最新的信息上	可塑性提高	
即时（just-in-time，JIT）学习		保持完整的集合，在一个子集上进行动态训练	能处理反复漂移	无遗忘功能
			快速推断	仅适用于快速学习
			良好的SPD	

移动窗是最常用的处理VM数据流的方法，这要归功于它的简单和"遗忘能力"。在许多研究中，对MW进行了各种改进，例如自适应MW或即时学习MW。

即时学习在VM领域很受欢迎，它能在不同的聚类算法选择的小子集上重新训练推理算法，从而能够处理庞大的学习集。然而，它的局限性在于缺乏"遗忘能力"，这使得它不能用于非周期性的任务。

4.3.6 模型适应性

模型适应性旨在通过减少训练VM模型所需的特征的数量和减小学习集来减少新产品或不同产品的预测模型的建立时间，如此，提高了VM系统的敏捷性和响应性，使得其能够解决工业中的产品个性化和多样性问题。表4-8列出了一些提高模型适应性的方法[41]。

表4-8　提高模型适应性的方法

方法	描述	优点	限制
系统识别	分析学习两个产品之间的差异以弥补	简单	适用性极低
		保持相同的模式	
迁移学习	使用类似的现有VM模型来预先培训新模型	学习时间短	需要类似的模型
		学习集小	
多任务学习	同时培训两个相似任务的VM模型	学习时间短	若任务不相似，则效果欠佳
		学习集小	
半监督学习	从未标记的点生成训练数据	学习集小	对概念漂移敏感

系统识别方法适用性极低，应用有限；迁移学习方法通过用已经在类似任务中训练的学习算法预先设置优化参数来减少学习时间和减小学习集，实现了更高的准确性和计算效率。当需要联合开发多个VM模型时，可以利用多任务学习，以减少学习时间和减小学习集。然而，如果不同任务之间的差异太大，这种方法可能会适得其反。

另一种方法称为半监督学习，它从未标记的数据中自动生成标记数据，以减小学习集。然而，如果出现概念漂移，半监督学习法会产生很大的反效果，将导致在训练集中纳入错误信息。

4.3.7 虚拟量测系统功能扩展

除数据预处理、预测建模方法、采样决策系统、模型可更新性和适应性外，一些学者还对虚拟量测系统框架进行了创新与扩展，以提高系统的适应性和可更新性。

（1）虚拟量测系统框架的数据驱动方法

随着研究的深入，为了实现更高的数据存储效率、更强的数据查询性能和更低的数据库存储成本，一种基于主存数据库技术的AVM系统架构被提出[86]。近年来，结构化的数据驱动、基于宽深神经网络的数据驱动的虚拟量测系统框架以及将历史数据重新应用于未来设计等新方法被提出[87-89]。针对现有的虚拟量测模型无法考虑自适应多模态划分和模态样本不平衡等问题，有学者提出了一种基于模糊聚类和多任务学习深度信念网络的数据驱动的自适应虚拟量测模型[89]。

（2）虚拟量测系统框架的功能机制

根据实际应用过程中的不同情况，相继有不同的研究人员对虚拟量测系统框架的功能机制进行了改进。例如：将虚拟量测与反馈回路中的RI/GSI相结合的运行控制方案，包括故障检测与分类和预测维护功能的基于VM的基线故障检测分类方案和基线预测维护方案被提出[90-92]。为了加强AVM系统的适用性，有学者建议在预测维护和故障检测方面提供基于虚拟量测的控制系统[93]。对于多输入、多输出半导体工艺，一种集成了操作控制、虚拟量测和故障检测等功能的较完备的过程控制框架被提出[94]。

（3）先进的虚拟量测系统框架

近年来，随着工业4.0、智能工厂等概念的提出和流行，以及物联网、云计算、大数据分析、信息物理系统等先进信息和通信技术的发展，与智能制造平台相结合的AVM系统也在逐渐得到应用。一种基于云的AVM系统被设计出，与现有的基于PC的AVM系统相比，该系统表现出了显著的性能提升，同时实现了相似的预测精度[95]。利用云计算和多种信息和通信技术（VM软件、XML、Web服务和HTML5），有学者为多租户模型创建了服务和半导体行业创建了基于云的AVM[96-97]。此外，一个基于先进IC技术的智能制造平台——先进物联网制造云被构想并实现[98]，如图4-19所示。

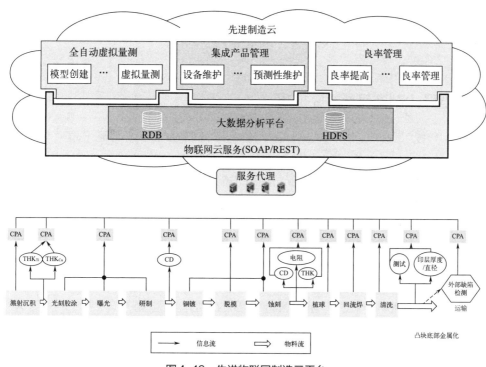

图4-19　先进物联网制造云平台

4.4　虚拟量测技术在实际场景中的应用

虚拟量测通过对设备参数、工艺参数及其他生产数据进行监测，进而对工艺质量和产品质量进行评估，将带有延迟特性的抽样监测转换为实时在线产品全检。因具备检测实时性高、成本低、维护方便等优点，虚拟量测现在已成为欧洲、亚洲各国和地区以及美国先进设备控制及先进过程控制研讨会的热门主题，受到诸多制造行业和高新技术领域的青睐。目前已经在半导体制造、机械加工、金属加工、化学化工、互联网＋新行业、新能源等领域得到探索性应用[99,100]，如图4-20所示。

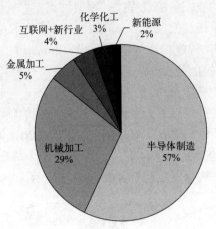

图4-20　虚拟量测技术应用领域

4.4.1　半导体制造领域中的应用

虚拟量测技术最早应用于半导体工艺流程（薄膜晶体管液晶显示器、化学气相沉积、等离子体增强化学气相沉积、化学-机械抛光和等离子体刻蚀等）的良率管理与控制。2008年，国际SEMATECH联盟将虚拟量测技术纳入了下一代制造规划中。2009年，国际半导体技术路线图也将虚拟量测指定为工厂信息、制造控制系统及先进过程控制的重点领域之一[101-103]。

在薄膜晶体管液晶显示器制造中，一种基于反向传播神经网络的产品质量预测方案和等离子溅射加工质量预测方案被提出[104]；为预测阵列扇区TFT-LCD滤色过程中的光刻胶间隔高度，一种新的产品-产品虚拟量测模型[105, 106]被开发。为了预测半导体制造中的化学气相沉积厚度，一种基于径向基函数网络（RBFN）的虚拟量测方案[4]和一种基于AVM的管-管控制方案[107]被提出。在化学-机械抛光工艺方面，一种基于高斯过程回归和一种基于JIT模型的杂质去除率动态预测模型被提出并证明了其性能[108-110]。在等离子体刻蚀过程中，有学者分别采用RBFN和RBFN+遗传算法构建了等离子体刻蚀过程的VM模型[111, 112]。此外，有学者提出了构建预测刻蚀偏差和刻蚀速率的虚拟量测模型[113-115]，并利用虚拟量测代替了对关键刻蚀变量的直接测量[116]。2012年，等离子体刻蚀过程的全局和局部虚拟量测模型被提出[117, 118]。

除上述工艺流程外，为了实现设计的可制造性和先进的过程控制，在32nm技术节点，从实际计量过渡到虚拟量测的可能性被广泛研究，即应用虚拟量测实现晶圆-晶圆控制[119, 120]，利用递归偏最小二乘法开发一种分布式虚拟量测架构，用于晶圆级别的虚拟量测和半导体制造过程的反馈控制[121-123]，利用虚拟量测技术来预测产量偏差和偏差源，并将产量预测信息反馈到晶圆的所有控制级别[124]。除此之外，有学者提出了一种基于MANCOVA模型和工具聚类的虚拟量测系统，用于预测半导体制造过程中晶圆的线尾电气特性[125]；采用随机梯度增强树模型进行算法开发，研究了利用虚拟量测技术进行沟槽深度预测的可行性[126]；为了便于实现和部署，采用分布式面向对象设计过程设计了一种集成了数据预处理、双阶段预测、信任指标和相似度指标等功能和特性的GVM框架[127, 128]。

4.4.2　过程系统工程中的应用

（1）线上制程监控与诊断

现代化的化工生产是由数种不同的高复杂度的工艺制程与单元组成的，易导致各式各样的制程失败，这将引发制程效能降低、危险操作等问题。因此，运用各种数据分析方法（如多变数统计方法、小波转换、碎形编码、类神经网络，以及隐马尔可夫模式）来监控与诊断目前操作程序的状态，能够降低制程失败的频率，并提高工厂安全性。这些数据分析方法可直接应用于实际的工业环境中，例如釉料反应系统、钢板表面品质的控制、燃烧炉等，如图4-21所示。

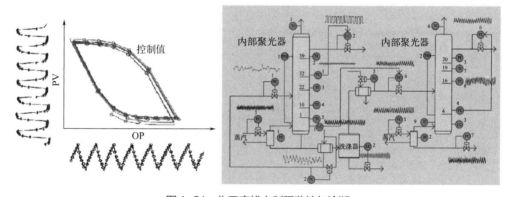

图4-21　化工产线上制程监控与诊断

（2）软测量

产品的生产需要随着市场的变化而频繁地改变操作条件。然而，产品质量的关键指标，如熔体指数，往往只能进行离线检测且分析频率较低。许多工业工厂中的等级转换通常是人工操作，会导致相对较长的沉淀时间，进而造成超调和材料变质。因此，开发先进的控制系统，用于提供最佳的等级转换轨迹、减少变质材料的数量是至关重要的。另外，在许多化工厂中，过程数据已经广泛可用，并采用数据驱动的软传感器来预测难以在线测量的产品质量，如图4-22所示。

（3）控制系统的效能评估

许多工艺制程已运行数年，但操作问题仍长久未被诊断出来，当控制器的效能每况愈下而未被发现并及时矫正时，不仅会造成设备功能损坏，更会影响企业的经营利润。因此，可以利用虚拟量测系统控制输出变异，无需传统复杂的模式，就可以评估当前工艺和设备的状况，并且可以诊断出造成效能降低的根源，如图4-23所示。

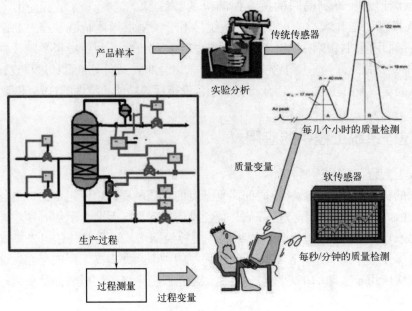

图4-22 化工厂中的软测量

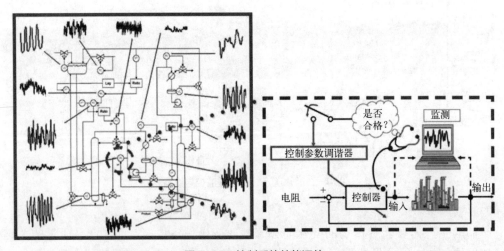

图4-23 控制系统效能评估

（4）以制程影响为基础的过程监控

深度学习是一种机器学习技术，它利用深度（具有多层隐藏层）类神经网络，从数据中抽取出更有用的信息。目前，深度学习已产生相当强的效能，并且比其他机器学习与类神经网络更有智慧。在VM系统中，可以利用深度学习的算法提升工业巨量数据的挖掘技术，如火焰影像的制程监控，以及UTRD（UTP transfer request descriptor，UTP传输请求描述符）数据与膜过滤的错误监控与诊断，如图4-24所示。

（5）制程的反复式学习设计与控制

当前市场竞争激烈，产品的生命周期也越来越短。及时将产品导入市场、优化品质以及差异化，是成就成功制造商主要因素。复杂制程控制在复杂的工艺制程，如医药、生化、特用化学品生产中最为常见，如图4-25所示。虚拟量测技术正在发展几种以数据为导向的控制策略，这些策略运用了多变数的统计技术与重复学习的控制策略，已证实其优于传统的批次对批次的方法。目前这些策略正用于薄膜过滤、模拟移动床制造，以进行可行性评估。

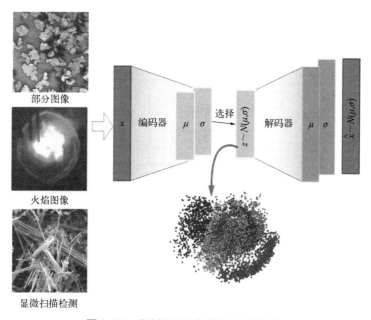

图4-24　以制程影响为基础的过程监控

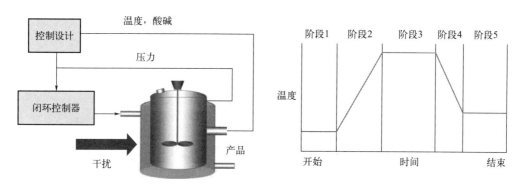

图4-25　复杂制程控制

（6）数据校正与制程监控

测量数据验证在过程运行分析和改进中起着重要的作用，因为过程变量的测量信号经常由于仪器的缺陷而受到测量误差的污染。在正常情况下，过程数据是不准确的，原因是它们受到随机误差和可能的严重误差的影响。数据校正与制程监控是通过采集制程中的测量值估计测量变量的真实值的过程，如图4-26所示。

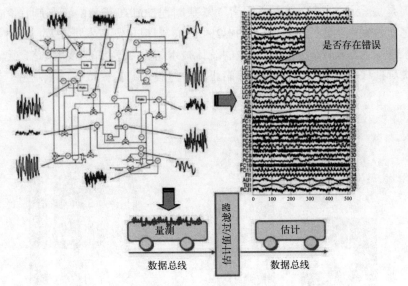

图4-26　数据校正与制程监控

4.4.3　其他领域中的应用

（1）机床行业

在机床行业，有学者在已有的数据质量评价方法、模型可靠性评价方法和加工精度预测方法的基础上，提出了一种新的机床加工精度预测方法。为方便用户对机床进行操作，一个先进制造云平台被开发，它可以提供可插入各种预测模型的智能设备和多种与制造相关的云服务[129,130]。同时还有学者尝试将虚拟量测技术应用于机床加工精度的测量[131]，如图4-27所示。

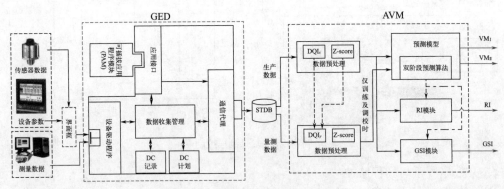

图4-27　机床加工中的GAVM系统

（2）汽车制造领域

虚拟量测技术被广泛应用于设计和制造过程中。工程师可以在虚拟环境中对汽车模型进行测量和评估，以确保其符合设计要求和质量控制标准，这可以减少生产过程中的错误和返工，提高生产效率和产品质量。

① 对汽车零部件的检测。在汽车制造过程中，零部件的尺寸和形状必须符合严格的标准，以确保车辆的整体性能和安全性。虚拟量测系统可以对零部件进行高精度的预测，通过计算机辅助设计软件来模拟零部件的形状和尺寸，并对其进行精确的测量和评估，降低抽样检测成本，提高生产良率。

② 在汽车生产线上的应用。虚拟量测系统也可以应用在汽车生产线上。通过使用机器视觉和深度学习等技术，可以自动识别和测量零部件的尺寸和形状，以确保其符合生产要求和质量标准。这种应用可以提高生产效率，减少人工检测的误差和烦琐性。

③ 对车辆性能的评估。虚拟量测系统还可以用于评估车辆的性能，通过模拟车辆在不同道路条件下的行驶过程，可以测量和分析车辆的动力学性能、振动、噪声、油耗等因素，以评估车辆的整体性能和质量。这种应用可以帮助工程师在设计阶段预测和解决潜在的问题，提高产品的质量和性能。

④ 对碰撞安全的评估。虚拟量测系统还可以用于评估车辆的碰撞安全性。通过使用计算机仿真软件，可以模拟车辆在不同速度和角度下的碰撞过程，以评估车辆的安全性。这种应用可以预测车辆在碰撞事故中的表现，帮助工程师改进设计和制造过程，提高车辆的安全性。

（3）航空航天领域

虚拟量测技术对于复杂结构和部件的测量和评估非常有用，通过在虚拟环境中模拟飞行器的结构和部件，工程师可以进行准确的尺寸测量和性能评估，以确保飞行器符合设计要求和安全标准，这可以减少测试和试验的成本和风险。

① 飞机部件的测量和评估。在飞机设计和制造过程中，对部件的尺寸和形状的精确测量非常重要。虚拟量测系统可以通过计算机辅助设计软件模拟飞机部件的形状和尺寸，进行精确的测量和评估，以确保其符合设计要求和质量标准。这有助于减少生产过程中的错误和返工率，提高生产效率和产品质量。

② 航空航天设备的维护和检修。虚拟量测系统还可以用于航空航天设备的维护和检修过程中，可以将虚拟模型与实际设备进行对比和匹配，能够进行精确的维护和检修操作，提高工作效率和准确性，减少维护和检修的成本和时间。

（4）电子制造

① 电子元器件检测。在电子元器件检测中，虚拟量测技术可以通过对元器件的尺寸、形状、电性能等参数进行精确的测量和评估，以确保元器件的质量和性能符合要求。通过使用虚拟量测技术，可以减少传统检测方法的成本和时间，提高检测效率和准确性。

② 生产过程监控。虚拟量测技术还可以用于电子制造的生产过程监控。通过实时采集生产数据，对生产过程进行模拟和监控，可以及时发现和解决生产过程中的问题，确保生产效率和产品质量。这可以帮助企业提高效益和竞争力。

③ 产品验证。在电子制造的产品验证中，虚拟量测技术可以通过对产品的性能、功能和可靠性进行全面的测试和验证，以确保产品的质量和性能符合要求。通过使用虚拟量测技术，可以减少传统测试方法的成本和时间，提高测试效率和准确性。

虚拟量测技术在电子制造领域的应用可以帮助设计师、工程师和管理者进行更精确的测量和评估，提高生产效率和质量，降低成本和风险。同时，还可以帮助企业优化生产流程，提高产品质量和客户满意度，增强企业的市场竞争力。

除以上领域外，虚拟量测技术也开始逐步得到其他领域的青睐。2009年，有学者开发了 VM 数学模型，并对镀液镀层退化进行故障检测和分类，能够防止片上系统铜互连故障[132]；在太阳能行业中，有学者研究利用 AVM 系统进行运行控制[133]；在电子元器件检测中，尝试利用 VM 对晶体管阈值电压进行预测与控制[134]；为实现大批量生产环境中所有精密零件的全检，一种应用于轮毂加工自动化的 AVM 系统被设计出来[135]；为处理部件变形问题，发动机机箱制造中的 AVM 与变形融合方案被提出[136]；为评估工艺参数和材料性能之间的交互作用，一个基于 AVM 系统的金属增材智能计量结构被构建[137]；在碳纤维制造领域中，一种生产数据回溯机制被提出，利用该机制，可以获取每一个完全旋转的工件的工艺数据，从而满足在制品跟踪的要求[138]；在氨纶纤维制造中，有学者搭建了一个 VM 系统，并采用了一种模型刷新策略，用于保证系统的持续可用性和高质量预测[139]。近年来，以计算机视觉和人工神经网络为特征的可视化铜微结构的 VM 系统被设计出来，并证明了其适用于大多数成像系统[140]。

4.4.4 具体应用实例

许多制造企业为实现降本增效这一目标应用了很多方法论，这些方法论在工厂管理中也被广泛运用，例如精益化生产、零缺陷、约束理论、全面质量管理等。其中绝大多数的方法论都需要量化数据的支撑，通过分析工艺流程中每一个步骤来优化整体工艺。尽管 ERP 系统、MES 等已经集成了采集、分析数据的功能，但是采集和分析数据在实际使用中是有局限的，很多关键性的参数很难进行物理测量。对于大批次、少批量的生产任务，想要对工艺流程中每个环节进行物理测量在成本上是无法接受的，只能通过最终成品的良率来描述当前批次的优劣，且良率无法为管理者提供更多经验与信息。为降低瑕疵率、提高良率，零缺陷管理的观念应运而生。"零缺陷管理"的推行在很大程度上促进了虚拟量测的发展。在大批次、少批量生产场景中，可以利用生产过程中多维度参数（工艺参数、环境参数、图像数据等）对批次间的良率进行建模，利用模型对产品进行全量检查，以此替代传统的物理测量；同时，也可以利用模型为抽检频率、抽检量提供决策。本节主要介绍虚拟量测技术的具体应用实例和企业所开发的虚拟量测产品。

（1）超声波焊接工艺质量检测

超声波焊接将高频振动波传递到需焊接的金属表面，在加压的情况下，使两金属表面相互摩擦而形成分子层之间的熔合。其优点在于快速、节能、熔合强度高、导电性好、无火花、接近冷态加工。

以上海林众电子科技有限公司的应用案例为代表，数据集包含2种产品的超声波焊接数据：系列一产品共有36个样本；系列二产品共有540个样本，分为12个引脚，每个引脚各有45个样本。经过特征提取，主要为6个特征变量，其中，实际推力大小是焊接工艺是否合格的关键变量，因此以键合时间、实际功率、实际能量、实际下压深度和实际压力5个变量预测实际推力的数值，进而评估焊接工艺的完成度，见表4-9。

表4-9　超声波焊接数据集变量含义

变量名	变量含义	数值范围
Bond Time	键合时间/ms	92～161
Power	实际功率/W	555～675
Energy	实际能量/J	26.670～61.560
Sink	实际下压深度/μm	350～359
Force（N）	实际压力/N	345～399
Force（kg）	实际推力/kg	60.464～111.918

　　首先，进行模型训练及调优，使其具备一定的预测能力。基于LASSO、Ridge、SVR、Extra Tree Regressor、XGBoost Regressor、Random Forest Regressor、Gradient Boosting Regressor等常用回归算法在训练集上建立基准模型并进行交叉验证（非数值特征进行one-hot编码），如图4-28所示。挑选R^2得分较高的模型进行贝叶斯参数优化。

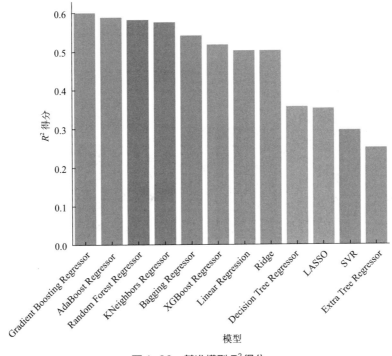

图4-28　基准模型R^2得分

　　选择R^2得分最高的Gradient Boosting Regressor算法在测试集上进行预测。测试集预测曲线如图4-29所示，预测值能在一定程度上逼近真实值，且基本拟合真实值曲线趋势，进而可以通过预测推力值来判断焊接是否合格。但由于推力值具体数值与键合时间、实际功率、实际能量、实际下压深度和实际压力5个变量的相关性均不大，所以回归预测推力值数值具有较大误差。而实验本质也是预测推力值是否合格，因此，利用现有推力值数据区间对其进行分类和预测。

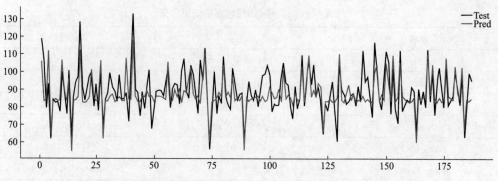

图4-29　优化后的Gradient Boosting Regressor测试集预测曲线

首先将预测变量按区间进行离散化处理，构建分类任务：当$0 < x < 60$时，$y=0$（故障）；当$60 < x < 80$时，$y=1$；当$80 < x < 90$时，$y=2$；当$90 < x < 110$时，$y=3$；当$x > 110$时，$y=4$。接下来进行模型训练及调优，基于Logistic Regression、Ada Boost Classifier、SVC、Extra Tree Classifier、XGBoost Classifier、Random Forest Classifier、Gradient Boosting Classifier等常用分类算法在训练集上建立基准模型并进行交叉验证（非数值特征进行one-hot编码）。挑选F_1得分较高的模型进行贝叶斯参数优化，如图4-30所示。

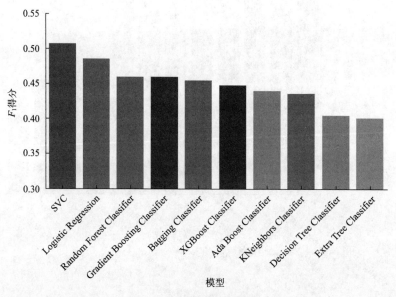

图4-30　基准模型F_1得分

选取得分最高的SVC分类算法进行优化，并在测试集上进行预测及测试。预测结果如图4-31所示，故障数据预测全部正确，但非故障数据预测存在一定偏差。可能由于在实际超声波焊接过程中不可控变量过多，造成最终破坏推力值存在不同程度的差异，从而导致预测误差。

若将预测任务简化为二分类任务，当$x < 60$时，$y=0$（故障）；当$x > 60$时，$y=1$（正常）。可以从图4-32的预测结果中看出，尽管故障数据样本占比极少，但可视化后分类边界明显，模型分类准确，无需优化也有较高精度。

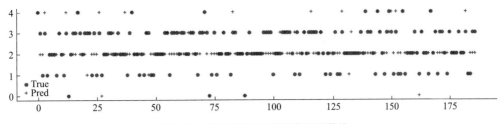

图4-31 优化后SVC测试集预测曲线

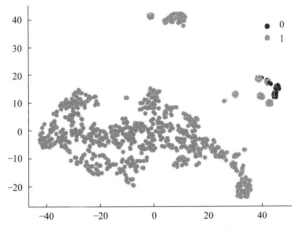

图4-32 t-SNE降维可视化分类预测结果

（2）半导体化学-机械抛光工艺质量检测

在半导体关键制程——化学-机械抛光（CMP）工艺中，常由于干扰造成品质漂移，如何通过超前质量管理提高质量稳定度是一大难点。长久以来，抛光技术一直被用于光学制造。1950年年初，CMP被用于制备硅晶片衬底以减少表面损伤。1980年，抛光技术在IC制造过程被用来平坦化层间介质（ILD）表面，开始替代反应性离子刻蚀（RIE）技术。此后，ILD CMP成为ILD平坦化的首选工艺，而CMP工艺也随之扩展了应用，例如浅槽隔离、钨接触及铜镶嵌技术等。

对此，虚拟量测系统可以对在制品的关键参数进行检测，快速精准地建立CMP指标与特征值的响应模型，实现虚拟量测全检以保证CMP工艺制程达标。应用虚拟量测系统后，CMP过程R2R控制的过程能力指数（CPK）由1上升至1.51，如图4-33所示。

（3）企业虚拟量测平台

目前，以虚拟量测技术为核心开发的产品或应用系统主要集中在半导体制造领域。

1）众壹云-良率分析平台

晶圆制造良率大数据分析平台（众壹云-良率分析平台）以公有云为支持（图4-34），异构系统云服务为途径，采集生产设备、边缘设备、各业务系统等的数据为基础，以创新的服务模式，借助大数据+AI等高新技术，建设了可视可仿真的数据模型，协助晶圆制造商提升良率，促进晶圆制造行业高效快速发展，为其他行业树立标杆和起示范作用。晶圆制造良率大数据分析平台分为数据采集、数据治理、数据应用三个层次。

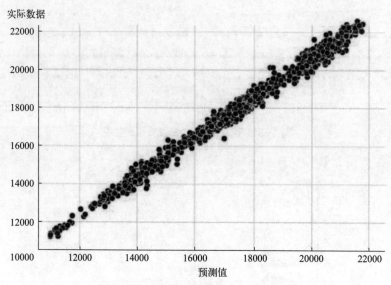

图4-33 虚拟量测中CMP结果预测

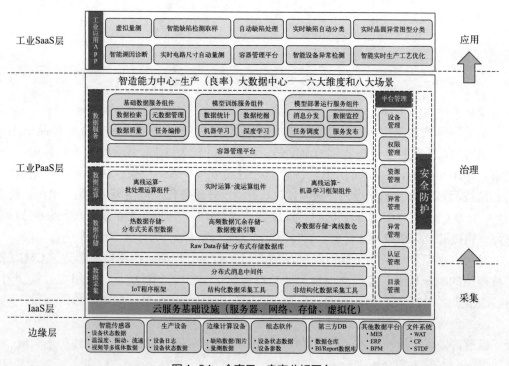

图4-34 众壹云-良率分析平台

基于IoT技术框架的采集层（清洗运算）是晶圆制造良率大数据分析平台的数据源头，负责与晶圆制造商现有的各类软硬件设备对接，并实现相关数据的采集。

治理层是晶圆制造良率大数据分析平台的核心模块之一，它主要负责根据晶圆行业的业务特点，设计标准的晶圆行业大数据结构，实现各维度数据的存储；根据晶圆行业的业务需求，设计并实现数据运算模组；然后在数据存储与运算模组的基础之上，实现并不断拓展晶圆行业良率管理分析方面的标准服务组件，为应用层的工业机理应用软件打好坚实的数据服务基础。

应用层基于基础数据服务，开发出了实时缺陷自动分类、实时电路尺寸自动量测、实时晶圆异常图型分类、智能溯因诊断、智能设备异常检测、智能缺陷检测取样、虚拟量测、自动缺陷处理、智能实时生产工艺优化等通用App，涵盖了晶圆制造行业在良率上提高所需的大部分功能，不仅节约了企业购买、构建、维护基础设施和应用程序的费用，而且可以缩短实施周期，快速构建良率提高应用。

2）众壹云-虚拟量测

虚拟量测产品利用已收集的相关参数（图4-35），例如设备的传感器参数或其他参数，与所关心的测量结果进行AI建模，此模型可以在之后根据设备传感器参数进行量测值预测，无需用特有的设备进行实际的测量。产品主要功能包括设备参数获取解析、预测模型库，模型修正等功能模块。该虚拟量测产品已在某些半导体企业应用，实现了节省量测设备资源、量测覆盖率100%、问题侦测覆盖率100%。

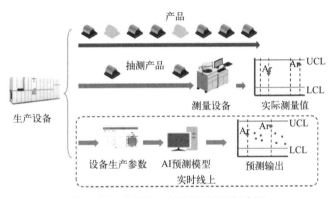

图4-35　众壹云-虚拟量测产品概念图

3）众壹云-芯片良率（缺陷）管理系统DMS/YMS

晶圆制造企业目前使用的DMS/YMS产品基本被国外软件商垄断，而这些传统DMS/YMS产品存在着以下的问题。

① 价格高，性价比低。

② 不支持功能扩展和定制化，无法适应业务发展的需求。

③ 不支持大数据分析以及AI的应用，仅是工具化软件，非常依赖使用人员的经验。

④ 服务响应慢，操作不便利。

众壹云的DMS/YMS是一款基于大数据平台技术架构的晶圆缺陷管理良率分析软件。该软件为晶圆厂的良率工程师（YE）提供了各类自动/半自动化分析工具，将缺陷管理良率分析模式由原来良率工程师需要手工采集数据并分析结果改为系统自动实时采集数据并更新分析结果，大大提升了缺陷管理良率分析的效率与准确性。

该软件首先引入了大数据和AI的应用，利用主动学习的能力，在人工辅助确定大致范围后，AI能够利用历史数据的结果，对几百上千种因素进行回归分析，找到相关性最强的因素，进一步锁定范围，找到问题的根源，然后对这些相关参数进行机理建模，找到问题和相关参数之间的数学模型，进而用于后续问题的预测、防控。而通过对这个数学模型的分析，技术人员可以清楚地了解问题的物理机理，从而预防此类问题，提升模型价值。

4）格创东智-虚拟量测应用

格创东智的应用首先基于东智工业边缘网关和物联网平台，采集制程的数据并抽检测量数据。其次通过分析面板产品的上千个制程因子数据，快速精准地建立关键制程指标膜厚与品质量测特征值之间的关系，实现虚拟量测全检。同时，系统会给出造成该异常的关键因子，让产线工程师及时分析异常原因并调整制程参数，防止出现大量异常产品。除此之外，虚拟量测还可配置报警规则发报MES、OEE系统等，多系统联动控制，调整关键参数。同时，模型线上运行时可周期性自动完成模型的调优工作，不断提升虚拟量测的预测准确性。实现了实时的品质管控和品质异常及时侦测；降低了30%抽检频率，节省了大量的检测设备；降低了企业成本，提高了设备产能。

5）寄云科技-虚拟量测应用

寄云科技生产的虚拟量测产品利用工艺流程和晶圆状态信息（包括上游工艺测量和/或传感器数据）预测工艺后的测量结果，使用人工智能算法对芯片制造工艺参数和测量结果进行建模分析，包括厚度、缺陷密度/数量、方块电阻以及在线测试结果等。

首先用刻蚀工艺参数对MOS管I_{on}进行虚拟测量，使用规则集成算法来减少变量的数量，然后使用随机森林方法来构建具有高预测能力和良好通用性的模型，如图4-36所示。

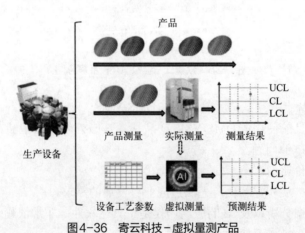

图4-36　寄云科技-虚拟量测产品

4.4.5　发展趋势分析

虚拟量测技术发展历程总览如图4-37所示，从总体上看，大致呈现出从概念提出到完善，从预测精度提高到应用扩展，从在线实时检测到自适应的发展趋势。

在数据预处理方面，分别从异常值去除和降维的角度提出了新的方案和框架，应用的算法从分段线性神经网络，到径向基函数网络、反向传播神经网络，以及近年来的卷积自编码器和迁移学习，为提高预测精度提供了技术基础。抽样决策方案向智能化、自动化和自适应方向持续改进。除半导体领域（等离子体刻蚀、等离子溅射、化学气相沉积、晶圆锯切、晶圆化学机械平坦化）外，虚拟量测技术的应用和研究在太阳能行业、轮毂加工自动化、机床行业等领域也受到青睐，用于整体检测和精度预测。

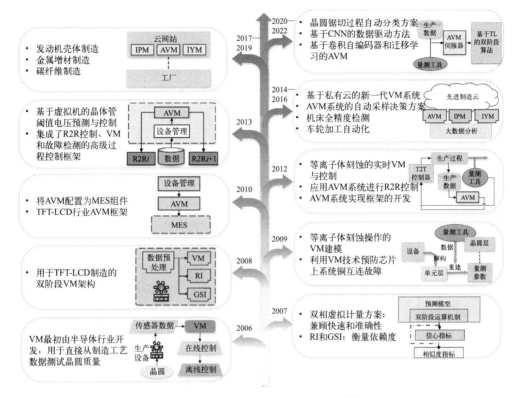

图4-37　虚拟量测技术发展历程总览[141]

除了上述方面的创新与提高，目前还有许多问题需要解决：①虚拟量测技术的可更新性和自适应性有待提高，在工业制造环境中，会应用到大量的机器和操作中，其适应性关乎时间和数据方面的实现需求；②公共数据集的质量评估算法需进一步规范，以便扩大虚拟量测技术的应用领域；③缺少虚拟量测技术与设备预测性维护之间联系的研究。针对以上不足之处，对AVM的框架提出了新的建议和展望。

基于大数据和人工智能技术，以数据智能为驱动的AVM将成为未来的重要发展方向——挖掘和分析产品数据、工艺数据、外部数据与产品质量之间的内在关系，实现产品质量的实时监测预警、质量问题的快速准确追踪和产能的充分利用。具体来说，该系统由三个子模块组成，如图4-38所示：①数据预处理与可视化分析，用于提取质量特征信息并进行可视化分析呈现，监控异常波动；②全自动虚拟量测，由生产过程中获得的状态监控、过程监控等工艺数据估计产品质量相关参数，实现产品质量在线全检并及时预警异常；③全生命周期质量追溯，关联分析产品数据、工艺数据、过程数据、外部数据等，进行产品质量问题环节的快速准确溯源。同时，它将与更复杂的算法集成，充分利用先进设备控制（AEC）和先进工艺控制（APC）技术与实际生产系统和设备连接，实现更高的数据存储效率和更低的成本。

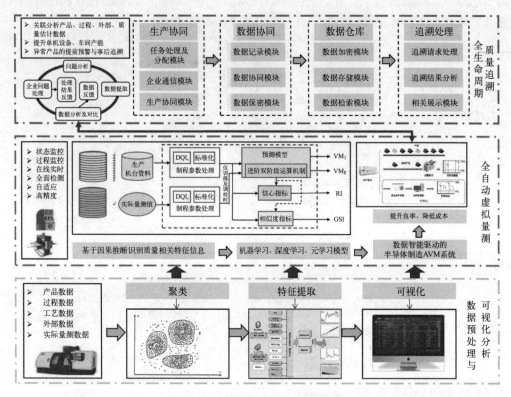

图4-38　数智驱动AVM系统框架

4.5　本章小结

　　本章探讨了虚拟量测技术在现代智能生产系统中的重要性和应用。工业4.0时代的到来促进了信息技术与工业技术的深度融合，提高了数据利用率和决策实时性，同时也突显了提升产品质量和全检能力的重要性。随着工业数字化与智能化进程加速，"零缺陷制造"成为核心目标，虚拟量测技术因其能够利用生产过程中的实时数据预测产品质量，弥补传统抽样检测的不足，在半导体生产及其他精密工业领域备受关注。

　　未来发展趋势表明，虚拟量测将继续与先进设备控制、工艺控制技术相结合，实现更高精度的在线全检和实时预测，降低数据预处理难度，提高模型更新和自适应性，并通过与其他智能系统的集成，为制造业提供全面、实时的质量监控和优化解决方案。

参考文献

[1] Halpin J F. Zero defects: A new dimension in quality assurance[M]. New York, USA: McGraw-Hill, 1966.

[2] Zhao L, Li B, Yao Y. A novel predict-prevention quality control method of multi-stage manufacturing process towards zero defect manufacturing[J]. Advances in Manufacturing, 2023, 11(2): 280-294.

[3] 阿曼德·费根堡姆. 全面质量管理[M]. 杨文士，译. 北京：机械工业出版社, 1991.

[4] Hung M, Lin T, Cheng F, et al. A novel virtual metrology scheme for predicting CVD thickness in semiconductor manufacturing[J]. IEEE/ASME Transactions on Mechatronics, 2007, 12 (3): 308-316.

[5] Weber A. Virtual metrology and your technology watch list: Ten things you should know about this emerging technology[J]. Future Fab International, 2007, 22(4): 52-54.

[6] Cheng F, Huang H, Kao C. Dual-phase virtual metrology scheme[J]. IEEE Transactions on Semiconductor Manufacturing, 2007, 20(4): 566-571.

[7] Cheng F, Huang H, Kao C. Developing an automatic virtual metrology system[J]. IEEE Transactions on Automation Science & Engineering, 2011, 9(1): 181-188.

[8] Graham Peggs. Virtual technologies for advanced manufacturing and metrology[J]. International Journal of Computer Integrated Manufacturing, 2003, 16(7-8): 485-490.

[9] Stanley K J, Stanley T D, José Maia. Wafer fabrication: Realizing realizing 300mm fab productivity improvements through integrated metrology[C]//Conference on Winter Simulation: Exploring New Frontiers. Winter Simulation Conference, 2002.

[10] Chen P, Wu S, Lin J, et al. Virtual metrology: A solution for wafer to wafer advanced process control[C]//Semiconductor Manufacturing, 2005. ISSM 2005, IEEE International Symposium on, 2005.

[11] Su Y, Hung M, Cheng F, et al. A processing quality prognostics scheme for plasma sputtering in TFT-LCD manufacturing[J]. IEEE Transactions on Semiconductor Manufacturing, 2006, 19(2): 183-194.

[12] Su Y, Cheng F, Hung M, et al. Intelligent prognostics system design and implementation[J]. IEEE Transactions on Semiconductor Manufacturing, 2006, 19(2): 195-207.

[13] Lenz B, Barak B, Muhrwald J, et al. Virtual metrology in semiconductor manufacturing by means of predictive machine learning models[C]//International Conference on Machine Learning & Applications. IEEE Computer Society, 2013.

[14] Cheng F, Huang H, Kao C. Development of a dual-phase virtual metrology scheme[C]//2007 IEEE International Conference on Automation Science and Engineering. Piscataway, USA: IEEE, 2007: 270-275.

[15] Su Y, Tsai W, Cheng F, et al. Development of a dual-stage virtual metrology architecture for TFT-LCD manufacturing[C]//2008 IEEE International Conference on Robotics and Automation. Piscataway, USA: IEEE, 2008: 3630-3635.

[16] Cheng F, Chen Y, Su Y, et al. Method for evaluating reliance level of a virtual metrology system[C]//2007 IEEE International Conference on Robotics and Automation. Piscataway, USA: IEEE, 2007: 1590-1596.

[17] Cheng F, Chen Y, Su Y, et al. Evaluating reliance level of a virtual metrology system[J]. IEEE Transactions on Semiconductor Manufacturing, 2008, 21(1): 92-103.

[18] Huang Y, Huang H, Cheng F, et al. Automatic virtual metrology system design and implementation[C]//2008 IEEE International Conference on Automation Science and Engineering. Piscataway, USA: IEEE, 2008: 223-229.

[19] Tsai W, Cheng F, Wu W, et al. Developing a dual-stage indirect virtual metrology architecture [C]//2010 IEEE International Conference on Robotics and Automation. Piscataway, USA: IEEE, 2010: 2107-2112.

[20] Hung M, Huang H, Yang H, et al. Development of an automatic virtual metrology framework for TFT-LCD industry[C]//2010 IEEE International Conference on Automation Science and Engineering. Piscataway, USA: IEEE, 2010: 879-884.

[21] Hung M, Chen C, Huang H, et al. Development of an AVM system implementation framework[J]. IEEE Transactions on Semiconductor Manufacturing, 2012, 25(4): 598-613.

[22] Cheng F, Chang Y, Kao C, et al. Configuring AVM as a MES component[C]//2010 IEEE/SEMI Advanced Semiconductor Manufacturing Conference. Piscataway, USA: IEEE, 2010: 226-231.

[23] Cheng F, Chang Y, Huang H, et al. Benefit model of virtual metrology and integrating AVM into MES[J]. IEEE Transactions on Semiconductor Manufacturing, 2011, 24(2): 261-272.

[24] Kao C, Cheng F, Wu W, et al. Preliminary study of run-to-run control utilizing virtual metrology with reliance index[C]//Automation Science & Engineering. IEEE, 2011: 69-81.

[25] Yuan X, Li L, Wang Y. Nonlinear dynamic soft sensor modeling with supervised long short-term memory network[J]. IEEE Trans. Ind. Inf., 2019, 16(5): 3168-3176.

[26] Ren L, Meng Z, Wang X, et al. A wide-deep-sequence model-based quality prediction method in industrial process analysis[J]. IEEE Trans. Neural Netw. Learn. Syst., 2020, 31(9): 3721-3731.

[27] Miao R, Shan Z, Zhou Q, et al. Real-time defect identification of narrow overlap welds and application based on convolutional neural networks[J]. J. Manuf. Syst., 2022, 62: 800-810.

[28] Li X, Jia X, Yang Q, et al. Quality analysis in metal additive manufacturing with deep learning[J]. J. Intell. Manuf., 2020, 31(8): 2003-2017.

[29] Chen C, Zhao W, Pang T, et al. Virtual metrology of semiconductor PVD process based on combination of tree-based ensemble model[J]. ISA Trans., 2020, 103: 192-202.

[30] Yacob F, Semere D. A multilayer shallow learning approach to variation prediction and variation source identification in multistage machining processes[J]. J. Intell. Manuf., 2021, 32: 1173-1187.

[31] Filz M-A, Gellrich S, Herrmann C, et al. Data-driven analysis of product state propagation in manufacturing systems using visual analytics and machine learning[J]. Procedia CIRP, 2020, 93: 449-454.

[32] Arif F, Suryana N, Hussin B. Cascade quality prediction method using multiple PCA+ ID3 for multi-stage manufacturing system[J]. Ieri Procedia, 2013, 4: 201-207.

[33] Zhang D, Liu Z, Jia W, et al. Path enhanced bidirectional graph attention network for quality prediction in multistage manufacturing process[J]. IEEE Trans. Ind. Inf., 2021, 18(2): 1018-1027.

[34] Wang P, Qu H, Zhang Q, et al. Production quality prediction of multistage manufacturing systems using multi-task joint deep learning[J]. Journal of Manufacturing Systems, 2023, 70: 48-68.

[35] Zhao L, Li B, Yao Y. A novel predict-prevention quality control method of multi-stage manufacturing process

towards zero defect manufacturing[J]. Adv. Manuf., 2023: 1-15.

[36] Shi J, Zhou S. Quality control and improvement for multistage systems: A survey 745[J]. IIE Trans., 2009, 41(9): 744-753.

[37] Djurdjanovic D, Ni J. Online stochastic control of dimensional quality in multistation manufacturing systems[J]. Proceedings of the Institution of Mechanical Engineers, Part B: Journal of Engineering Manufacture, 2007, 221(5): 865-880.

[38] Shui H, Jin X, Ni J. Twofold variation propagation modeling and analysis for roll-to-roll manufacturing systems[J]. IEEE Trans. Autom. Sci. Eng., 2018, 16(2): 599-612.

[39] Jiang P, Jia F, Wang Y, et al. Real-time quality monitoring and predicting model based on error propagation networks for multistage machining processes[J]. J. Intell. Manuf., 2014, 25: 521-538.

[40] Yan H, Sergin N D, Brenneman W A, et al. Deep multistage multi-task learning for quality prediction of multistage manufacturing systems[J]. Journal of Quality Technology, 2021, 53(5): 526-544.

[41] Dreyfus P A, Psarommatis F, May G, et al. Virtual metrology as an approach for product quality estimation in Industry 4.0: a systematic review and integrative conceptual framework[J]. International Journal of Production Research, 2020, 60(2): 742-765.

[42] Chuan S, Tsai W, Cheng F, et al. Development of a dual-stage virtual metrology architecture for TFT-LCD manufacturing[C]//In 2008 IEEE International Conference on Robotics and Automation, Pasadena, 2008: 3630-3635.

[43] Chen C, Zhao W, Pang T, et al. Virtual metrology of semiconductor PVD process based on combination of tree-based ensemble model[J]. ISA Transactions, 2020, 103(2).

[44] Park C, Kim S B. Virtual metrology modeling of time-dependent spectroscopic signals by a fused lasso algorithm[J]. J. Process. Control, 2016, 42: 51-58.

[45] Kang S, Kang P. An intelligent virtual metrology system with adaptive update for semiconductor manufacturing[J]. J. Process. Control, 2017, 52: 66-74.

[46] Susto G A, Pampuri S, Schirru A, et al. Multi-step virtual metrology for semiconductor manufacturing: A multilevel and regularization methods-based approach[J]. Computers & Operations Research, 2015, 53 : 328-337.

[47] Schirru A, Pampuri S, De Luca C, et al. Multilevel kernel methods for virtual metrology in semiconductor manufacturing[J]. IFAC Proceedings Volumes, 2011, 44(1): 11614-11621.

[48] Huang Y, Cheng F, Shih Y, et al. Advanced ART2 scheme for enhancing metrology-data-quality evaluation[J]. Journal of the Chinese Institute of Engineers, 2014, 37(8): 1064-1079.

[49] Cheng F, Tieng H, Yang H, et al. Industry 4.1 for wheel machining automation[J]. IEEE Robotics and Automation Letters, 2016, 1(1): 332-339.

[50] Chou P, Wu M, Chen K. Integrating support vector machine and genetic algorithm to implement dynamic wafer quality prediction system[J]. Expert Systems with Applications, 2010, 37(6): 4413-4424.

[51] Kang P, Kim D, Cho S Z. Evaluating the reliability level of virtual metrology results for flexible process control: A novelty detection based approach[J]. Pattern Analysis and Applications, 2014, 17 (4): 863-881.

[52] Kim D, Kang P, Lee S K, et al. Improvement of virtual metrology performance by removing metrology noises in a training dataset[J]. Pattern Analysis & Applications, 2015, 18(1): 173-189.

[53] Huang Y, Cheng F. Automatic data quality evaluation for the AVM system[J]. IEEE Transactions on Semiconductor Manufacturing, 2011, 24(3): 445-454.

[54] Tieng H, Tsai T, Chen C, et al. Automatic virtual metrology and deformation fusion scheme for engine-case manufacturing[J]. IEEE Robotics and Automation Letters, 2018, 3(2): 934-941.

[55] Tieng H, Chen C, Cheng F, et al. Automatic virtual metrology and target value adjustment for mass customization[J]. IEEE Robotics and Automation Letters, 2017, 2(2): 546-553.

[56] Park S, Seong J, Jang Y, et al. Plasma information-based virtual metrology (PI-VM) and mass production process control[J]. Journal of the Korean Physical Society, 2022, 80(8): 647-669.

[57] Kwon J, Ryu S, Park J, et al. Development of virtual metrology using plasma information variables to predict Si etch profile processed by $SF_6/O_2/Ar$ capacitively coupled plasma[J]. Materials, 2021, 14(11): 3005.

[58] Choi J E, Park H, Lee Y, et al. Virtual metrology for etch profile in silicon trench etching with $SF_6/O_2/Ar$ plasma[J]. IEEE Transactions on Semiconductor Manufacturing, 2011, 35(1): 128-136.

[59] Chien K C, Chang C, Djurdjanovic D. Virtual metrology modeling of reactive ion etching based on statistics-based and dynamics-inspired spectral features[J]. Journal of Vacuum Science and Technology B, 2021, 39(6): 064003.

[60] Rizopoulos D. Applied predictive modeling[J]. Biometrics, 2018, 74(1): 383-383.

[61] Kim D, Kang S. Effect of irrelevant variables on faulty wafer detection in semiconductor manufacturing[J]. Energies, 2019, 12(13), 2530.

[62] Lin T, Hung M, Lin R, et al. A virtual metrology scheme for predicting CVD thickness in semiconductor manufacturing[C]//Proceedings 2006 IEEE International Conference on Robotics and Automation. Piscataway, USA: IEEE, 2006: 1054-1059.

[63] Su Y, Lin T, Cheng F, et al. Implementation considerations of various virtual metrology algorithms[C]//2007 IEEE International Conference on Automation Science and Engineering. Piscataway, USA: IEEE, 2007: 276-281.

[64] Su Y, Lin T, Cheng F, et al. Accuracy and real-time considerations for implementing various virtual metrology algorithms[J]. IEEE Transactions on Semiconductor Manufacturing, 2008, 21(3): 426-437.

[65] Susto G A, Pampuri S, Schirru A, et al. Multi-step virtual metrology for semiconductor manufacturing: A multilevel and regularization methods-based approach[J]. Computers & Operations Research, 2015, 53: 328-337.

[66] Hsieh Y, Wang T, Lin C, et al. Convolutional neural networks for automatic virtual metrology[J]. IEEE Robotics and Automation Letters, 2021, 6(3): 5720-5727.

[67] Tin T, Tan S, Lee C. Virtual metrology in semiconductor fabrication foundry using deep learning neural networks[J]. IEEE Access, 2022, 10: 81960-81973.

[68] Clain R, Borodin V, Juge M, et al. Virtual metrology for semiconductor manufacturing: focus on transfer learning[C]//2021 IEEE 17th International Conference on Automation Science and Engineering. Piscataway, USA: IEEE, 2021: 1621-1626.

[69] Hsieh Y, Wang T, Lin C, et al. Convolutional autoencoder and transfer learning for automatic virtual metrology[J]. IEEE Robotics and Automation Letters, 2022, 7(3): 8423-8430.

[70] Choi J, Jeong M K. Deep autoencoder with clipping fusion regularization on multistep process signals for virtual metrology[J]. IEEE Sensors Letters, 2019, 3(1): 1-4.

[71] Niu S, Liu Y, Wang J, et al. A decade survey of transfer learning (2010-2020) [J]. IEEE Transactions on Artificial Intelligence, 2020, 1(2): 151-166.

[72] Lang C, Sun F, Veerasingam R, et al. Understanding and improving virtual metrology systems using Bayesian methods[J]. IEEE Transactions on Semiconductor Manufacturing, 2022, 35(3): 511-521.

[73] Nguyen C, Li X, Blanton S, et al. Correlated Bayesian co-training for virtual metrology[J]. IEEE Transactions on Semiconductor Manufacturing, 2023, 36(1): 28-36.

[74] Zhou T, Diao X, Jiang Y, et al. Virtual metrology of WAT value with machine learning based method[C]// 2022 China Semiconductor Technology International Conference (CSTIC), IEEE, 2022: 1-2.

[75] Chen C, Zhao W, Pang T, et al. Virtual metrology of semiconductor PVD process based on combination of tree-based ensemble model[J]. ISA Transactions, 2020, 103: 192-202.

[76] Chen C, Cheng F, Wu C, et al. Preliminary study of an intelligent sampling decision scheme for the AVM system[C]//2014 IEEE International Conference on Robotics and Automation. Piscataway, USA: IEEE, 2014: 3496-3501.

[77] Shim J, Kang S, Cho S. Active inspection for cost-effective fault prediction in manufacturing process[J]. Journal of Process Control, 2021, 105: 250-258.

[78] Shim J, Kang S. Domain-adaptive active learning for cost-effective virtual metrology modeling[J]. Computers in Industry, 2022, 135: 103572.

[79] Cheng F, Chen C, Hsieh Y S, et al. Intelligent sampling decision scheme based on the AVM system[J]. International Journal of Production Research, 2015, 53(7): 2073-2088.

[80] Hsieh Y, Cheng F, Chen C, et al. Dynamic ISD scheme for the AVM system-a preliminary study[C]//2015 IEEE International Conference on Robotics and Automation. Piscataway, USA: IEEE, 2015: 2060-2065.

[81] Cheng F, Hsieh Y, Chen C, et al. Automated sampling decision scheme for the AVM system[J]. International Journal of Production Research, 2016, 54(21): 6351-6366.

[82] Kurz D, De Luca C, Pilz J. A sampling decision system for virtual metrology in semiconductor manufacturing[J]. IEEE Transactions on Automation Science and Engineering, 2014, 12(1): 75-83.

[83] Tin T, Tan S, Yong H, et al. The implementation of a smart sampling scheme C2O utilizing virtual metrology in semiconductor manufacturing[J]. IEEE Access, 2021, 9: 114255-114266.

[84] Nguyen C, Li X, Blanton S, et al. Efficient classification via partial co-training for virtual metrology[C]//2020 25th IEEE International Conference on Emerging Technologies and Factory Automation (ETFA), IEEE, 2020, 1: 753-760.

[85] Yuan X, Jia Z, Lin L, et al. A SIA-LSTM based virtual metrology for quality variables in irregular sampled time sequence of industrial processes[J]. Chemical Engineering Science, 2022, 249: 117299.

[86] Hung M, Tsai W, Yang H, et al. A novel automatic virtual metrology system architecture for TFT-LCD industry based on main memory database[J]. Robotics and Computer Integrated Manufacturing, 2012, 28(4): 559-568.

[87] Yang W, Blue J, Roussy A, et al. A structure data-driven framework for virtual metrology modeling[J]. IEEE

Transactions on Automation Science and Engineering, 2020, 17(3): 1297-1306.

[88] Stefan S C H. Virtual metrology: How to build the bridge between the different data sources[C]//Proceedings, 2021: 11611.

[89] Xu H, Qin W, Lv Y, et al. Data-driven adaptive virtual metrology for yield prediction in multibatch wafers[J]. IEEE Transactions on Industrial Informatics, 2022, 18(12): 9008-9016.

[90] Kao C, Cheng F, Wu W, et al. Run-to-run control utilizing virtual metrology with reliance index[J]. IEEE Transactions on Semiconductor Manufacturing, 2012, 26(1): 69-81.

[91] Hsieh Y, Cheng F, Yang H. Virtual-metrology-based FDC scheme[C]//2012 IEEE International Conference on Automation Science and Engineering. Piscataway, USA: IEEE, 2012: 80-85.

[92] Hsieh Y, Cheng F, Huang H, et al. VM-based baseline predictive maintenance scheme[J]. IEEE Transactions on Semiconductor Manufacturing, 2013, 26(1): 132-144.

[93] Yang H, Tieng H, Li Y, et al. A virtual-metrology-based machining state conjecture system[C]//2012 IEEE/ ASME International Conference on Advanced Intelligent Mechatronics. Piscataway, USA: IEEE, 2012: 462-466.

[94] Fan S, Chang Y. An integrated advanced process control framework using run-to-run control, virtual metrology and fault detection[J]. Journal of Process Control, 2013, 23(7): 933-942.

[95] Hung M, Lin Y, Huang H, et al. Development of a private cloud-based new-generation virtual metrology system[C]//2014 IEEE International Conference on Automation Science and Engineering. Piscataway, USA: IEEE, 2014: 910-915.

[96] Huang H, Lin Y, Hung M, et al. Development of cloud-based automatic virtual metrology system for semiconductor industry[J]. Robotics and Computer-Integrated Manufacturing, 2015, 34: 30-43.

[97] Hung M, Li Y, Lin Y, et al. Development of a novel cloud-based multi-tenant model creation service for automatic virtual metrology[J]. Robotics and Computer-Integrated Manufacturing, 2017, 44: 174-189.

[98] Lin Y, Hung M, Huang H, et al. Development of advanced manufacturing cloud of things (AMCoT)-a-smart manufacturing platform[J]. IEEE Robotics and Automation Letters, 2017, 2(3): 1809-1816.

[99] Kang P, Kim D, Lee H J, et al. Virtual metrology for run-to-run control in semiconductor manufacturing[J]. Expert Systems with Applications An International Journal, 2011, 38(3): 2508-2522.

[100] Imai S I. Virtual metrology for plasma particle in plasma etching equipment[C]//2007 International Symposium on Semiconductor Manufacturing, Santa Clara, CA, USA, 2007: 1-4.

[101] 傅蓓芬, 曹韵, 徐宏宇. 被制裁的半导体产业: 大国底牌之争[J]. 竞争情报, 2023 (2): 2-12.

[102] 崔圆圆. 半导体制造与工业发展[J]. 硅谷, 2011, 17: 6-7.

[103] 朱晶. 全球工业芯片产业现状及对我国工业芯片发展的建议[J]. 中国集成电路, 2021, (1): 15-19, 48.

[104] Su Y, Cheng F, Huang G, et al. A quality prognostics scheme for semiconductor and TFT-LCD manufacturing processes[C]//30th Annual Conference of IEEE on Industrial Electronics Society, 2004. IECON 2004. IEEE, 2004, 2: 1972-1977.

[105] Fan S, Chang X, Lin Y. Product-to-product virtual metrology of color filter processes in panel industry[J]. IEEE Transactions on Automation Science and Engineering, 2021, 19(4): 3496-3507.

[106] Jen C, Fan S, Lin Y. Data-driven virtual metrology and retraining systems for color filter processes of TFT-LCD manufacturing[J]. IEEE Transactions on Instrumentation and Measurement, 2022, 71: 1-12.

[107] Cheng F, Chiu Y. Applying the automatic virtual metrology system to obtain tube-to-tube control in a PECVD tool[J]. IIE Transactions, 2013, 45(6): 670-681.

[108] Cai H, Feng J, Yang Q, et al. A virtual metrology method with prediction uncertainty based on gaussian process for chemical mechanical planarization[J]. Computers in Industry, 2020, 119: 103228.

[109] Cai H, Feng J, Yang Q, et al. Reference-based virtual metrology method with uncertainty evaluation for material removal rate prediction based on gaussian process regression[J]. International Journal of Advanced Manufacturing Technology, 2021, 116(3/4): 1199-1211.

[110] Zhang F, Jiang W, Wang H. Virtual metrology for semiconductor chemical mechanical planarization process using wide & deep learning[C]//2021 10th International Conference on Computing and Pattern Recognition (ICCPR'21). Association for Computing Machinery. New York, USA, 345-349.

[111] Kim B, Park K. Modeling plasma etching process using a radial basis function network[J]. Microelectronic Engineering, 2005, 77(2): 150-157.

[112] Han D, Moon S B, et al. Modelling of plasma etching process using radial basis function network and genetic algorithm[J]. Vacuum, 2005, 79(3): 140-147.

[113] Zeng D, Spanos C J. Virtual metrology modeling for plasma etch operations[J]. IEEE Transactions on Semiconductor Manufacturing, 2009, 22(4): 419-443.

[114] Lynn S, Ringwood J, Ragnoli E, et al. Virtual metrology for plasma etch using tool variables[C]//2009 IEEE/SEMI Advanced Semiconductor Manufacturing Conference. Piscataway, USA: IEEE, 2009: 143-148.

[115] Ringwood J V, Lynn S, Bacelli G. Estimation and control in semiconductor etch: Practice and possibilities[J]. IEEE Transactions on Semiconductor Manufacturing, 2010, 23(1): 87-98.

[116] Lynn S, Ringwood J V, Macgearailt N. Weighted windowed PLS models for virtual metrology of an industrial plasma etch process[C]//2010 IEEE International Conference on Industrial Technology. Piscataway, USA: IEEE, 2010: 309-314.

[117] Lynn S, Ringwood J V, Macgearailt N. Global and local virtual metrology models for a plasma etch process[J]. IEEE Transactions on Semiconductor Manufacturing, 2012, 25(1): 94-103.

[118] Lynn S A, Macgearailt N, Ringwood J V. Real-time virtual metrology and control for plasma etch[J]. Journal of Process Control, 2012, 22(4): 666-676.

[119] Monahan K M. Enabling DFM and APC strategies at the 32 nm technology node[C]//Semiconductor Manufacturing, 2005. ISSM 2005, IEEE International Symposium on, 2005.

[120] Chang Y, Fu H, Wang Y, et al. Method and system for virtual metrology in semiconductor manufacturing, US20060378833[P]. 2007.

[121] Khan A A, Moyne J R, Tilbury D M. An approach for factory-wide control utilizing virtual metrology[J]. IEEE Transactions on Semiconductor Manufacturing, 2007, 20(4): 364-375.

[122] Khan A A. Predictive inspection based control using diagnostic data for manufacturing processes[D]. University of Michigan, 2007.

[123] Khan A A, Moyne J R, Tilbury D M. Virtual metrology and feedback control for semiconductor manufacturing process using recursive partial least squares[J]. Journal of Process Control, 2008, 18(10): 961-974.

[124] Moyne J, Schulze B. Yield management enhanced advanced process control system (YMeAPC): Part I. description and case study of feedback for optimized multi process control[J]. IEEE Transactions on Semiconductor Manufacturing, 2010, 23(2): 221-235.

[125] Pan T, Sheng B, Wong S, et al. A virtual metrology system for predicting end-of-line electrical properties using a MANCOVA model with tools clustering[J]. IEEE Transactions on Industrial. Informatics, 2011, 7(2): 187-195.

[126] Roeder G, Winzer S, Schellenberger M, et al. Feasibility evaluation of virtual metrology for the example of a trench etch process[J]. IEEE Transactions on Semiconductor Manufacturing, 2014, 27(3): 327-334.

[127] Huang H, Su Y, Cheng F, et al. Development of a generic virtual metrology framework[C]//2007 IEEE International Conference on Automation Science and Engineering. Piscataway, USA: IEEE, 2007: 282-287.

[128] Hsieh Y, Lu R, Lu J, et al. Automated classification scheme plus AVM for wafer sawing processes[J]. IEEE Robotics and Automation Letters, 2020, 5(3): 4525-4532.

[129] Hung M, Lin Y, Huang H, et al. Development of an advanced manufacturing cloud for machine tool industry based on AVM technology[C]//2013 IEEE International Conference on Automation Science and Engineering. Piscataway, USA: IEEE, 2013: 189-194.

[130] Chen C, Lin Y, Hung M, et al. Development of auto-scaling cloud manufacturing framework for machine tool industry[C]//2014 IEEE International Conference on Automation Science and Engineering (CASE), IEEE, 2014: 893-898.

[131] Tieng H, Yang H, Cheng F. Total precision inspection of machine tools with virtual metrology[J]. Journal of the Chinese Institute of Engineers, 2016, 39(2): 221-235.

[132] Imai S I, Kitabata M. Prevention of copper interconnection failure in system on chip using virtual metrology[J]. IEEE Transactions on Semiconductor Manufacturing, 2009, 22(4): 432-437.

[133] Lin L, Chiu Y, Mo W, et al. Run-to-run control utilizing the AVM system in the solar industry[C]// International Symposium on Semiconductor Manufacturing (ISSM)/e-Manufacturing and Design Collaboration Symposium (eMDC). Hsinchu, IEEE, 2011: 1-33.

[134] Tanaka T, Yasuda S. Prediction and control of transistor threshold voltage by virtual metrology (virtual PCM) using equipment data[J]. IEEE Transactions on Semiconductor Manufacturing, 2013, 26(3): 339-343.

[135] Yang H, Tieng H, Cheng F. Automatic virtual metrology for wheel machining automation[J]. International Journal of Production Research, 2016, 54(21): 6367-6377.

[136] Tieng H, Tsai T, Chen C, et al. Automatic virtual metrology and deformation fusion scheme for engine-case manufacturing[J]. IEEE Robotics and Automation Letters, 2018, 3(2): 934-941.

[137] Yang H, Adnan M, Huang C, et al. An intelligent metrology architecture with AVM for metal additive manufacturing[J]. IEEE Robotics and Automation Letters, 2019, 4(3): 2886-2893.

[138] Hsieh Y, Lin C, Yang Y, et al. Automatic virtual metrology for carbon fiber manufacturing[J]. IEEE Robotics and Automation Letters, 2019, 4(3): 2730-2737.

[139] Lim D J, Kim S J, Hwang U J, et al. Development of a virtual metrology system for smart manufacturing: A case study of spandex fiber production[J]. Computers in Industry, 2023, 145: 103825.

[140] Yeh L, Chen R. Virtual metrology of visualizing copper microstructure featured with computer vision and

artificial neural network[C]//2021 IEEE International Symposium on the Physical and Failure Analysis of Integrated Circuits. Piscataway, USA: IEEE, 2021: 1-5.

[141] 李莉, 张雅瑄, 于青云. 面向制造过程的虚拟量测技术综述与展望[J/OL]. 信息与控制, 2023(4): 417-431, 482.

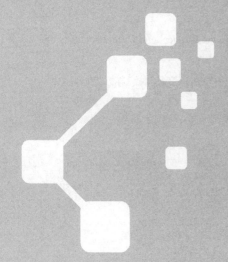

Chapter
5

第 5 章

生产系统预测性维护与健康管理

生产系统预测性维护与健康管理对当今制造业具有重要意义，其旨在通过先进的技术手段预测设备故障、实现设备的长寿命、提高生产效率以及降低维护成本。本章将深入研究生产系统预测性维护与健康管理的概念、意义以及探讨如何通过一系列基于深度学习、半监督学习、自监督学习和因果推断等智能技术来预测生产系统的健康状态，包括生产图像缺陷、设备剩余使用寿命以及故障的检测与诊断，从而实现提前维护，提高生产系统生产的效率、质量和可靠性。通过对这些智能技术的深入了解，企业可以更好地制订维护计划、提前预防潜在问题，从而最大限度地减少生产中断，提高设备利用率，监控和优化生产系统。这不仅有助于提高生产效率，降低成本，还能够增强企业在激烈的市场竞争中的竞争力。

5.1　生产系统预测性维护与健康管理概述

在现代工业领域中，生产系统预测性维护与健康管理（Prognostic and Health Management，PHM）一直是一个重要的研究领域和研究热点。生产系统预测性维护与健康管理是通过状态监控所收集的历史信息，对系统中的所有设备的潜在故障采取有效的维护措施，延长设备的使用寿命，或者及时更换故障设备，从而保证整个生产系统的稳定运行[1]。在生产系统预测性维护与健康管理中，最重要的目标之一是通过提前发现和解决问题，最大限度地减少不必要的停机和维修时间。PHM与传统的定期维护或纯粹的故障应急维护相比，更具实时性和精准性。这种主动、预测性的管理方式为企业提供了在激烈的市场竞争中保持竞争优势的有力支持。企业通过准确地预测设备可能发生的故障，并及时采取维护措施，可以避免由于设备故障而导致的生产中断，保障生产计划的顺利执行。实施PHM不仅有助于提高生产系统的可靠性和稳定性，还能够在企业层面实现一系列显著的经济效益。首先，企业通过降低维修和更换设备的成本，能够实现生产成本的降低。其次，PHM有助于减少不必要的停机时间，提高生产效率，使企业能够更有效地利用生产资源。这种精细化的管理方式还有助于降低废品率，提高产品质量，进一步提升企业的市场竞争力。除经济效益之外，PHM的应用还符合可持续发展理念。通过提高设备的利用率，延长设备的使用寿命，PHM有助于减少资源浪费，减轻对环境的负担。PHM在工业领域具有重要的意义和应用价值，主要包括以下几个方面。

① 降低维护成本。通过PHM技术，企业可以实施预防性和计划性维护，而不是等到设备出现故障后再进行维修，这有助于降低维修和替换零部件的成本，减少维修人员的工时，降低材料成本。

② 提高生产效率。PHM可以帮助企业实时监测设备状态，识别潜在问题，并采取适当的措施，以避免生产中断，这有助于提高设备的运行时间，减少非计划停机，提高生产效率。

③ 提升产品质量。PHM技术可以在生产过程中检测并纠正潜在的质量问题，因而提高产品的一致性和质量，这对于制造业来说尤为重要，因为它有助于减少次品率和废品率，降低产品召回的风险。

④ 延长设备寿命。PHM通过提供设备健康状态的实时信息，帮助企业更好地进行设备的使用和维护管理，这有助于延长设备的寿命，减少设备早期退役和更换的需求。

⑤ 提高安全性。PHM可以监测设备的安全性，并提前警示潜在的危险或故障，这有助于保障工人的安全，减少事故发生的可能性。

⑥ 节能减排。PHM可以帮助企业优化设备的能源消耗，降低能源成本，同时减少对环境的不良影响，这与可持续生产和环保目标一致。

⑦ 数据驱动决策。PHM采用数据采集技术、传感技术和大数据技术，使企业能够做出基于数据的决策，而不仅是依靠经验或定期维护计划。

目前，业内常用的基于PHM的方法主要分为基于物理模型的PHM方法和基于数据驱动的PHM方法。前者依靠对设备运行原理和物理特性的深入理解，通过建立数学模型来预测设备的健康状态和性能。这种方法通常需要大量的工程知识和模型开发工作，并且在理想条件下能够提供准确的预测结果。相比之下，后者则通过分析大量的历史数据和实时监测数据，利用机器学习和数据挖掘技术来发现设备运行状态的模式和趋势，并预测设备未来的健康状况。这种方法不需要对设备的工作原理有深入的了解，但对数据质量和算法选择要求较高。

5.1.1　基于物理模型的PHM方法

基于物理模型的PHM方法主要通过对设备的材料、结构和工作环境等因素进行物理建模和分析，确定系统健康状态的相关因素，然后建立预测模型，并通过监测和分析设备的状态变化来预测其剩余使用寿命或故障状态，分析方法通常基于设备的力学、热学、电学等物理特性，进而确定设备的寿命损伤机理。

基于物理模型的PHM方法首先要构建一个适用的物理模型，该模型用于描述和表达所研究系统或物体的物理特性和行为。针对不同的寿命预测问题，物理模型的构建方式各有不同。以机械零件的寿命预测为例，可以根据材料的力学性质和应力分析来建立相应的物理模型，包括材料的强度、应变、变形等因素。

在构建物理模型后，需要确定模型的参数。这些参数可以通过试验、观测或理论计算等方式获得。例如，材料的强度参数可以通过拉伸试验、压缩试验等手段获得，也可以通过理论计算（如有限元分析等）得到。参数的准确确定对于寿命预测的准确性至关重要，构建完物理模型和确定参数后，可以基于该模型建立相应的数学方程，其形式可以是线性方程、非线性方程或微分方程等，具体取决于研究的问题的特性和模型的复杂程度。这些数学方程可以通过物理原理和物理模型的推导获得，也可以通过统计分析和数据拟合等方法得到。

通常情况下，对象的故障特征与所用模型的参数密切相关，随着对对象故障演化机理研究的深入，可以逐步修正和调整模型以提高预测精度。基于模型的故障预测技术具有深入了解对象本质和实现实时故障预测的优点，这种模型可以采用原理模型、经验模型、统计模型、物理模型等方法建立，专家系统也可以采用这些方法建立。

基于物理模型的PHM方法在工业中的应用已经取得了不错的效果。例如，2005年，

Li 等提出了一种基于物理模型的 PHM 方法[2]，用于预测带疲劳裂纹的齿轮的剩余寿命。该方法包括：一个嵌入式模型，用于根据测量到的齿轮扭转振动确定齿轮啮合刚度；一个反演方法，用于根据估算的啮合刚度估算裂纹尺寸；一个齿轮动态模型，用于模拟齿轮啮合动态并确定裂纹齿上的动态载荷；一个快速裂纹扩展模型，用于根据估算的裂纹尺寸和动态载荷预测剩余寿命。

然而，这种基于物理模型的 PHM 方法需要大量的先验知识和对系统的深入理解，当先验知识完备时，能够建立精确且稳健的模型，给出更加精准的预测，且预测过程也更加具有可解释性；当先验知识缺乏时，难以建立完善的模型，预测结果不再可靠。此外，在实际应用过程中，如果设备的工况变化较大或环境条件变化较大，则模型可能需要重新优化。近年来，工业设备数量越来越多，构成也越来越复杂，对此，基于物理模型的 PHM 方法会在很大程度上失效。因此，随着工业领域的不断发展，选择更为智能的方法来对设备的健康状况进行更为准确的建模和评估变得越来越重要。

5.1.2　基于数据驱动的 PHM 方法

近年来，随着人工智能技术的不断发展，基于数据驱动的 PHM 方法已经成为研究热点。相比基于物理模型的 PHM 方法，基于数据驱动的 PHM 方法可以更好地挖掘设备的隐含规律和特征，能够更加准确地预测设备的健康状态，并且不需要针对设备具有充足的先验知识。这种方法的基本思想是根据设备或系统在运行时产生的数据，通过机器学习或深度学习算法构建一个预测模型，用于预测设备或系统的健康状态。

传统的机器学习算法在生产系统预测性维护与健康管理（PHM）领域经历了长时间的发展，其精确性和鲁棒性得到了充分验证。在 PHM 中，常见的机器学习算法主要包括隐马尔可夫模型、极限学习机、支持向量机和相关向量机等。这些算法通过对历史信息的状态监控实现对系统中所有设备潜在故障的预测，并采取有效的维护措施，以延长设备寿命或及时更换故障设备，确保整个生产系统的稳定运行。机器学习算法构建预测模型的一般步骤包括数据采集、数据清洗、数据分析、特征工程、模型构建和模型评估。其中，数据分析和特征工程是至关重要的环节。数据分析要求研究者深入研究设备的历史数据，具备一定的业务背景和先验知识，以便能从大量数据中提取有价值的信息。特征工程涉及对数据特征的提取和处理，这是确保机器学习模型最终性能的关键步骤。机器学习方法的有效性在很大程度上取决于研究者对设备历史数据的深度调研分析和对业务的理解。研究者需要识别关键特征，并创造新的特征，以便更准确地反映设备状态。对数据特征的处理是否得当直接影响基于机器学习构建的模型的最终性能，当数据特征较多时，这种方式可能显得烦琐低效，且最终的预测效果可能受到限制。

近年来，随着深度学习技术的快速发展，深度学习算法在生产系统预测性维护与健康管理领域中已经展现出巨大的优势。与传统机器学习方法相比，它具有强大的特征自动提取和处理能力，而且这一能力通常无须依赖先验知识或人工干预。在深度学习中，卷积神经网络（CNN）、循环神经网络（RNN）和注意力机制等算法被广泛应用于 PHM，展现出了良好的效果。卷积神经网络通过卷积层和池化层的组合，能够有效地捕捉数据中的空间关系，对于工业设备状况数据中的图像信息的处理尤为擅长。循环神经网络则能够处理时间序列，对设备运行状态的演变进行建模，使得PHM对动态系统的预测更为准确。而注意力机制则赋予了模型更好的注意力分配能力，使其能够集中关注数据中最为重要的特征，提高了模型的表达能力和预测性能。设备的状况数据集通常包含大量的变量和信息，而深度学习算法通过端到端的方式进行特征提取，极大地减轻了研究者在数据分析和处理方面的负担，避免了烦琐的特征工程。这种数据驱动的方式使得深度学习模型更加适应复杂而庞大的数据集，为设备健康状态的准确预测提供了更为有力的工具。深度学习的应用不仅提高了模型的预测性能，同时也将PHM领域推向了一个新的高度。这种端到端的学习方式不仅提高了模型的自动化程度，还有助于挖掘数据中的潜在模式和规律，为企业提供更深层次的洞察。因此，深度学习在PHM领域的应用不仅是技术层面的进步，更是对传统研究方法的一次颠覆性创新。

然而，深度学习也面临一些挑战，包括对大量标记数据的依赖、模型的可解释性等问题。此外，对于一些小规模数据集或者特定行业的应用，深度学习可能并不总是最优选择。因此，在实际应用中，研究者需要权衡不同方法的优劣，并根据具体情况选择最适合的技术手段。

5.2　基于因果图的异常诊断

5.2.1　基于因果图的异常诊断概述

对于航空发动机的监测数据而言，时序数据是传感器输出信号的主体。同时，监测变量之间存在着由物料流动、故障传递等原因而形成的空间关联关系。因果推断方法能够输出包含空间特征的因果图，是设备异常诊断的关键依据。本节针对航空发动机的异常诊断任务进行了研究，基于监测变量的因果图和GNN提出了多传感器航空发动机异常诊断方法。以因果关系矩阵为框架构建GNN，通过并联不同感受野的GNN提取监测数据的空间特征，基于MResGNN模型避免梯度消失与梯度爆炸，将提出的方法与其他基于深度学习的异常诊断方法进行对比，从而验证本节提出的故障诊断方法的有效性。

5.2.2　MResGAT故障诊断模型

（1）图神经网络结构

本节基于变量时序数据X和因果关系矩阵A构建加权图卷积网络（graph convolutional network，GCN）和加权图注意力网络（graph attention network，GAT）。GCN是空间卷积网络在图结构数据应用领域的扩展[3]。由于GCN需要进行特征值分解计算，故A要求为对称矩阵。式（5-1）为加权GCN的计算公式，该式用较低的计算复杂度近似特征值分解：

$$X'=\sigma(D^{-0.5}AD^{-0.5}WX) \tag{5-1}$$

式中，$\sigma(\cdot)$ 为任意激活函数；X' 为 GCN 的时序数据输出；D 为 A 的度矩阵，其对角元素等于 A 的每一行元素之和；W 为 GCN 的训练参数矩阵。单层 GCN 能够收集邻居节点的特征，多层 GCN 可以扩大模型的感受野。GCN 只能处理对称矩阵表示的无向图结构。

GAT 是在图结构数据上基于注意力机制获取图中节点重要性的神经网络。相对于 GCN 而言，GAT 将图中的边权重变为可学习参数，它可以处理有向图，适用范围更广[4]。传统的 GAT 仅获取直接邻居节点的信息，本节采用多尺度加权 GAT 提取不同范围的图结构数据特征，从而提高航空发动机异常分类的准确率。若变量 X_i 和 X_j 间存在因果关系，即 A 中的元素 $a_{ij} \neq 0$，则根据注意力函数计算 X_i 与 X_j 的加权相似系数 e_{ij}，见式（5-2）：

$$e_{ij}=\text{Attention}(WX_i, WX_j)=a_{ij}\times\text{LeakyReLU}[WX_i\|WX_j] \tag{5-2}$$

式中，W 为学习参数矩阵；LeakyReLU 为激活函数；$[\cdot\|\cdot]$ 为矩阵拼接操作。相对于传统 GAT，加权 GAT 添加了参数 a_{ij}，表示变量间因果关系强度对相似系数的影响。得到相似系数后，进一步计算 X_j 对 X_i 的注意力系数 $\text{att}_{ij}=\text{Softmax}(e_{ij})$。之后，基于 att_{ij} 来重构变量 X_i，见式（5-3）：

$$X_i'=\sigma\left(\sum_{j=1}^{N}\text{att}_{ij}WX_j\right) \tag{5-3}$$

式中，$\sigma(\cdot)$ 为任意激活函数；X_i' 为重构后的变量。为了提高 X_i 对节点变量的特征捕捉能力，可将多个注意力单元进行求和平均。对于具有 K 个注意力单元的图注意力网络，X_i 的重构函数见式（5-4）：

$$X_i'=\sigma\left(\frac{1}{K}\sum_{k=1}^{K}\sum_{j=1}^{N}\text{att}_{ijk}W_kX_j\right) \tag{5-4}$$

单层加权 GAT 的计算范围仅为目标节点变量及邻居变量。通过堆叠多层 GAT，可以扩大图神经网络的感受野，但也会导致变量间差异减小的问题。因此，MResGAT 模型通过将不同层数的 GAT 相互拼接，提取图结构数据的不同空间特征。多尺度加权 GAT 架构如图 5-1 所示，可以看出，通过堆叠 N 层 GAT 可以获得 N 跳邻居节点的特征信息。

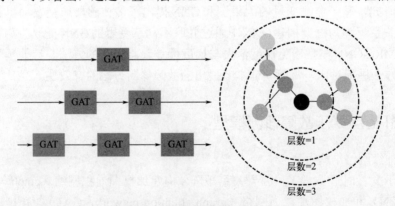

图5-1　多尺度加权 GAT 架构

GAT 可以处理有向图结构，有向图的构建方法为：如果时序变量 X_j 是 X_i 的原因，则矩阵中的元素 a_{ji} 的值为因果关系强度。如果两个变量间存在多个不同时间延迟 τ 的因果关系，则选取其中绝对值最大的因果关系强度值，见式（5-5）。

$$a_{ji}=\max\left(|S(X_j(T-\tau), X_i(T))|\right) \tag{5-5}$$

池化操作能够简化深度学习模型，减少输入数据维度，降低模型的计算复杂度。在 CNN 中，池化窗口通常为相近的数个数据，然而图的结构更加复杂，没有确定的拓扑结构，没有明确的局部空间的概念，因此图数据的池化操作较为复杂。MinCutPool 基于谱聚类方法完成图数据的池化操作[5]。MinCutPool 结构如图 5-2 所示，可见，变量时序数据 X 和因果关系矩阵 A 首先经过 MP 层，其函数见式（5-6）：

$$X_{MP}=MP(X, A)=\text{Relu}(AXW_m+XW_s) \tag{5-6}$$

式中，W_m、W_s 分别为学习参数矩阵；X_{MP} 为通过 MLP 获得的软类别分配矩阵 S；S 的行号代表所属类别，列号代表节点序号。通过最小化损失函数 Relu 来联合优化学习参数矩阵，优化目标是使得强连接节点尽可能被归为一类、节点所属类别尽量唯一且每个类别具有相似的大小。池化后的关系矩阵 A' 和时序数据 X' 见式（5-7）：

$$A'=S^T A S$$
$$X'=S^T X \tag{5-7}$$

（2）MResGAT 架构

MResGAT 架构是以 Inception 模型与 ResNet 模型为基础的。Inception 模型基于不同大小的滤波器，在不增加网络深度的情况下，扩大网络的感受野和特征提取范围，避免了过度加深网络模型导致的高计算复杂度和过拟合问题[6]。ResNet 模型采用跳跃连接的方式，直接将上层输入连接到下层输出中，缓解了梯度消失问题，使模型能够学习更深层次的特征，提高了模型训练的稳定性与准确性[7]。

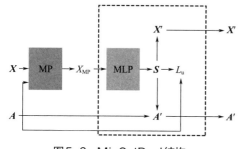

图5-2　MinCutPool 结构

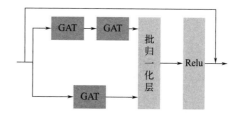

图5-3　残差图注意力模块

图 5-3 所示的残差图注意力模块借鉴了 Inception 模型并行滤波器和 ResNet 模型跳跃连接的思想。具体而言，残差图注意力模块用 GAT 替换了 ResNet 模型中的 CNN，使用并列的一层 GAT 和两层 GAT 分别收集节点的一跳邻居和二跳邻居的特征。如图 5-4 所示，MResGAT 模型可分为两大部分：模型输入部分接收监测变量时序数据 X 和因果关系矩阵 A。经过一个 GAT 后得到节点变量间的归一化注意力系数和重构数据。模型主体部分由残差图注意力模块、图池化层和残差连接组成。每通过数个残差图注意力模块后对输出的时序数据和图结构进行 MinCutPool 操作，然后将后一轮的两个模块的图注意力单元增加一倍，同时利用跳跃连接加入上层输入。模型输出部分，残差图注意力模块的输出依次通过 GAP 层、全连接（FC）层和 Softmax 层，最终得到异常分类结果。MResGAT 模型中的

GAT可被替换成CNN、GCN等。

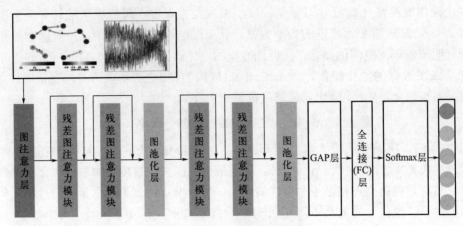

图5-4 MResGAT模型架构

5.2.3 基于因果图的异常诊断实验设置与结果分析

（1）实验参数设置

本节因果图由基于GPDC的J-PCMCI+算法获取，数据集为5分类数据集。图5-5所示为基于因果图得到的有向图与无向图，有向图中仅有原因变量被赋值，无向图中原因变量与结果变量均被赋值。监测变量为除运行时长外的其他12个变量，将每种状态的监测数据集按8∶1∶1的比例划分为训练集、验证集和测试集，采用Z-score归一化方法对监测数据进行预处理，模型评价标准为测试集异常分类的准确率。

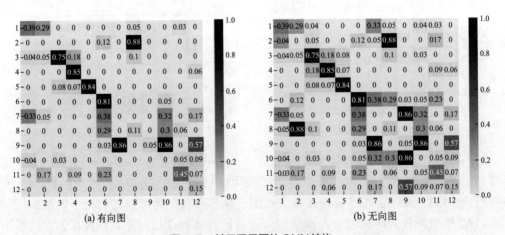

图5-5 基于因果图的GNN结构

MResGAT模型采用AdamW优化器，残差图注意力模块数量、残差图注意力模块与图池化层的比例、残差图注意力模块中并行GAT的数量、最大学习率和批处理样本数作为待调优超参数，采用Optuna进行超参数优化，分别从训练集和验证集中抽取10%的样本用于超参数优化实验，每组超参数进行5轮训练，以模型对验证集异常分类的准确率作为评价标准，MResGAT模型在50次超参数调整实验后达到最优。表5-1所示为预测5分类数据集时，最优模型所对应的超参数。

表5-1　MResGAT模型最优超参数

超参数	最优值
残差图注意力模块数量	4
残差图注意力模块与图池化层的比例	2
残差图注意力模块中并行GAT的数量	2
最大学习率	0.08
批处理样本数	128

（2）模型模块消融实验

为了研究MResGAT模型中残差模块、并行GAT、网络种类等因素对异常分类效果的影响，采用控制变量的方式检验模型中各模块的性能。表5-2所示为5分类数据集异常分类消融实验结果。其中，GCN只能以无向图作为图结构，GAT可以将有向图和无向图作为图结构。基于ResNet、ResGCN和ResGAT模型的残差模块中不设置并行多感受野网络结构，ResGCN和ResGAT模型分别用GCN和GAT网络替换ResNet中的CNN网络，MResNet、MResGCN和MResGAT模型均存在并行网络结构。上述所有模型均经过Optuna算法调优。

表5-2　5分类数据集异常分类消融实验结果

模型	准确率/%	模型	准确率/%
GNN	59.81	ResGAT（有向）	86.03
GCN	62.75	ResGAT（无向）	87.83
GAT（有向）	67.59	MResNet	91.95
GAT（无向）	68.22	MResGCN	94.35
ResNet	80.29	MResGAT（有向）	95～69
ResGCN	84.78	MResGAT（无向）	96.24

表5-2中的实验结果表明，相对于串联GNN模型而言，ResNet模型的异常诊断能力更强。这是因为残差连接能够集成许多浅层网络，保证数据特征更容易在网络各部分间传递，避免了传统深度网络的退化问题。对比没有使用GNN的ResNet模型，ResGCN与ResGAT模型的异常诊断效果更优。这是因为GNN中包含了检测变量间的空间因果关系。对于一个节点而言，利用其邻居节点的信息对该节点进行信息补充的方法，比卷积操作中选取相邻序号变量进行信息补充更具有实际意义。GAT模型的准确率高于GCN模型的准确率，这是因为GAT将图神经网络中边的权重设为可训练参数，使增强模型的空间表达能力增强。无向图模型的准确率高于有向图模型的准确率，说明信息补充来源不仅来自原因变量，结果变量所携信息同样有助于异常诊断。为了量化各因素对准确率的贡献程度，分别将采用该要素的模型分类准确率减去未采用该要素的同类模型分类准确率的均值作

为贡献值，如图5-6所示，残差模型相对于非残差模型的分类准确率提升最为明显，高达20.14%，并联残差模型相对于残差模型的分类准确率提升了9.82%，GNN结构变化所贡献的分类准确率提升量均小于5%，这说明模型结构改变带来的性能提升远低于图神经网络改进带来的性能提升。

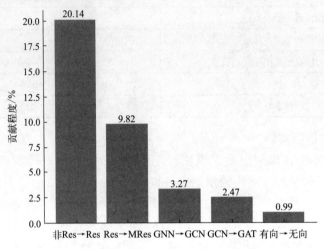

图5-6　模型各因素对准确率的贡献程度

（3）模型对比实验

为进一步验证MResGAT模型的有效性，分别选取了基于GNN和基于非图神经网络的深度学习模型。非图神经网络模型包括时序Transforme、Perceiver[8]、门控MLP（gMLP）[9]、可解释CNN（explainable convolutional model，ECM）[10]和卷积Transformer（ConvTran）[11]5种模型。时序Transformer模型首先通过输入去噪目标训练Transformer编码器提取多元时间序列的特征，再利用预训练模型执行下游任务。不同于原始Transformer模型采用正弦函数编码，时序Transformer模型采用可训练的位置编码方式。Perceiver模型是一种基于Transformer的，能够处理通用输入和输出的架构，其计算复杂度仅与输入输出的大小成线性关系，因此能够处理多模式和大规模问题。gMLP采用包括通道投影、空间投影和门控单元等操作作为Transformer的替代方案，在许多任务中可达到甚至超越Transformer模型。XCM模型属于CNN模型，采用二维CNN与一维CNN并联的方式提取数据的不同特征。二维CNN同时提取时间和变量信息，一维CNN提取时间信息，最后将两种CNN的输出聚合后用于下游任务。ConvTran模型采用时间绝对位置编码（time absolute position encoding，tAPE）与计算效率相对位置编码（efficiency relative position encoding，eRPE）。ConvTran模型将tAPE和eRPE集成于Transformer模型，并将Transformer模型与CNN模型结合。ConvTran受益于位置编码信息，多元时间序列分类性能十分先进。

图神经网络模型包括MTPool[12]、C-DGAM[13]和VGbel[14]3种模型。MTPool是一种将时序数据转化为图，再根据图结构数据特征的差异性完成分类任务的模型。该模型首先通过图结构学习模块获得变量间相互关系并将监测数据切片转换为图。之后，通过时间卷积网络获得图节点的时空特征。基于GNN和图池化层将图结构转化为一个数据点。最后基于可微分类器获得分类结果。C-DGAM模型利用时间上下文注意力模块融合时间和类别的多维特征来生成类表示向量。然后，基于动态图注意力模块对类表示向量之间的不同相关性进行动态建模，提高了对时间序列分类的性能，同时保持了较小的参数和较低的计算复杂度。VGbel 也属于数据转图模型。该模型采用可见性图方法[15]将时间序列转化为有向图，然后对有向图进行多尺度特征提取，并结合原始时间序列的统计特征执行分类任务。

异常分类对比实验结果见表5-3，除ConvTran和gMLP模型分类准确率高于C-DGAM模型外，其余非图神经网络模型分类准确率均低于图神经网络模型，这说明了变量间的空间关联性对于异常分类任务而言十分重要。由于MTPool、C-DGAM和VGbel模型基于变量间的相关性构建图结构，故它们的准确率不如基于因果关系构建GNN的MResGAT模型。相对于基于GPDC的J-PCMCI+算法和Inception Time模型的方法，MResGAT模型的分类准确率同样更高，说明因果关系网络的应用不仅限于数据融合，关系网络本身也有助于预测性维护任务。

表5-3 异常分类对比实验结果

降维方法	准确率 /%	降维方法	准确率 /%
时序 Transformer	92.37	MTPool	94.69
Perceiver	91.48	C-DGAM	93.52
gMLP	93.87	VGbel	94.35
XCM	90.64	Inception Time（降维）	93.70
ConvTran	93.75	MResGAT（无向）	96.24

图5-7所示为MResGAT模型各因素对准确率的贡献程度。其中，正常工况数据、HPT异常和LPT异常的检出率均高于96%。最难判断的风扇异常的成功检测率由基于GPDC的J-PCMCI+算法的78.36%提升至88.54%。将风扇异常误检为LPT异常的概率由20.62%降低至10.27%。该分类结果充分说明了GNN的异常分类方法相对于降维方法的优越性。

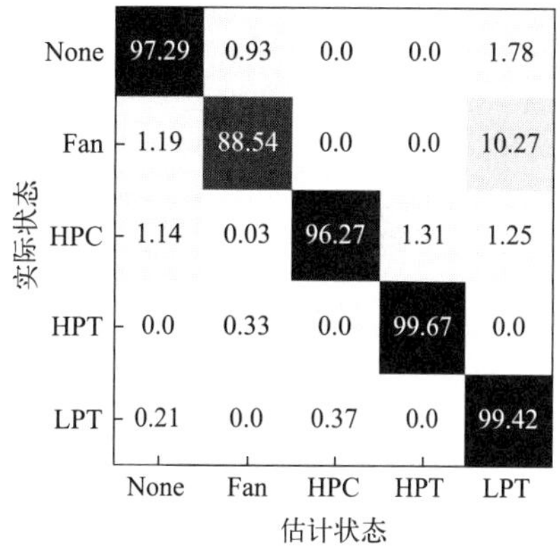

图5-7 MResGAT模型各因素对准确率的贡献程度

5.2.4 基于因果图的异常诊断小结

本节针对利用变量间因果关系进行设备异常诊断进行了研究，以因果关系强度矩阵为基础构建GAT，采用残差结构解决深度学习模型的退化问题，通过在残差模块中加入Inception并行网络结构提取监测数据不同空间尺度的特征，基于残差结构和并行网络构建MResGAT模型。经过5分类数据集实验验证，残差结构、并行网络、GNN的选取以及有向图或无向图的选取都会对分类准确率产生不同程度的影响。经过对比验证，MResGAT模型的表现优于非图神经网络模型以及基于相关性构建的图神经网络模型，充分展现了因果关系在设备异常诊断任务中应用的潜力。

5.3 基于因果图的剩余使用寿命预测

5.3.1 基于因果图的剩余使用寿命概述

虽然单个特征对于设备健康状态评估具有一定的帮助，但是它们存在一定的局限性，不能全面反映设备健康状况。同时，传统的RNN模型在提取特征方面也存在一定的局限性。因此，本节将多级小波分解网络与GRU-Transformer模型串联，以提取不同时间范围内的设备监测数据的特征。同时，基于J-PCMCI+输出的时序因果图构建时空GAT。时空GAT同时具有时间和空间结构，能够提取复杂的时空联合特征。通过上述改进，研究人员能够更加全面地评估设备健康状态，为后续的RUL预测和维护决策提供更能表征健康状态的特征。

5.3.2 基于多级小波分解的特征提取方法

（1）多级小波分解算法

多级小波分解算法通过将时间序列逐级分解为低频子序列和高频子序列，来提取时间序列的不同时频特征[16]。该算法首先将一组包含个数据点的时间序列 $X_i=[X_i(1), X_i(2), \cdots, X_i(T)]$ 分解为一级低频子序列 $X_{i,1l}$ 和一级高频子序列 $X_{i,1h}$，$X_{i,1l}$ 可进一步分解为二级子序列。如式（5-8）所示，j 级低频子序列 $X_{i,jl}$ 被低通滤波器 l_i 和高通滤波器 h_i 通过卷积操作形成两个 $j+1$ 级中间变量序列 $a_{i,(j+1)l}$ 和 $a_{i,(j+1)h}$，滤波器通用于各级序列的分解，滤波器的长度 $T_F \ll T$。

$$a_{i,(j+1)l}(\tau) = \sum_{k=1}^{T_F} X_{i,jl}(\tau+k-1) \cdot l_i(k)$$
$$a_{i,(j+1)h}(\tau) = \sum_{k=1}^{T_F} X_{i,jh}(\tau+k-1) \cdot h_i(k)$$

（5-8）

监测数据的多级小波分解如图5-8所示，可见 $X_{i,(j+1)l}$ 与 $X_{i,(j+1)h}$ 分别由 $a_{i,(j+1)l}$ 和 $a_{i,(j+1)h}$ 进行二分之一降采样获得。降采样操作通过取中间变量序列中两个相邻数据点的均值实现。$j+1$ 级子序列的长度是 j 级子序列长度的一半。由 j 次分解形成的子序列集合 $\{X_{i,1h}, X_{i,2h}, \cdots, X_{i,jh}, X_{i,jl}\}$ 共 $j+1$ 个序列，能够无损重建原始序列 X_i。级数较低的子序列包含低频信息，如参数漂移、数据长周期波动等。级数较高的子序列包含高频信息，如设备振动的频率、幅度和设备的稳定性等。

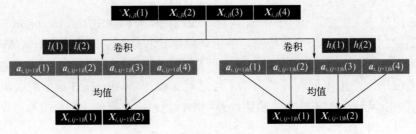

图5-8 监测数据的多级小波分解

（2）MGRU-Transformer模型

如式（5-9）所示，多级小波分解网络（multilevel wavelet decomposition network，mWDN）基于可训练参数矩阵 $\boldsymbol{W}_{i,(j+1)l}$ 和 $\boldsymbol{W}_{i,(j+1)h}$ 以及可训练偏差向量 $\boldsymbol{b}_{i,(j+1)l}$ 和 $\boldsymbol{b}_{i,(j+1)h}$ 计算中间变量序列[16]：

$$
\begin{aligned}
\boldsymbol{a}_{i,(j+1)l}&=\mathrm{Sig}(\boldsymbol{W}_{i,(j+1)l}\boldsymbol{X}_{i,jl}+\boldsymbol{b}_{i,(j+1)l})\\
\boldsymbol{a}_{i,(j+1)h}&=\mathrm{Sig}(\boldsymbol{W}_{i,(j+1)h}\boldsymbol{X}_{i,jh}+\boldsymbol{b}_{i,(j+1)h})
\end{aligned}
\tag{5-9}
$$

式中，$\mathrm{Sig}(\cdot)$ 为 Sigmoid 激活函数；$\boldsymbol{b}_{i,(j+1)l}$ 和 $\boldsymbol{b}_{i,(j+1)h}$ 的初始值为接近零的随机值 ε。$\boldsymbol{W}_{i,(j+1)l}$ 的初始值如图5-9所示，$[l_i(1), \cdots, l_i(T_F)]$，$T_F=8$ 为 Daubechies 4 小波变换低频部分的系数，矩阵中其余元素为远小于小波变换系数的随机值 ε。类似的，$\boldsymbol{W}_{i,(j+1)h}$ 的滤波器部分初始值为小波变换高频部分的系数，其余元素为 ε。

$l_i(1)$	$l_i(2)$	$\cdots$	$l_i(T_F)$	$\cdots$	ε	ε
ε	$l_i(1)$	$\cdots$	$l_i(T_F-1)$	$\cdots$	ε	ε
$\vdots$	$\vdots$	$\ddots$	$\vdots$	$\ddots$	$\vdots$	$\vdots$
ε	ε	$\cdots$	$l_i(1)$	$\cdots$	$l_i(T_F-1)$	$l_i(T_F)$
$\vdots$	$\vdots$	$\ddots$	$\vdots$	$\ddots$	$\vdots$	$\vdots$
ε	ε	$\cdots$	ε	$\cdots$	$l_i(1)$	$l_i(2)$
ε	ε	$\cdots$	ε	$\cdots$	ε	$l_i(1)$

图5-9 可训练参数矩阵初始值设置（以低通滤波器为例）

传统 RNN 模型的输入为滑动窗口切割的定长时序数据，其特征提取能力有限。如图5-10所示，本节将多级小波分解算法融入 GRU-Transformer 模型中，组成 MGRU-Transformer 模型。该模型将 RUL 预测问题转化为数个提取不同时间尺度特征的子问题，既能通过低频特征获取监测数据的长期变化趋势，也能通过高频特征捕捉监测数据的短期扰动。mWDN 输出为不同长度的子序列，分别将每个子序列作为一个 GRU-Transformer 的输入，最后得到 MGRU-Transformer 模型输出的设备状态特征。

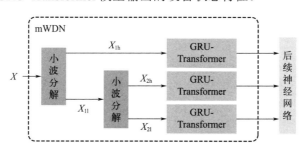

图5-10 MGRU-Transformer 模型

5.3.3 基于图注意力网络的剩余使用寿命预测

（1）时空图注意力网络

传统的 GAT 模型仅在空间维度上考虑邻居节点的影响，而时间维度上的依赖关系则由 RNN、时间卷积网络（TCN）[17]等模型捕捉。两种算法的结合无法利用监测数据在时间和空间维度上的联合依赖性[18]。时空联合依赖性在设备状态监测领域十分常见，如航空发动机进气量的波动会导致各部件气流量依次变化，当前输油管进油量的增加导致之后发动机传动轴转速提升等。

本节采用因果图结构构建时空GAT。时空图如图5-11所示，若数据点$X_j(T-\tau)$是$X_i(T)$的原因，则在计算$X_i(T)$的注意力系数时，将$X_j(T-\tau)$的影响考虑在内。图5-11中黑色节点为时空GAT关于节点变量$X_1(T-1)$的作用范围。当图结构为有向图时，GAT中节点仅考虑其原因节点带来的影响。当图结构为无向图时，GAT中节点计算范围同时包括其原因节点和结果节点。

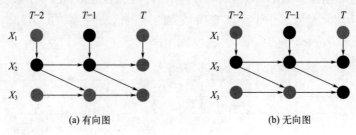

图5-11　时空图

（2）剩余使用寿命预测模型架构

MGRUT-STGAT模型主要由mWDN、GRU-Transformer模型与时空GAT组成（图5-12）。设备监测数据经过归一化和切片操作后，通过mWDN输出不同频域的时序数据，通过GRU-Transformer模型提取每个时序数据的时间维度特征。之后基于时空GAT提取时序数据的空间与时空联合特征。由于MGRU-Transformer模型输出的子序列长度经过降采样，故因果关系中的时间延迟量τ也需要进行相应的压缩。j级子序列长度为原来的2^{-j}，因果关系中的时间延迟为$2^{-j}\cdot\tau$。提取出的时空特征输入MLP后，得到RUL预测结果。

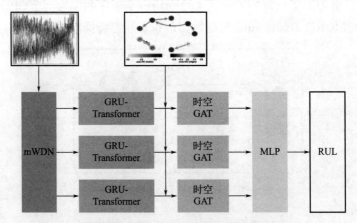

图5-12　MGRUT-STGAT模型架构

5.3.4　基于因果图的剩余使用寿命实验设置与结果分析

（1）实验参数设置

本节因果图由基于GPDC的J-PCMCI+算法获取，数据集为CMAPSS和N-CMAPSS。采用

Z-score归一化方法对监测数据进行预处理。模型评价标准为测试集RUL预测的RMSE。

MGRU-STGAT模型采用AdamW优化器，Transformer编码器层数设为3，注意力头数设为2。在CMAPSS数据集中，GRU层数设为2；在N-CMAPSS数据集中，GRU层数设为3。mWDN输出通道数、时空GAT层数、最大学习率和批处理样本数均作为待调优超参数。采用Optuna进行超参数优化，分别从训练集和验证集中抽取10%的样本用于超参数优化实验。每组超参数进行5轮训练，以模型对验证集RUL预测的RMSE作为评价标准。MGRU-STGAT模型在50次超参数调整实验后达到最优，表5-4所示为最优RUL预测模型所对应的超参数。

表5-4　MGRUT-STGAT模型最优超参数

超参数	CMAPSS数据集最优值	N-CMAPSS数据集最优值
mWDN通道数	3	3
时空GAT层数	2	2
最大学习率	0.14	0.1
批处理样本数	128	256

（2）模型模块消融实验

为了研究MGRUT-STGAT模型中mWDN、Transformer模型、图神经网络种类等因素对RUL预测精度的影响，采用控制变量的方式检验模型中各模块的性能。表5-5与表5-6分别为CMAPSS与N-CMAPSS的RUL预测消融实验结果。其中，GRUT-STGAT模型去除了原模型中的mWDN模块，MGRU-STGAT模型去除了原模型中的Transformer模型。MGRUT-GAT模型将原模型中的时空GAT替换为不包含因果关系时间延迟信息的GAT。所有模型均经过超参数调优，最大训练次数为500次。

如表5-5与表5-6所示，MGRUT-STGAT模型在CMAPSS的所有子数据集和N-CMAPSS的8个子数据集中达到最优预测精度。去除mWDN、Transformer模型或时空GAT都会对预测精度产生负面影响。在其他模型结构相同的情况下，时空GAT类模型的预测精度高于GAT类模型，无向图类模型的预测精度高于有向图类模型。综上所述，MGRUT-STGAT模型中，mWDN和GRU-Transformer模型提取监测数据的时序特征；时空GAT提取监测数据的因果关系特征；MLP将输出特征转化为RUL预测值。每个模块协同作用，共同提升了模型的性能。

表5-5　CMAPSS数据集消融实验结果

模型	FD001	FD002	FD003	FD004
MGRUT	12.21	13.52	13.34	15.14
GRUT-STGAT	12.23	13.28	14.08	15.67
MGRU-STGAT	12.50	13.93	12.43	15.24
MGRUT-GAT（有向）	12.97	13.36	11.95	15.03
MGRUT-GAT（无向）	11.28	12.65	11.75	14.79

模型	FD001	FD002	FD003	FD004
MGRUT-STGAT（有向）	10.93	12.29	11.10	14.68
MGRUT-STGAT（无向）	10.05	12.20	10.67	13.93

表5-6　N-CMAPSS数据集消融实验结果

模型	DS01	DS02	DS03	DS04	DS05	DS06	DS07	DS08
GRUT-STGAT（无向）	5.09	6.09	5.93	8.27	6.45	4.99	7.05	8.54
MGRU-STGAT（无向）	4.87	6.00	5.72	7.06	6.27	5.10	6.78	7.78
MGRUT-GAT（有向）	4.54	5.16	5.26	7.23	6.04	4.46	6.41	7.42
MGRUT-GAT（无向）	4.41	4.34	4.89	7.11	6.84	4.39	6.03	7.23
MGRUT-STGAT（有向）	4.33	4.93	5.24	6.65	5.66	4.53	6.15	7.16
MGRUT-STGAT（无向）	4.17	4.18	4.70	6.91	5.41	4.06	5.99	6.87

（3）模型对比实验

为进一步验证MGRUT-STGAT模型的有效性，分别选取了基于GNN和基于非图神经网络的深度学习模型。非图神经网络模型中，时序Transformer、Perceiver[8]和gMLP[9]模型既可用于异常诊断，也可用于RUL预测等任务。Cross Transformer模型[19]针对多变量时序数据设计，采用两阶段注意力机制同时捕捉监测数据的跨时间依赖性和跨维度依赖性。深度高斯过程（deep Gaussian process，DGP）模型[20]是由多个高斯过程模型串联组成的深度模型，无需手动调整参数即可完成RUL预测任务。

图神经网络模型中，层次注意力GCN（hierarchical attention GCN，HAGCN）[21]模型首先基于设备物理结构构建监测变量时空关系图。之后，HAGCN采用分层GNN提取传感器空间特征，采用双向LSTM提取时间特征。多尺度自适应GCN（multi-scale adaptive GCN，MAGCN）[22]模型采用多尺度金字塔网络提取不同尺度的时序特征与监测变量间的相似度。之后，自适应图学习模块基于相似度构建GNN。最后通过对特定尺度的表示进行加权融合得到最终的预测值。双视图Transformer（dual-view graph transformer，DVGTformer）[23]模型中的GTformer通过多头自注意机制学习图节点间的结构和动态相关性。该模型的每一层均包含一个时间GTformer层和空间GTformer层，以融合监测数据的时空特征，并将其转化为设备的退化信息。

表5-7　CMAPSS数据集对比实验结果

模型	FD001	FD002	FD003	FD004
时序Transformer	12.90	19.18	12.17	22.18
Perceiver	12.55	15.59	12.18	17.32
gMLP	12.26	15.25	13.45	16.84
Cross Transformer	12.11	14.16	12.32	14.81
DGP	13.58	18.96	13.69	20.79

模型	FD001	FD002	FD003	FD004
HAGCN	11.93	15.05	11.53	15.74
MAGCN	13.73	14.38	12.94	14.75
DVGTformer	11.33	14.28	11.89	15.50
GRU-Transformer（降维）	10.92	14.45	12.50	15.89
MGRUT-STGAT（无向）	10.05	13.20	10.67	13.93

表5-8　N-CMAPSS数据集对比实验结果

模型	DS01	DS02	DS03	DS04	DS05	DS06	DS07	DS08
时序 Transformer	5.32	6.54	7.24	9.25	7.31	6.00	7.13	9.06
Perceiver	6.37	5.25	6.51	8.14	7.06	6.34	8.62	8.18
gMLP	5.91	5.79	5.84	8.22	7.52	6.27	8.30	7.96
Cross Transformer	4.69	6.87	6.51	6.13	7.68	5.44	9.24	7.40
DGP	7.03	6.07	7.26	9.86	8.00	6.29	14.35	7.59
HAGCN	5.43	6.67	5.99	5.79	7.23	4.46	7.01	7.73
MAGCN	6.61	7.37	6.49	6.46	6.04	5.38	5.79	7.90
DVGTformer	4.35	5.14	5.02	7.29	6.36	4.07	5.08	7.37
GRU-Transformer（降维）	4.55	4.62	5.16	7.27	5.81	4.64	6.10	7.47
MGRUT-STGAT（无向）	4.17	4.18	4.70	5.69	5.41	4.06	5.99	6.87

如表5-7和表5-8中的实验结果所示，MGRUT-STGAT模型在CMAPSS的所有子数据集和N-CMAPSS的8个子数据集中达到最优预测精度。时序 Transformer、DGP等5个非图网络模型没有提取与监测变量间的关系特征，因此预测精度不如本节提出的MGRUT-STGAT模型。由于HAGCN、MAGCN和DVGTformer模型基于先验知识、设备物理结构或相似关系构建图结构，故它们的预测精度不如基于因果图的MResGAT模型。相对于基于GPDC的J-PCMCI+算法和GRU-Transformer模型的方法，MGRUT-STGAT模型的分类准确率更高，说明因果关系网络不仅包含空间关联信息，时间信息也有助于提升RUL预测的精度。

5.3.5　基于因果图的剩余使用寿命小结

本节针对如何利用变量间因果关系进行设备RUL预测进行研究。以时空因果关系为基础构建时空GAT，提取监测数据中的复杂时空特征。同时，基于mWDN与GRU-Transformer模型提取监测数据不同尺度的时间特征。最后通过MLP网络将特征转化为RUL预测值。经过CMAPSS与N-CMAPSS数据集实验验证，mWDN、Transformer模型、GNN网络的选取以及有向图或无向图的选取都会对RUL预测精度产生不同程度的影响。

经过对比验证，MGRUT-STGAT模型的表现优于非图神经网络模型以及基于相关性或设备物理架构构建的图神经网络模型，充分展现了因果关系在设备RUL预测任务上的潜力。

5.4　基于模糊逻辑的维护决策优化

5.4.1　基于模糊逻辑的维护决策优化概述

针对复杂系统多部件健康维护决策问题，本节提出了一种基于模糊神经网络的方法，根据设备状态监测数据和部件退化指标，建立航空发动机的连续退化模型。利用模糊神经网络构建演员-评论家模型，采用双延迟深度确定策略梯度（twin delayed deep deterministic policy gradient，TD3）算法获得航空发动机的平均总维护成本和最优预测性维护策略。基于N-CMAPSS数据集的实验结果表明，该方法具有灵活性高，维护策略对应平均成本低等优点。

5.4.2　航空发动机问题建模

（1）航空发动机多部件系统

航空发动机是由多个部件组装而成的复杂设备系统，各部件之间相互关联。在多部件系统中，部件的退化程度不仅由其运行时间决定，而且由于结构上的关联性，还受到其他组件退化程度的影响。例如，航空发动机风扇叶片损坏后，其重心发生移动，导致传动轴的振动幅度增加，进而影响整个发动机的工作效率。故障相关性矩阵能够对部件间的线性相关性进行建模[24]，而基于深度学习的模型可以表示高度非线性的故障相关性[25]。部件健康状态学习模型如图5-13所示，本节将RUL预测模型中的MLP改为多输出，并采用Sigmoid激活函数将MLP的输出映射到0到1之间，以学习航空发动机中每个部件的退化程度。退化值为0表示部件处于健康无损耗的状态；退化值为1表示部件已损坏，无法工作。

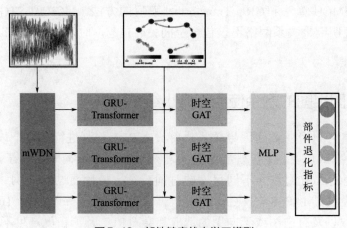

图5-13　部件健康状态学习模型

设备的退化程度S由每个部件的退化程度S_i以及设备结构决定（图5-14）。如图5-14（a）所示，对于串联系统，设备的退化值是所有组件的最大退化值。如图5-14（b）所示，对于并联系统，只要至少有一个部件工作，整个设备就能正常运行，因此设备的退化值是所有组件退化值的最小值。如图5-14（c）所示，混联系统是串联部件模块与并联部件模块的组合，因此它们的退化程度可以通过分解法、最小割集法等来确定。

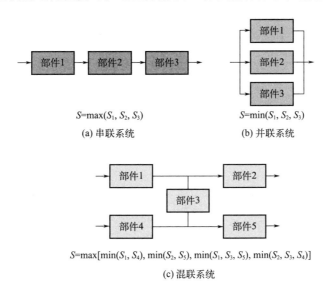

$S=\max(S_1, S_2, S_3)$

(a) 串联系统

$S=\min(S_1, S_2, S_3)$

(b) 并联系统

$S=\max[\min(S_1, S_4), \min(S_2, S_5), \min(S_1, S_3, S_5), \min(S_2, S_3, S_4)]$

(c) 混联系统

图5-14　多部件系统及退化值计算方式

（2）航空发动机部件维护方式和成本函数设置

早期维护决策模型只考虑更换退化的部件，这种方法也称更换决策模型。然而对于可修复的部件，更换并不是最经济的维护方式。综合运用完美维护与不完美维护，能够在保证设备正常运行的同时降低维护成本[26]。完美维护将设备部件恢复到直接更换部件的状态或将其维护至使用前的状态，即完美维护的部件与全新的部件在功能上并无二致。完美维护是最高级别的维护，需要最多的维护资源。在不完美维护之后，部件状态介于使用前和维护前的状态之间，即部件经过维护后，其剩余使用寿命延长，健康状态指标得到改善，但尚未修复到全新状态。与完美维护相比，不完美维护在实际工程中更具普遍性和通用性。令第k次检查时部件i的退化值为$S_i(k)$，维护后部件的退化值为$\overline{S}_i(k)$，则退化值满足式（5-10）所示关系：

$$\begin{cases} \text{不维护：} 0 \leqslant \overline{S}_i(k)=S_i(k) \leqslant 1 \\ \text{不完美维护：} 0 < \overline{S}_i(k) < S_i(k) \leqslant 1 \\ \text{完美维护：} \overline{S}_i(k)=0 \\ i=1, 2, \cdots, N \end{cases} \tag{5-10}$$

如式（5-11）所示，第k次检查时N个部件的系统的维护总成本$c_{tot}(k)$由设备故障造成的损失c_f、维护准备成本c_{pre}以及部件i的维护成本$c_i(k)$组成。c_f往往是一个较大的值，因为设备故障造成的损失远高于维护成本。$\prod_f(k)$为布尔变量，当第k次检查且设备退化值

$S(k)$为1时，$\prod_f(k)$为1，否则为0。c_{pre}是维护的固定准备费用，如维护备件的运输费、设备拆卸费等。成组维护部件，降低维护次数有助于降低单位时间内的维护准备成本。当设备中任意一个部件需要进行维护时，$\prod_{pre}(k)$为1，否则为0。

$$c_{tot}(k)=c_f\prod_f(k)+c_{pre}\prod_{pre}(k)+\sum_{j=1}^{N}c_i(k) \tag{5-11}$$

如式（5-12）所示，$c_i(k)$由部件维护前后的状态决定。式中，c_i^r和β_i为部件参数，均为正数。对部件i实施完美维护时，$c_i(k)$即等于c_i^r。不对部件i实施维护时，$c_i(k)$为0。

$$c_i(k)=c_i^r\left[\frac{S_i(k)-\overline{S}_i(k)}{S_i(k)}\right]^{\beta_i} \tag{5-12}$$

5.4.3　维护决策优化算法

（1）深度强化学习架构

深度确定性策略梯度（DDPG）架构[28]与TD3架构[27]是两种适用于连续状态空间的深度强化学习架构。DDPG算法包含原网络和目标网络，如图5-15所示，每个网络中均包

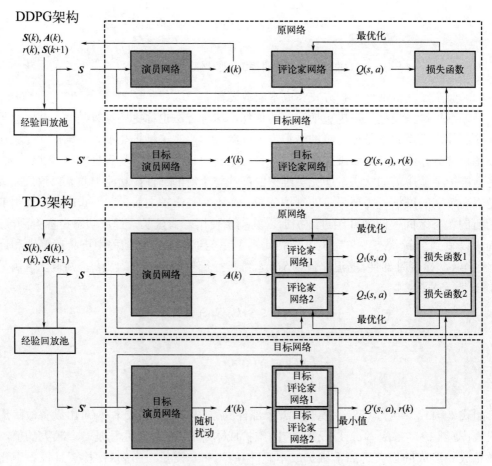

图5-15　基于强化学习算法的维护策略学习框架

含一套演员-评论家网络。进行目标网络更新时，为避免受到随机因素干扰，采用软更新方式。同时，由于演员网络在连续时间内得到的经验数据是高度关联的，不易于网络收敛，因此DDPG架构将经验数据存入经验回放池中。在训练过程中，从经验回放池中随机抽取经验数据，保证经验数据间的无关联性。

TD3架构将双重Q学习网络（DDQN）的思想集成到DDPG架构中。与DDPG架构不同的是，TD3架构的原网络和目标网络中各有两个评论家网络。在计算目标Q函数时，通过取两个目标网络中评论家网络的较小值来抑制过估计问题。在计算目标值时，通过在下一状态的动作中加入随机扰动以保证输出结果的鲁棒性与准确性。TD3架构同时使用软更新和延迟更新方式，在训练过程中，首先更新评论家网络，更新数轮后再更新演员网络，并对目标网络进行软更新。延迟更新减小了累计误差，并避免了大量的重复更新操作。

图5-15中维护前状态空间向量$S(k)$为各部件的退化值$[S_1(k), S_2(k), \cdots, S_N(k)]$，维护动作向量$A(k)$为$[A_1(k), A_2(k), \cdots, A_N(k)]$，满足$0 \leqslant A_i(k) \leqslant S_i(k)$，$i=1, 2, \cdots, N$。维护后状态空间向量$\bar{S}(k)$等于$S(k)-A(k)$。奖励函数$r(k)$为设备总维护成本的相反数$-c_{tot}(k)$。输入状态$S$既包括当前部件状态$S(k)$，也包括历史状态。

训练过程是通过维护决策智能体与设备工作环境间的交互来实现的，如图5-16所示。在第k次检查时，智能体在维护前获取设备退化状态$S(k)$。之后，根据退化状态制订维护计划$A(k)$。维护完成后，设备退化状态变为$\bar{S}(k)$，并返回奖励函数$r(k)$供智能体学习。最后，设备执行下一个任务。到第$k+1$次检查时，设备部件状态退化至$S(k+1)$。

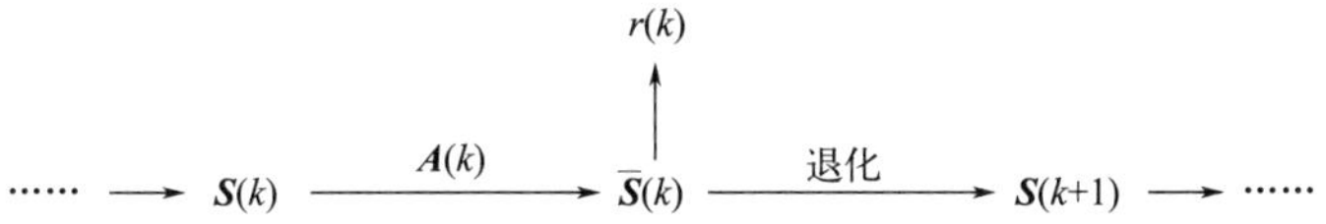

图5-16　设备维护-退化循环

（2）模糊强化学习网络

模糊神经网络（fuzzy neural network，FNN）具有鲁棒性强、学习能力强、自适应性强等特点。本节以模糊神经网络作为演员-评论家网络。如图5-17所示，前馈模糊神经网络具有5层结构[29]。第一层是输入层，其节点数是输入数据的特征维度。在模糊化层中，应用隶属度函数来计算每个输入节点的隶属度值。模糊化层中的每个节点表示一个成员值。如式（5-13）所示，隶属度函数通常选用高斯函数：

$$u_{ij}=e^{-[(x_i-\mu_{ij})^2/2\sigma_{ij}^2]} \qquad i=1, 2, \cdots, M; \ j=1, 2, \cdots, N \qquad (5\text{-}13)$$

式中，u_{ij}为模糊化层的输出；x_i为输入数据；μ_{ij}为隶属度函数的中心点；σ_{ij}为隶属度函数的方差；N为每个输入节点的隶属度函数数量。

规则生成层的输出为每条规则的适用度，一般采用式（5-14）进行计算，即从每个变量中不放回随机选取一个隶属度函数，再进行求积操作：

$$\alpha_j=\prod_{i=1}^{m}u_{ij} \qquad (5\text{-}14)$$

规则生成层的输出需要进行线性归一化操作，见式（5-15）：

$$\bar{\alpha}_j = \alpha_j / \sum_{j=1}^{m} \alpha_j \qquad (5\text{-}15)$$

最后，在输出层对数据进行加权求和操作，得到最终输出，如图5-17所示。

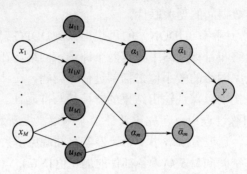

输入层　　模糊化层　　规则生成层　归一化层　　输出层

图5-17　前馈模糊神经网络

设备维护策略不仅与当前时刻的状态有关，还与历史维护记录有关。历史维护信息中包含设备退化速率等信息，有助于强化学习架构输出更优的维护方案。演员与评论家网络如图5-18所示，将前l个时刻的维护前与维护后设备状态组成一个时间序列，即$S = [S^{\mathrm{T}}(k-l), \bar{S}^{\mathrm{T}}(k-l), \cdots, S^{\mathrm{T}}(k-1), \bar{S}^{\mathrm{T}}(k-1), S^{\mathrm{T}}(k)]^{\mathrm{T}}$。输入状态首先通过前馈FNN量化部件状态的不确定性，之后基于GRU挖掘状态序列S中的时间特征，基于Transformer模型估计部件状态的重要程度。

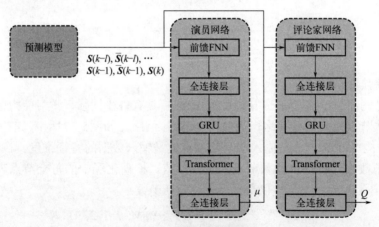

图5-18　演员与评论家网络

5.4.4　基于模糊逻辑的维护决策优化实验设置与结果分析

（1）实验参数设置

本节采用N-CMAPSS数据集中的DS08子数据集进行维护决策实验。在该子数据集中，航空发动机的5个部件均受到工作效率退化的影响。归一化前后部件状态退化曲线如

图5-19所示，可见发动机每个部件都存在程度不同的初始退化。部件退化过程分为两个阶段：第一阶段为平缓的线性退化过程；第二阶段为陡峭的指数退化过程。由于飞行任务、突发事件等随机因素带来的不确定性，同一台发动机中各部件的退化速率各不相同，不同发动机相同型号部件的退化速率也不相同。本节将最大、最小归一化后的部件退化程度作为深度强化学习模型的状态输入。假设部件没有任何效率退化时的状态为0、部件效率退化程度达到停机阈值时的状态为1，则部件i的状态$S_i(k)=D_i(k)/D_{i,f}$。式中，$D_i(k)$为部件i的原始退化程度；$D_{i,f}$为部件i的停机阈值。图5-19所示航空发动机中的HPT部件退化速率最快。本节所研究的航空发动机包括风扇（Fan）、LPC、HPC、HPT和LPT共5个转动部件。上述5个部件以串联形式连接，即任意一个部件状态达到1就会导致整台航空发动机无法运作。因此，航空发动机的状态等于5个子部件状态的最大值。

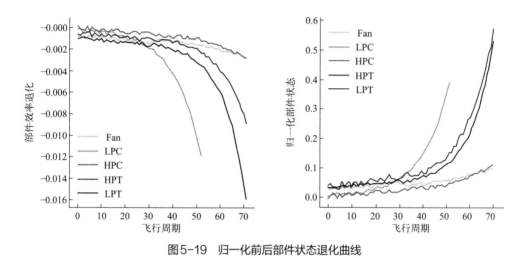

图5-19 归一化前后部件状态退化曲线

式（5-11）中，维护准备成本c_{pre}为20。由于设备故障损失c_f远高于正常维护成本，故设置为400。式（5-12）中的维护成本参数如表5-9所示。航空发动机检查时间间隔为50个飞行周期。

表5-9 维护成本参数

参数	风扇（Fan）	LPC	HPC	HPT	LPT
c_i^r	70	50	60	60	70
β_i	3	2	2	1	3

本节所用强化学习架构中的演员和评论家网络都是FNN和DNN串联的网络。强化学习架构的输入时刻范围l设置为5，共包含11个状态。FNN的模糊化层中包含3个高斯隶属度函数，分别对应部件的正常状态、轻微退化状态和严重退化状态。这三个高斯隶属度函数的平均值μ分别设置为0.3、0.5和0.7，而方差σ均设置为10。DNN模型与FNN模型串联之后，经过枚举方式进行参数调优，将基本DNN模型设置为4层MLP模型，其中两个隐藏层的节点数量均为128。为了增强DNN模型的学习能力，在两个MLP层之间增加

了 GRU 层和注意力层。选择 AdamW 优化器作为强化学习架构的梯度下降算法。演员网络和评论家网络的学习率分别设置为 0.0003 和 0.001。目标网络采用软更新方式，更新率设置为 0.01。经验回放池容量设置为 30000。Q 函数中折算因子设置为 0.95。TD3 架构中，输入目标评论家网络的随机扰动为满足分布 N（0，0.02）的高斯噪声。评论家网络与演员网络的更新频率之比设置为 10。强化学习架构的训练轮数设置为 10^5，每 200 次训练后在测试环境中检验当前维护决策模型的性能。

（2）退化指标预测实验结果

如式（5-16）所示，退化指标预测实验的评价标准为 R^2 得分。

$$R^2=1-\sum_{k=1}^{K}[S_i(k)-\hat{S}_i(k)]^2/\sum_{i=1}^{m}[S_i(k)-\bar{S}_i]^2 \tag{5-16}$$

式中，$\hat{S}_i(k)$ 为 k 时刻部件 i 状态的估计值；$\bar{S}_i$ 为部件 i 状态的平均值。R^2 得分能够剔除数据分布对评价标准的影响，其上限为 1。R^2 得分越接近 1，模型预测效果越好。退化指标预测实验中，MGRUT-STGAT 模型采用 AdamW 优化器，Transformer 编码器层数设为 3，注意力头数设为 2，GRU 层数设为 3。mWDN 通道数、时空 GAT 层数、最大学习率和批处理样本数作为待调优超参数。采用 Optuna 进行超参数优化，分别从训练集和验证集中抽取 10% 的样本用于超参数优化实验。每组超参数进行 5 轮训练，以模型对验证集退化指标预测的 R^2 得分作为评价标准。由于退化指标预测属于多输出任务，MGRUT-STGAT 模型在 80 次超参数调整实验后达到最优，其收敛速度慢于 RUL 预测实验。表 5-10 所示为最优 RUL 预测模型所对应的超参数。

表 5-10 MGRUT-STGAT 模型退化指标预测最优超参数

超参数	mWDN 通道数	时空 GAT 层数	最大学习率	批处理样本数
最优值	3	2	0.15	32

确定最优超参数后，将最大训练轮数设置为 500 轮。表 5-11 所示为退化指标预测实验结果。所有退化指标预测结果 R^2 分数均高于 0.95，LPC、HPT 与 LPT 退化指标的预测结果 R^2 分数超过 0.99。图 5-20 所示为部件状态预测误差分布，误差均小于 0.02。该实验结果表明，MGRUT-STGAT 能够准确进行航空发动机的部件状态预测，该预测结果可以应用于后续的维护决策任务。

表 5-11 退化指标预测实验结果

参数	Fan	LPC	HPC	HPT	LPT
R^2	0.963	0.992	0.972	0.994	0.997

（3）维护决策优化实验结果

基于 TD3 架构和 MLP-GRUT 模型的维护决策模型收敛曲线如图 5-21 所示。训练开始时，平均维护总成本 $\bar{c}_{tot}$ 超过设备故障损失。随后 $\bar{c}_{tot}$ 迅速下降，但波动幅度较大。当测试轮数达到 400 轮之后模型逐渐收敛，波动逐渐平缓，最终 $\bar{c}_{tot}$ 达到 93.76。

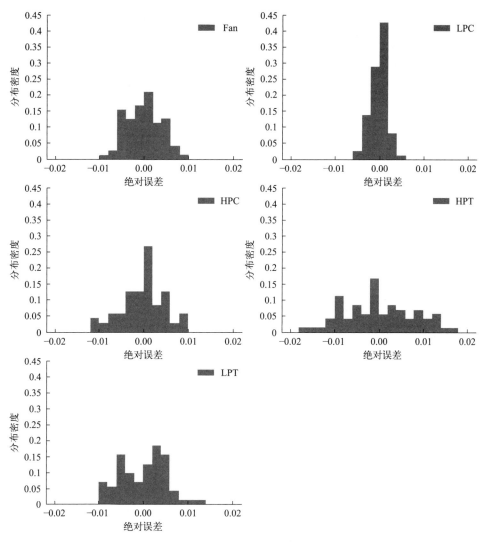

图5-20 部件状态预测偏差分布

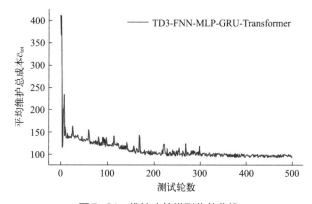

图5-21 维护决策模型收敛曲线

表5-12所示为基于元启发式算法和基于深度强化学习的维护决策结果。基于元启发式算法的维护决策为每个部件设定一个阈值，当部件状态超过该阈值时，执行完美维护。与基于遗传算法（GA）和粒子群算法（PSO）优化的维护策略相比，基于深度强化学习的维护决策明显具有更好的性能。由表5-12所示数据可知，深度强化学习维护决策的平均成本比基于元启发式算法的维护低约20%。该实验结果说明基于阈值的方法根据部件自身的退化程度选择部件的维护行动，而不考虑其他部件的状态；基于深度强化学习的方法允许有效地考虑部件之间的经济依赖性。演员和评论家网络的改进以及TD3架构的应用也降低了平均成本，但它们的贡献不如深度强化学习的贡献显著。基于TD3-FNN-MLP-GRU-Transformer模型的维护决策模型取得了最低的平均维护总成本。

表5-12　退化指标预测实验结果

维护决策算法	$\bar{c}_{tot}$
GA	123.27
PSO	122.46
DDPG-FNN-FC-GRU-Transformer	95.69
TD3-FNN-MLP	100.47
TD3-FNN-MLP-Transformer	97.78
TD3-MLP-GRU-Transformer	96.18
TD3-FNN-MLP-GRU-Transformer	93.76

5.4.5　基于模糊逻辑的维护决策优化小结

针对多部件系统的维护规划问题，本节提出了一种基于深度强化学习的维护决策方法。首先基于MGRUT-STGAT模型，以N-CMAPSS数据集的监测数据为输入，预测航空发动机中每个部件的健康状态。退化过程建模完成后，使用包含FNN的深度强化学习算法学习最优维护策略。与基于元启发式算法的决策方法相比，该方法在降低平均维护成本方面具有压倒性的优势。FNN、CNN、GRU、Transformer和TD3的应用也有助于降低维护成本。

5.5　本章小结

本章深入研究了生产系统预测性维护与健康管理领域，涉及设备预测性维护与健康管理概念以及基于物理模型和数据驱动的预测性维护及健康管理方法。通过以下四个主要部分探讨了这一主题：生产系统预测性维护与健康管理概述、基于因果图的异常诊断、基于因果图的剩余使用寿命预测以及基于模糊逻辑的维护决策优化。综合而言，本章全面覆盖了生产系统预测性维护与健康管理的多个关键领域。从生产系统预测性维护与健康管理的概念和方法入手，到图像缺陷分类、寿命预测和故障诊断等具体应用，提供了深入而全面的视角。通过这些内容，读者不仅能够理解PHM的基本概念，还能够掌握在实际应用中解决各类挑战的方法。这一综合性的小结为读者提供了在建立更可靠、更高效的生产系统预测性维护与健康管理方面的实用指导。未来的研究和实践中，可以进一步探索这些方法的整合和优化，以更好地适应不同类型的生产系统的需求。

参考文献

[1] Shin I, Lee J, Lee J Y, et al. A framework for prognostics and health management applications toward smart manufacturing systems[J]. International Journal of Precision Engineering and Manufacturing-Green Technology, 2018, 5: 535-554.

[2] Li C, Lee H. Gear fatigue crack prognosis using embedded model, gear dynamic model and fracture mechanics[J]. Mechanical Systems and Signal Processing, 2005, 19(4): 836-846.

[3] Bhatti U A, Tang H, Wu G, et al. Deep learning with graph convolutional networks: An overview and latest applications in computational intelligence[J]. International Journal of Intelligent Systems, 2023: 8342104.

[4] Yan H, Wang J, Chen J, et al. Virtual sensor-based imputed graph attention network for anomaly detection of equipment with incomplete data[J]. Journal of Manufacturing Systems, 2022, 63: 52-63.

[5] Bianchi, Grattarola D, Alippi C. Spectral clustering with graph neural networks for graph pooling[C]// Proceedings of the 37th International Conference on Machine Learning, 2020.

[6] Szegedy C, Liu W, Jia Y, et al. Going deeper with convolutions[C]// Proceedings of the 2015 IEEE Conference on Computer Vision and Pattern Recognition, 2015.

[7] He K, Zhang X, Ren S, et al. Deep residual learning for image recognition[C]// Proceedings of the 33rd IEEE Conference on Computer Vision and Pattern Recognition, 2016.

[8] Jaegle A, Borgeaud S, Alayrac J B, et al. Perceiver IO: A general architecture for structured inputs & outputs[C]// Proceedings of he 10th International Conference on Learning Representations, 2022.

[9] Liu H, Dai Z, So D R, et al. Pay attention to MLPs[C]// Proceedings of the 35th Conference on Neural Information Processing Systems, 2021.

[10] Fauvel K, Lin T, Masson V, et al. XCM: An explainable convolutional neural network for multivariate time series classification[J]. Mathematics, 2021, 9(23): 1-20.

[11] Foumani N, Tan C, Webb G, et al. Improving position encoding of transformers for multivariate time series classification[J]. Data Mining and Knowledge Discovery, 2024, 38: 22-48.

[12] Xu H, Duan Z, Bai Y, et al. Multivariate time-series classification with hierarchical variational graph pooling[J]. Neural Networks, 2022, 154: 481-490.

[13] Sun L, Li C, Liu B, et al. Class-driven graph attention network for multi-label time series classification in mobile health digital twins[J]. IEEE Journal on Selected Areas in Communications, 2023, 41(10): 3267-3278.

[14] Wu S, Liang M, Wang X, et al. VGbel: An exploration of ensemble learning incorporating non-Euclidean

structural representation for time series classification[J]. Expert Systems With Applications, 2023, 224: 119942.

[15] Lacasa L, Luque B, Ballesteros F, et al. From time series to complex networks: the visibility graph[J]. Proceedings of the National Academy of Sciences, 2008, 105(13): 4972-4975.

[16] Wang J, Wang Z, Li J, et al. Multilevel wavelet decomposition network for interpretable time series analysis[C]// Proceedings of the 24th ACM SIGKDD International Conference on Knowledge Discovery & Data Mining, 2018.

[17] Liang J, Tang W. Ultra-short-term spatiotemporal forecasting of renewable resources: An attention temporal convolutional network-based approach[J]. IEEE Transactions on Smart Grid, 2022, 13(5): 3798-3812.

[18] Song J, Son J, Seo D, et al. ST-GAT: A spatio-temporal graph attention network for accurate traffic speed prediction[C]// Proceedings of the 31st ACM International Conference on Information & Knowledge Management, 2022: 4500-4504.

[19] Zhang Y, Yan J. Crossformer: Transformer utilizing cross-dimension dependency for multivariate time series forecasting[C]// Proceedings of the 11st International Conference on Learning Representations, 2023.

[20] Zeng J, Liang Z. A deep Gaussian process approach for predictive maintenance[J]. IEEE Transactions on Reliability, 2022, 72(3): 916-933.

[21] Li T, Zhao Z, Sun C, et al. Hierarchical attention graph convolutional network to fuse multi-sensor signals for remaining useful life prediction-science direct[J]. Reliability Engineering & System Safety, 2021, 215: 107878.

[22] Chen L, Chen D, Shang Z, et al. Multi-scale adaptive graph neural network for multivariate time series forecasting[J]. IEEE Transactions on Knowledge and Data Engineering, 2023, 35(10): 10748-10761.

[23] Wang L, Cao H, Ye Z, et al. DVGTformer: A dual-view graph transformer to fuse multi-sensor signals for remaining useful life prediction [J]. Mechanical Systems and Signal Processing, 2024, 207: 110935.

[24] Tamssaouet F, Nguyen K, Medjaher K, et al. Online joint estimation and prediction for system-level prognostics under component interactions and mission profile effects[J]. ISA Transactions, 2021, 113(60): 52-63.

[25] Nguyen K T P, Medjaher K, Gogu C. Probabilistic deep learning methodology for uncertainty quantification of remaining useful lifetime of multi-component systems[J]. Reliability Engineering and System Safety, 2022, 222: 108383.

[26] Li X, Ran Y, Chen B, et al. Opportunistic maintenance strategy optimization considering imperfect maintenance under hybrid unit-level maintenance strategy[J]. Computers & Industrial Engineering, 2023, 185: 109264.

[27] Lillicrap T P, Hunt J J, Pritzel A, et al. Continuous control with deep reinforcement learning[C]// Proceedings of the 3rd International Conference on Learning Representations, 2015.

[28] Fujimoto S, Hoof H V, Meger D. Addressing function approximation error in actor-critic methods[C]// Proceedings of the 35th International Conference on Machine Learning, 2018.

[29] Ouifak H, Idri A. Application of neuro-fuzzy ensembles across domains: A systematic review of the two last decades (2000-2022)[J]. Engineering Applications of Artificial Intelligence, 2022, 124: 106582.

第 6 章

智能生产过程调度与优化

新一代制造理念是指基于数字化、网络化、智能化的背景，推动传统制造向智能制造转型升级，进而满足未来相关市场的需求[1]。智能制造旨在通过集成先进的信息和通信技术、制造技术和组织管理技术提高生产效率、降低能耗、提升产品质量，并缩短产品上市时间。在智能制造的背景下，智能生产过程调度与优化是实现高效生产的关键环节，是智能制造管理和决策的基础[2]。调度负责将生产任务分配给不同的设备或生产线，而优化则是在满足生产约束的前提下，寻找最优的调度方案。通过合理的调度与优化，企业可以最大限度地减少生产过程中的等待、闲置和浪费现象，提高设备的利用率和生产效率。目前，智能生产过程调度与优化已经得到了广泛的关注和应用。许多企业和研究机构都在致力于开发更加先进的调度算法和优化技术，以应对日益复杂的生产环境和多样化的市场需求。本章将主要围绕智能生产过程调度与优化问题展开，首先对生产过程调度问题进行了定义描述与分类介绍，然后针对不同类型的生产过程调度与优化问题介绍了——基于进化算法的生产过程调度与优化问题、基于目标驱动的闭环优化问题和基于协作进化算法的大规模优化问题。

6.1　生产过程调度问题的分类、性能指标及求解方法

车间调度问题是经典的组合优化问题，其研究历程可以追溯到20世纪60年代[3]。在过去几十年中，研究人员提出了许多重要的定义、求解方法和应用案例，这些成果为解决实际生产中的调度问题提供了有力的支持。

调度（scheduling）是在满足某些约束（作业的先后关系、预定的完成时间、最早开始时间和资源能力等）条件下按照排序给操作（作业的排序）分配资源和时间，并且使某个执行目标达到最优（如总的执行时间、拖期时间生产费用等）[4]。

6.1.1　生产过程调度问题的分类及描述

（1）生产过程调度问题中涉及的变量与相关约束条件

生产过程调度问题中涉及以下变量。

1）基本变量

基本变量是指与生产过程调度问题直接相关的各种变量，符号及定义如表6-1所示。

表6-1　基本变量符号及定义

序号	符号	定义
1	J	工件集合，$J=\{J_i|i=1, 2, \cdots, n\}$，$n$为工件总数
2	J_i	第i个工件，工件是一个将要被加工或处理的对象，它要经过若干操作
3	r_i	工件J_i的释放时间（release time/ready time），即工件开始加工的时间
4	C_i	工件J_i的完成时间（completion time/makespan，完成期）。以第一个工件开始加工的时间为零点，到工件i完成时的时间间隔，称为工件i的完工时间，它包括了工件在各个工作中心上加工和等待的时间

序号	符号	定义
5	d_i	工件J_i的交货期（due date），将产品提交给用户的时刻
6	O_{ij}	工件J_i的第j个操作，该变量有时也可用O_{ij}表示
7	P_{ij}	操作O_{ij}的加工时间（processing time）
8	w_{ij}	操作O_{ij}的等待时间
9	M	机器集，$M=\{M_j|j=1, 2, \cdots, m\}$，$m$为机器总数
10	M_j	第j台机器
11	m_j	在机器M_j上加工的工件或操作总数
12	$N_w(t)$	t时刻待加工的工件数
13	$N_p(t)$	t时刻正在加工的工件数
14	$N_c(t)$	t时刻已完成加工的工件数
15	$N_u(t)$	t时刻未完成加工的工件数

2）扩展变量

扩展变量由基本变量经过计算获得，常用以下扩展变量。

① 延迟时间（lateness）。任务的完成期和交货期之间的差值。如果完成期在交货期之前，延迟时间为负，反之为正。工件J_i的延迟时间L_i可按式（6-1）计算：

$$L_i=C_i-d_i \tag{6-1}$$

② 提前时间（earliness）。工件J_i的提前时间E_i，可按式（6-2）计算：

$$E_i=\max\{0, d_i-C_i\}=(d_i-C_i)^+ \tag{6-2}$$

③ 拖期时间（tardiness）。延迟时间的正值。如果一个任务在交货期之前完成，则延迟时间为负，拖期时间为零，即该任务没有拖期。工件J_i的拖期时间T_i可按式（6-3）计算：

$$T_i=\max\{0, C_i-d_i\}=\max\{0, L_i\}=(C_i-d_i)^+ \tag{6-3}$$

根据上述生产过程调度问题相关变量的定义，生产过程调度问题一般可描述如下：在生产过程中，有n个待加工的工件$J_i(i=1, 2, \cdots, n)$，m台可用于加工工件的机器$M_l(l=1, 2, \cdots, m)$组成机器集M，工件$J_i(i=1, 2, \cdots, n)$的释放时间和交货期分别为r_i和d_i。工件$J_i(i=1, 2, \cdots, n)$的加工过程由n_i个操作O_{i1}，O_{i2}，$\cdots$，O_{in_i}组成，其各操作需按预先给定的工艺路线进行加工，操作$O_{ij}(i=1, 2, \cdots, n; j=1, 2, \cdots, n_i)$可在可加工机器集合$\mu_{ij}\subseteq M$中的任一台机器上加工，且其在机器$M_l\in \mu_{ij}$上的加工时间为$P_{ij}$。

生产过程调度问题就是寻找一个工件在机器之间的传递序列，需满足以下两个要求。

① 符合工艺约束，即调度是可行的。

② 对应于性能指标，调度是最优的。

3）约束条件

为了对生产过程调度问题进行建模和求解，在经典调度理论研究中通常设置约束条件并附加一定的假设条件，用来简化问题，常用以下几种[5]。

① 机器从不发生故障，而且人力资源总能够满足生产要求。

② 机器唯一性约束：任何时刻每一台机器最多只能加工一个工件。

③ 工件唯一性约束：任何时刻一个工件只能在一台机器上加工（装配操作除外）。

④ 所有机器准备时间均为零，即所有工件都能立即进行加工。

⑤ 不可中断约束：不允许加塞，即一旦一个操作开始就不能停止，直到完成。

⑥ 设置时间与加工次序无关，并且包含在加工时间内。

⑦ 加工过程中，允许在制品的存在。

⑧ 工件工艺路线是固定的。

⑨ 每种类型的机器只有一台。

⑩ 任何地点的加工时间和技术上的约束都事先确定并且已知，交货期亦然。

能够满足上述约束条件的问题称为基本问题，而不能满足上述约束条件的问题称为非基本问题，它们往往还需要增加以下额外条件。

① 不同任务，其释放时间不同。

② 含有优先权的任务，用prec表示。

③ 允许加塞，用prmt表示。

④ 所有任务的加工时间都相同，用eq表示。

⑤ 存在相互依赖或关联的任务，对于不同的排序方案，某个任务的加工时间可能要变化，用depend表示。

⑥ 序列依赖设置时间，用setup表示，即设置时间同任务的排序相关。

⑦ 等待时间有限，机器允许失效。

（2）生产过程调度问题分类

以上是生产过程调度问题中涉及的变量与相关约束条件。在此基础上，可以将生产过程调度问题按多种方式进行分类，最常见的是根据任务在机器上的流动形式来分类[5]。

1）单机调度问题（single machine scheduling problem，SMP）

典型的单机调度问题具有以下特点。

① 机器总数$m=1$，即加工系统只有一台机器。

② 各工件J_i（$i=1, 2, \cdots, n$）的操作总数$n_i=1$，即待加工的工件有且仅有一道工序，所有工件都在该机床上进行加工。

此问题是最简单的调度问题，当生产车间出现瓶颈机器时的调度就可视为此调度问题。单机调度问题在车间调度中是一种经典问题，其简单性和广泛应用性使得其成为其他车间调度问题的基础和扩展。

典型的单机调度问题描述如下：有n个待加工工件J_i（$i=1, 2, \cdots, n$），1台可用于加工工件的机器M_1，各工件J_i（$i=1, 2, \cdots, n$）仅有一个操作，其加工时间、释放时间和交货期分别P_i、r_i和d_i。工件加工过程满足不可中断约束和机器唯一约束。

单机调度问题的目标是在满足一定约束条件下，为n个工件寻找一个调度序列，使得按照这一序列加工目标函数的值最小。该问题可以看成是对n个工件进行全排序后，从中找到一个最优调度序列。已有文献表明，当n较大时，单机调度问题是一个NP难问题[3]。

2）并行机调度问题（parallel machines scheduling problem，PMP）

典型的并行机调度问题一般具有以下特点。

① 各工件 J_i（i=1, 2, $\cdots$, n）的操作总数 n_i=1，即每个待加工的工件都只有一道工序。

② 各工件均需在机器集 M 中的某一台机器上加工，即加工系统中有多台完全相同的机器，待加工工件可任意选择一台机器加工。

并行机调度需要解决两个主要问题：所有工件在各机器上的分配；各机器上工件加工的次序，以使得所有工件的加工时间和最大完工时间达到最小值或者达到特定的性能指标。按照工件加工时间与加工机器间的关系，并行机调度问题可分为以下3类。

① 相同并行机调度问题（也称平行机调度问题）。相同并行机调度问题描述如下：有 n 个待加工工件 J_i（i=1, 2, $\cdots$, n），m 台可用于加工工件的机器 M_j（j=1, 2, $\cdots$, m）组成机器集 M，工件 J_i（i=1, 2, $\cdots$, n）的释放时间和交货期分别为 r_i 和 d_i，其可加工机器集合 μ_i=M，工件 J_i（i=1, 2, $\cdots$, n）在任一台机器上的加工时间均为 P_i。

② 均匀并行机调度问题。均匀并行机调度问题描述如下：有 n 个待加工工件 J_i（i=1, 2, $\cdots$, n），m 台可用于加工工件的机器 M_j（j=1, 2, $\cdots$, m）组成机器集 M，机器 M_j（j=1, 2, $\cdots$, m）的加工速度为 s_j，工件 J_i（i=1, 2, $\cdots$, n）的释放时间和交货期分别为 r_i 和 d_i，其可加工机器集合 μ_i=M，工件 J_i（i=1, 2, $\cdots$, n）在机器 M_j（j=1, 2, $\cdots$, m）上的加工时间为 P_i/s_j。工件的加工过程需满足不可中断约束和机器唯一性约束。

③ 不相关并行机调度问题。不相关并行机调度问题描述如下：有 n 个待加工工件 J_i（i=1, 2, $\cdots$, n），m 台可用于加工工件的机器 M_j（j=1, 2, $\cdots$, m）组成机器集 M，工件 J_i（i=1, 2, $\cdots$, n）的释放时间和交货期分别为 r_i 和 d_i，其可加工机器集 μ_i=M，在机器 M_j（j=1, 2, $\cdots$, m）上的加工时间为 P_{ij}。

上述3类问题均简称并行机调度问题。在上述3类并行机调度问题中，若工件 J_i（i=1, 2, $\cdots$, n）的可加工机器集 μ_i 为机器集 M 的子集，即工件与机器间存在加工适配性约束，则上述3类并行机调度问题可分别称为带特殊工艺约束的相同并行机调度问题、带特殊工艺约束的均匀并行机调度问题和带特殊工艺约束的不相关并行机调度问题，并均可简称为带特殊工艺约束的并行机调度问题。在实际制造过程中，除存在上述典型的工件和机器间的加工适配性特殊工艺约束外，还可能存在其他特殊工艺约束，如工件之间存在加工先后顺序约束、某些具有相同特性的工件需同时加工等。许多单工序调度问题可简化为上述并行机调度问题或带各类特殊工艺约束的并行机调度问题。

3）开放车间调度问题（open shop scheduling problem，OSP）

典型的开放车间调度问题具有以下特点。

① 各工件的操作预先给定，但其加工过程无工艺路线约束，即每个工件的工序之间的顺序是任意的，没有特定的先后关系约束/技术路线约束，工件的加工可以从任何一道工序开始，在任何一道工序结束。

② 每个工件 J_i（i=1, 2, $\cdots$, n）的各操作 O_{ij}（j=1, 2, $\cdots$, n_i）均仅能在某一台机器上加工，即 $|\mu_{ij}|$=1，其中，$|\cdot|$ 表示集合中的元素个数。

③ 工件不可重入，即对 $\forall O_{ij}$、O_{ik}（$j \neq k$），$\mu_{ij} \cap \mu_{ik}$=$\varnothing$。

典型的开放车间调度问题描述如下：有 n 个待加工工件 J_i（i=1, 2, $\cdots$, n），m 台可用于

加工工件的机器 M_j（$j=1, 2, \cdots, m$），工件 J_i（$i=1, 2, \cdots, n$）的释放时间和交货期分别为 r_i 和 d_i，其加工过程由 n_i 个操作 O_{i1}，O_{i2}，$\cdots$，O_{in_i}组成。操作 O_{ij}（$i=1, 2, \cdots, n$；$j=1, 2, \cdots, n_i$）的可加工机器集合 μ_{ij} 为单元素集，即 $|\mu_{ij}|=1$，其加工时间为 P_{ij}。

4）流水车间调度问题（flow shop scheduling problem，FSP）

典型的流水车间调度问题具有以下特点。

① 各工件 J_i（$i=1, 2, \cdots, n$）均需在所有 m 台机器上加工，即 $n_i=m$。

② 每个工件 J_i（$i=1, 2, \cdots, n$）的各操作 O_{ij}（$j=1, 2, \cdots, m$）均仅能在某一台机器上加工，即不允许选择机器，$|\mu_{ij}|=1$。

③ 每个工件 J_i（$i=1, 2, \cdots, n$）的加工过程需符合预先给定的工艺路径要求，即加工顺序固定，每个工件工序之间有先后顺序约束，$O_{i1} \rightarrow O_{i2} \rightarrow \cdots \rightarrow O_{im}$，且各工件的工艺路径相同，即对 $\forall J_i$、$J_k(i \neq k)$，$\mu_{ij}=\mu_{kj}$（$j=1, 2, \cdots, m$）。

④ 工件不可重入，即对 $\forall O_{ij}$，$O_{ik}(j \neq k)$，$\mu_{ij} \cap \mu_{ik} = \varnothing$。

典型的流水车间调度问题描述如下：有 n 个待加工工件 J_i（$i=1, 2, \cdots, n$），m 台可用于加工工件的机器 M_j（$j=1, 2, \cdots, m$），工件 J_i（$i=1, 2, \cdots, n$）的释放时间和交货期分别为 r_i 和 d_i，其加工过程由 m 个操作 O_{i1}，O_{i2}，$\cdots$，O_{im} 组成，且各工件预先给定的工艺路线均相同。操作 O_{ij}（$i=1, 2, \cdots, n$；$j=1, 2, \cdots, m$）的加工时间为 P_{ij}，其可加工机器集合 μ_{ij} 为单元素集，即 $|\mu_{ij}|=1$。

由于在流水车间调度问题中，各工件的工艺路线完全相同，因此，不失一般性，在本书后续相关章节均假设所有工件的第 j 个操作均在第 j 台机器 M_j 上加工。

基于上述假设，典型的流水车间调度问题可简化描述如下：有 n 个待加工工件 J_i（$i=1, 2, \cdots, n$），m 台可用于加工工件的机器 M_j（$j=1, 2, \cdots, m$），工件 J_i（$i=1, 2, \cdots, n$）的释放时间和交货期分别为 r_i 和 d_i，其操作 O_{ij}（$j=1, 2, \cdots, m$）在机器 M_j 上加工，加工时间为 P_{ij}。

流水车间调度问题是一种重要的制造过程调度问题，是制造业生产领域中最常用的模型之一，实际制造过程中的很多调度问题可简化为流水车间调度问题，具有很强的工程应用背景。其中，置换流水车间（permutation flow shop）调度问题是典型流水车间调度问题的一种特殊形式，它在上述典型流水车间调度问题约束的基础上，增加了约束——"所有工件在任一台机器上的加工顺序均相同"。

求解流水车间调度问题的任务是确定工件的加工顺序，使得最大完工时间、流经时间、提前时间和延迟时间等某个或多个指标最小。目前，求解该问题的优化方法有很多，如遗传算法、禁忌搜索算法、差分进化算法、和声搜索算法、粒子群算法、蚁群算法和人工蜂群算法等。

5）作业车间调度问题（job shop scheduling problem，JSP）

作业车间调度问题包括：典型作业车间调度问题和带并行机的作业车间（job shop with duplicate machines）调度问题两类。作业车间调度问题是先进制造与自动化及其他调度技术相关研究领域中的经典问题和热点问题。前述单机调度问题和流水车间调度问题分别是一类特殊的作业车间调度问题。

典型作业车间调度问题具有以下特点。

① 每个工件 J_i（$i=1, 2, \cdots, n$）的各操作 O_{ij}（$j=1, 2, \cdots, n_i$）均仅能在某一台机器上加工，

即 $|\mu_{ij}|=1$。

② 每个工件 J_i（$i=1, 2, \cdots, n$）的加工过程需符合预先给定的工艺路线的要求，即 $O_{i1} \rightarrow O_{i2} \rightarrow \cdots \rightarrow O_{in_i}$。

③ 工件的工艺路线多样（不同工件的工艺路线可不同），即 $\exists J_i$、$J_k(i \neq k)$、j，使得 $\mu_{ij} \neq \mu_{kj}$。

④ 工件不可重入，即对 $\forall O_{ij}$、$O_{ik}(j \neq k)$，$\mu_{ij} \cap \mu_{ik}=\varnothing$。

典型作业车间调度问题描述如下：有 n 个待加工工件 J_i（$i=1, 2, \cdots, n$），m 台可用于加工工件的机器 M_j（$j=1, 2, \cdots, m$），工件 J_i（$i=1, 2, \cdots, n$）的释放时间和交货期分别为 r_i 和 d_i，其加工过程由 n_i 个操作 O_{i1}，O_{i2}，$\cdots$，O_{in_i} 组成，操作 O_{ij}（$i=1, 2, \cdots, n; j=1, 2, \cdots, n_i$）的加工时间为 P_{ij}，工件 J_i（$i=1, 2, \cdots, n$）的加工过程需符合预先给定的工艺路线的要求，即 $O_{i1} \rightarrow O_{i2} \rightarrow \cdots \rightarrow O_{in_i}$。求解 JSP 的目标是在保证作业的先后顺序和每道工序的机器约束的前提下，制定一种合理的调度方案，以最小化所有作业的完工时间或者最大化车间的生产效率。

如果各工序的加工机器是事先确定的，也就是说，每道工序被唯一指派到一台机器上加工，即机器是不能选择的，这类问题称为一般作业调度问题；如果各工序的加工机器是随机的，每道工序可以选择不同的机器加工，即机器是可以选择的，这类问题称为柔性作业调度问题［见本节7）］。

典型的带并行机的作业车间调度问题具有以下特点。

① 每个工件的各操作可在预先给定的1台机器或1组并行机中的任一台机器上加工，且 $\exists O_{ij}$，使得 $|\mu_{ij}| > 1$。

② 每个工件 J_i（$i=1, 2, \cdots, n$）的加工过程需符合预先给定的工艺路线的要求，即 $O_{i1} \rightarrow O_{i2} \rightarrow \cdots \rightarrow O_{in_i}$。

③ 工件的工艺路线多样（不同工件的工艺路线可不同），即 $\exists J_i$、$J_k(i \neq k)$、j，使得 $\mu_{ij} \neq \mu_{kj}$。

④ 工件不可重入，即对 $\forall O_{ij}$、$O_{ik}(j \neq k)$，$\mu_{ij} \cap \mu_{ik}=\varnothing$。

典型的带并行机的作业车间调度问题描述如下：有 n 个待加工工件 J_i（$i=1, 2, \cdots, n$），W 组可用于加工工件的机器组 M_j^c（$j=1, 2, \cdots, W$），$|M_j^c| \geq 1$，即每个机器组内至少包含1台机器，且 $\exists l$，使得 $|M_l^c| \geq 1$。另外，工件 J_i（$i=1, 2, \cdots, n$）的释放时间和交货期分别为 r_i 和 d_i，其加工过程由 n_i 个操作 O_{i1}，O_{i2}，$\cdots$，O_{in_i} 组成，操作 O_{ij}（$i=1, 2, \cdots, n; j=1, 2, \cdots, n_i$）可在可加工机器集合 $\mu_{ij} \in \{M_j^c|j=1, 2, \cdots, m\}$ 中的任一台机器上加工，其加工时间为 P_{ij}。工件 J_i（$i=1, 2, \cdots, n$）的加工过程需符合预先给定的工艺路线的要求，即 $O_{i1} \rightarrow O_{i2} \rightarrow \cdots \rightarrow O_{in_i}$。

6）重入车间调度问题（re-entrant shop scheduling problem）

典型的重入车间调度问题具有以下特点。

① 工件各操作可在一组并行机中的任一台机器上加工，且 $\exists O_{ij}$，使得 $|\mu_{ij}| > 1$。

② 每个工件 J_i（$i=1, 2, \cdots, n$）的加工过程需符合预先给定的工艺路线的要求，即 $O_{i1} \rightarrow O_{i2} \rightarrow \cdots \rightarrow O_{im}$。

③ 工件可重入，即 $\exists O_{ij}$、$O_{ik}(j \neq k)$，使得 $\mu_{ij} \cap \mu_{ik}=\varnothing$，也就是工件在某机器上完成加工，经过其他工序加工之后可以再次进入该机器加工。

典型的重入车间调度问题描述如下：有 n 个待加工件 J_i（$i=1, 2, \cdots, n$），m 台可用于加工工件的机器 M_j（$j=1, 2, \cdots, m$），工件 J_i（$i=1, 2, \cdots, n$）的释放时间和交货期分别为 r_i 和 d_i，其加工过程由 n_i 个操作 O_{i1}，O_{i2}，$\cdots$，O_{in_i} 组成，操作 O_{ij}（$i=1, 2, \cdots, n; j=1, 2, \cdots, n_i$）可在可加工机器集合 μ_{ij} 中的任一台机器上加工，其在机器 $M_l \in \mu_{ij}$ 上的加工时间为 P_{ij}^l。

重入车间调度问题的特点是同一个工件的多个操作可在同一台机器上加工。这类问题在微电子、机械和纺织等行业的制造过程调度中较为常见。

7）柔性作业车间调度问题（flexible job shop scheduling problem）

前面提到，如果作业车间中的每道工序可以选择不同的机器加工，即机器是可以选择的，这类问题称为柔性作业车间调度问题。柔性作业车间调度问题的调度目标是制订一种合理的调度方案，以最小化所有作业的完工时间或者最大化车间的生产效率。

柔性制造（flexible manufacturing）是一种适应市场变化、产品需求变化和生产工艺变化的制造方式，主要是为了满足多品种、小批量、快速交付的生产需求而发展起来的，具有生产效率高、生产成本低、生产周期短、生产质量高等优点，能够在较短时间内满足客户的多样化需求。

与传统的生产线相比，柔性制造系统具有良好的扩展性和灵活性，柔性制造系统能够根据生产需要灵活地增加或减少设备，能够随时进行调整，因此在生产效率方面要比传统生产线高，在生产成本方面要比传统生产线低。

6.1.2 生产过程调度问题的性能指标

求解调度问题即是在满足前述各项资源约束和工艺约束条件下，确定工件加工中各操作的加工机器、加工开始时间或加工顺序，使生产系统的某项或多项调度性能指标达到最优或者近似最优。常用的调度性能指标如下[6]。

（1）基于完工时间的性能指标

① 完工时间（makespan），也称制造周期，是指完成所有任务所需的时间中的最大值，计算公式见式（6-4）。它是衡量调度方案优劣的一个重要指标，因为它直接关系到整个生产流程的效率和效益。对于生产任务来说，时间是至关重要的，因为生产时间的延迟可能会导致成本增加、交货期延误等问题，甚至还可能影响企业的信誉度。

$$C_{\max}=\max\{C_i|i=1, 2, \cdots, n\} \tag{6-4}$$

该指标也称最大流程时间。

② 加工周期，指工件从进入生产线开始，到完成所有工序的加工离开生产线所用的时间，计算公式见式（6-5）。工件的加工周期短，表示系统响应速度快，准时交货能力强。

$$CT_i=C_i-r_i \tag{6-5}$$

③ 总流经时间（total flow time），计算公式见式（6-6）。

$$\sum_{i=1}^{n} C_i-r_i \tag{6-6}$$

④ 加权总流经时间（weighted total flow time），计算公式见式（6-7）。

$$\sum_{i=1}^{n} w_i(C_i - r_i) \qquad (6-7)$$

式中，w_i（$i=1, 2, \cdots, n$）为工件 J_i 的流经时间的权重。

⑤ 日移动步数（Move）：以 24h 为统计周期，生产线上所有工件的移动步数。其值越大，说明工件的等待时间越短、生产线的加工能力越强、设备（机器）的利用率也越高。其计算公式见式（6-8）。

$$\text{Move} = \sum_i \sum_j \sigma_i q_{ij} \qquad (6-8)$$

式中，σ_i 为第 i 台设备第 j 次加工是否完成，完成为 1，未完成为 0；q_{ij} 为第 i 台设备第 j 次加工的工件数量。

⑥日产量：以 24h 为周期，完成所有加工步骤并离开生产线的所有工件的数量。其计算公式见式（6-9）。

$$\text{TH}_{24hr} = W_{x=0} \qquad (6-9)$$

式中，$W_{x=0}$ 为剩余加工步数为零的工件数。

（2）基于交货期的性能指标

① 完工时间的平均延迟量：

$$\bar{L} = \frac{\sum_{i=1}^{n} L_i}{n} \qquad (6-10)$$

② 完工时间的最大延迟量（最大延迟时间）是指任务延迟完工的最长时间，即实际完工时间与原计划完工时间的差值的最大值。任务延迟可能会导致生产效率和效益下降，因为它会增加成本，影响交货期等。因此，最大延迟时间也是衡量调度方案优劣的重要指标之一。

$$L_{\max} = \max\{L_i | i=1, 2, \cdots, n\} \qquad (6-11)$$

③ 平均拖期时间：

$$\bar{T} = \frac{\sum_{i=1}^{n} T_i}{n} \qquad (6-12)$$

④ 最大拖期时间，常用最早交货期规则（earliest delivery date，EDD）来调度。

$$T_{\max} = \max\{T_i | i=1, 2, \cdots, n\} \qquad (6-13)$$

⑤ 总拖期工件数：

$$n_T = \sum_{i=1}^{n} U_i \qquad (6-14)$$

⑥ 工件完工时间的绝对偏差之和，常用于提前/拖后（E/T）调度问题。

$$\sum_{i=1}^{n} D_i \tag{6-15}$$

⑦ 总拖期时间：

$$\sum_{i=1}^{n} T_i \tag{6-16}$$

（3）综合性能指标

① 平均流经时间与总拖期时间：

$$\bar{F} + \lambda \sum_{i=1}^{n} T_i \tag{6-17}$$

② 完工时间与总拖期时间：

$$C_{\max} + \lambda \sum_{i=1}^{n} T_i \tag{6-18}$$

③ E/T 指标：

$$\sum_{i=1}^{n} \alpha_i E_i + \beta_i T_i \tag{6-19}$$

④ 生产率：单位时间内完成加工的工件数量。

$$P_{\mathrm{p}} = \frac{P_{\mathrm{out}}}{T_{\mathrm{d}}} \tag{6-20}$$

式中，P_{p} 为生产率；P_{out} 为单位时间内完成加工并离开生产线的工件数量；T_{d} 为单位时间，s。

（4）基于库存的性能指标

基于库存的性能指标主要包括平均待加工的工件数 $\overline{N_{\mathrm{w}}}$、平均在加工的工件数 $\overline{N_{\mathrm{p}}}$、平均已完成加工的工件数 $\overline{N_{\mathrm{c}}}$ 和平均未完成加工的工件数 $\overline{N_{\mathrm{u}}}$ 等。目前，在生产过程调度问题研究中，该类性能指标还很少涉及。

生产过程调度问题涉及的性能指标很多，以上仅给出了最常见的一些性能指标。需要注意的是，各性能指标之间可能隐含某种潜在的制约关系，所以，上述各性能指标不会同时达到最优或者近似最优，调度方案只能对上述多个常见性能指标进行平衡或折中。优秀的调度方案应该是在各性能指标之间进行权衡，根据企业需求，尽可能优化某几个重要的性能指标，力求系统整体性能达到最优或者近似最优。

6.1.3　生产过程调度问题的求解方法

生产过程调度问题一直是组合优化领域研究的重点，常见调度方法分类如图 6-1 所示。常用的调度问题求解方法可以归纳为以下 4 类 [3,7,8]。

（1）精确求解方法

精确求解方法主要是运用数学方法获得问题的最优解，包括穷举搜索、分支定界、线性规划和动态规划等，常采取动态规划或者基于枚举思想的分支定界来对调度问题进行求解，获得最优解或者近似最优解。其本质是将生产调度问题转化为数学规划模型。

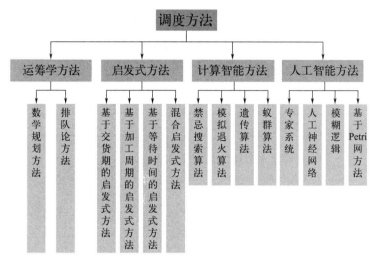

图6-1 常见调度方法分类

① 穷举搜索。穷举搜索是最简单的精确求解方法之一，它通过枚举所有可能的调度方案来找到最优解。在生产过程调度问题中，穷举搜索需要考虑所有作业的排列方式，以及每个作业在每台可用机器上的处理时间。虽然穷举搜索在一些小规模问题上很有效，但在大规模问题上会面临组合爆炸的问题，因此其适用性受到限制。

② 分支定界。分支定界是一种更高级的精确求解方法，其基本思想是将问题分解为子问题，然后逐步求解子问题，最终找到最优解。在生产过程调度问题中，分支定界方法通常采用深度优先搜索来遍历问题的搜索树，并通过比较边界值来决定哪些子问题需要进一步分解。尽管分支定界对大规模问题的求解效率较高，但其需要大量的计算和内存开销。

③ 线性规划。线性规划是一种数学优化方法，其将问题转化为线性目标函数和线性约束条件的最优化问题。在生产过程调度问题中，线性规划通常通过将每个作业的处理时间作为变量，并将每台机器的工作时间视为约束条件来建模。然后，使用线性规划求解器来求解优化问题，以获得最优解。尽管线性规划可以处理大规模问题，但其限制是必须满足线性规划的约束条件。

④ 动态规划。动态规划是一种递归算法（图6-2），其将问题分解为子问题，并通过保存子问题的解来提高算法效率。在生产过程调度问题中，动态规划将所有作业分为两个子集，并通过逐步构建一张表格来计算最优调度方案。尽管动态规划在求解小规模问题上很有效，但其对于大规模问题的求解效率有所限制。

上述数学方法在任务分配和排序的全局性上比较好，所有选择同时进行，可以保证求解凸和非凸问题的全局优化，但该类方法需要对调度问题进行建模，在复杂制造系统的

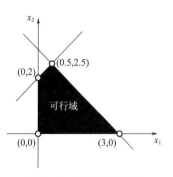

图6-2 动态规划实例

调度问题中存在抽取模型困难，算法难以实现且计算量大，无法实现快速动态响应的问题。

（2）基于启发式调度规则的方法

启发式调度规则是指通过将工件的某个/某些属性设定为工件优先级，按照优先级高低选择工件进行加工，又称优先调度规则（priority dispatch rules，PDR）。表6-2列举了简单的启发式调度规则的描述及特点。

表6-2　简单的启发式调度规则的描述及特点

方法名称	描述	特点
先进先出 （first in first out，FIFO）	优先选择先进入缓冲区的工件	减少工件等待时间
		对整体性能的优化效果较差
最短加工时间 （shortest processing time，SPT）	优先选择当前工序占用设备时间最短的工件	最大化产出率
		只加工加工时间短的工件，易使工件队列长度超出预期
最长加工时间 （longest processing time，LPT）	优先选择当前工序占用设备时间最长的工件	减少设备排队工件个数
最早交货期 （earliest delivery date，EDD）	优先选择具有最早交货期的工件	最大化准时交货率
		只考虑交货期、未考虑生产线全局状况，可能导致在制品数量过多
均衡生产 （load balance，LB）	优先选择与既定在制品数量目标偏差较大的工件	保持生产均衡

启发式调度规则虽然快速且简单，在一些特定的调度问题上可以获得较高的准确度，但其通常只能有针对性地提高系统的某一性能指标，不能很好地把握/预见系统的整体性能，调度结果无法达到全局最优。

（3）元启发式算法

元启发式算法是解决生产过程调度问题最常用的一类优化算法，通过不同的优化迭代算子搜索得到在生产过程调度问题上的局部最优解，它不保证找到最优解，但可以在时间和空间成本上得到合理的平衡，同时可以找到一个足够接近最优解的解，在调度问题上可以获得高于启发式规则的准确度。许多元启发式算法都是受自然界的一些随机现象的启发，如进化计算（evolutionary computation，EC）是受达尔文进化论中"物竞天择，适者生存"的思想启发而设计的。元启发式算法有两个主要的劣势。

① 由于优化算法计算量较大，且无法通过预训练模型的方式进行参数化存储，使得每次优化都需要从头开始，造成响应时间较长。

② 元启发式算法泛化性较差，对于不同的调度问题往往需要不同的参数调整，难以实现算法的直接迁移。

（4）人工智能方法

在半导体制造过程调度问题中，常用的人工智能方法有人工神经网络和专家系统等，其中人工神经网络通常不是单独使用，而是与其他数学方法（如动态规划）相结合。

基于编码解码的神经网络方法是将生产过程调度问题看作是一个序列决策问题，将所有的任务按照时间顺序编码成一个序列，然后通过神经网络来进行解码，得到一个合理的调度方案。具体来说，这种方法通常采用循环神经网络（RNN）或卷积神经网络（CNN）来解码。RNN 可以通过记忆机制来实现序列的信息传递，而 CNN 则可以通过卷积核来提取序列中的局部特征。在训练阶段，神经网络将接收一组任务的编码作为输入，然后输出一组任务的调度顺序。通过不断地训练和优化，神经网络可以得到一个最优的调度方案。

基于强化学习的神经网络方法是将生产过程调度问题看作是一个强化学习问题，将调度任务和资源设备情况看作是智能体，调度方案看作是智能体的决策。通过神经网络来训练智能体，使其能够在不断学习和探索的过程中，得到最优的调度方案。具体来说，这种方法通常采用深度强化学习算法，在训练阶段，神经网络将接收当前状态和可行动作作为输入，然后输出一个行动值函数，用于指导智能体的决策。通过不断地训练和优化，神经网络可以得到一个最优的行动值函数，从而得到最优的调度方案。

6.2 基于进化算法的生产过程调度与优化问题

6.2.1 优化问题描述

不失一般性，以最小化为例，一个具有 n 个决策向量、m 个目标函数及 $p+q$ 个约束条件的优化问题的数学描述见式（6-21）。

$$\min F(X) = \begin{bmatrix} f_1(x_1, x_2, \cdots, x_n) \\ f_2(x_1, x_2, \cdots, x_n) \\ \vdots \\ f_m(x_1, x_2, \cdots, x_n) \end{bmatrix}$$

$$\text{s. t. } g_i(X) \leqslant 0, i=1, 2, \cdots, p$$

$$h_j(X)=0, j=1, 2, \cdots, q \qquad (6\text{-}21)$$

$$X=(x_1, x_2, \cdots, x_n)^\mathrm{T} \in R^n$$

式中，X 为决策向量；R^n 为 n 维的决策空间；$F(X)=(f_1, f_2, \cdots, f_m)^\mathrm{T} \in R^m$ 为所求问题的目标向量，R^m 为 m 维的目标空间；$g_i(X)$，$h_j(X)$ 为约束函数，包括 p 个不等式约束和 q 个等式约束，满足所有约束函数的一组决策变量称为一个可行解，优化问题中的所有可行解构成了整个优化问题的可行域，记为 Ω，$\Omega=\{X|X \in R^n, g_i(X) \geqslant 0, h_j(X)=0, i=1, 2, \cdots, p, j=1, 2, \cdots, q\}$，也称决策变量空间（简称决策空间）。目标函数将 n 维决策空间 R^n 映射到 m 维目标函数空间（目标空间）R^m。

一般来说，当 $30 < n < 100$ 时，称为中等规模优化问题；当 $n > 100$ 时，称为大规模优化问题（large-scale optimization problem，LSOP）。当 $m=1$ 时，称为单目标优化问题；当 $m \geqslant 2$ 时，称为多目标优化问题（multi-objective optimization problem，MOP）；当 $m > 3$ 时，称为超多目标优化问题（many-objective optimization problem，MaOP）。当计算

$F(X)$ 的时间代价非常昂贵时，称为计算代价昂贵优化问题。

多目标优化问题的特点是 m 个目标需要同时优化，并且这些目标之间相互冲突，即当最小化一个目标时，至少存在一个目标，其目标函数不是最小的。为求解多目标优化问题，大量的多目标进化算法（multi-objective evolutionary algorithms, MOEA）被提出。MOEA 主要可以分为基于 Pareto（帕累托）支配的 MOEA、基于分解的 MOEAs 及基于性能指标的 MOEA。其中，基于 Pareto 支配的 MOEA 得到了广泛的研究与应用，是最经典有效的 MOEA 之一。针对多目标优化问题，给出以下几个重要的基本概念。

考虑生产过程调度问题的任意两个调度序列 $x_1, x_2 \in \Omega$，且 $x_1 \ne x_2$。

（1）Pareto 支配

当且仅当

$$\begin{cases} \forall k \in \{1, 2, \cdots, m\}, f_k(x_1) \leqslant f_k(x_2) \\ \exists k' \in \{1, 2, \cdots, m\}, f_{k'}(x_1) \leqslant f_{k'}(x_2) \end{cases}$$

则 x_1 支配 x_2，记为 $x_1 > x_2$。

如果

$$\begin{cases} \exists k \in \{1, 2, \cdots, m\}, f_k(x_1) \leqslant f_k(x_2) \\ \exists k' \in \{1, 2, \cdots, m\}, f_{k'}(x_1) \geqslant f_{k'}(x_2) \end{cases}$$

则 x_1 与 x_2 互不占优，记为 $x_2 \| x_2$。

（2）Pareto 最优解（Pareto set，PS）

如果 $x^* \in \Omega$，不存在 $x' \in \Omega$，使得 $x' > x^*$，则 x^* 称为 Pareto 最优解，也叫帕累托解、帕累托极小点、非支配解、非劣解、有效解。即一个解被称为支配解，当且仅当存在另一个解在所有的目标函数上都不劣于它。如果一个解不能被其他解支配，则它是非支配解。所有 Pareto 最优解构成的集合称为 Pareto 最优解集，记为 U^*。Pareto 最优解集仅是一个可以接受的"不坏"的解。一般来说，多个目标同时达到最优解的情况是不存在的，无法找到同时使所有目标都是最优的解，所以求解多目标优化问题的主要任务就是求出该问题的 Pareto 最优解集。

（3）Pareto 前沿（Pareto front，PF）

Pareto 最优解集对应的目标向量的集合称为 Pareto 前沿，如图6-3所示。

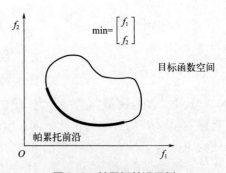

图6-3　帕累托前沿示例

6.2.2　遗传算法

遗传算法（genetic algorithm，GA）是一种借鉴生物界自然选择和进化机制发展起来的优化算法，由美国密歇根大学教授约翰·霍兰德（John Holland）于1975年首次提出[9]。它模拟了自然界中的生物进化、变异、适应、选择等基本遗传规律，通过模拟这些规律，自动地搜索问题的最优解。

在生产过程调度问题中，遗传算法使用染色体来表示调度方案，即每个订单的加工顺序，并使用交叉和变异操作来生成新的方案，以便在搜索空间中寻找更好的解。在遗传算法中，适应度函数用于衡量调度方案的质量，以便选择最适合的解决方案。

（1）遗传算法的理论基础

① 模式定理。模式是描述种群中在位串的某些确定位置上具有相似性的位串子集的相似性模板。模式可以简明地描述具有相似结构特点的个体编码字符串。

不失一般性，考虑二值字符集，由此可以产生0、1字符串。增加一个符号"*"，称作"通配符"，即"*"既可以当作"0"，也可以当作"1"。那么二值字符集就扩展为三值字符集，由此可以产生诸如0110、0*11**、**01*0之类的字符串。基于三值字符集 {0，1，*} 所产生的能描述具有某些结构相似性的0、1字符串集的字符串，也称作模式。

模式 H 中确定位置的个数称作该模式的模式阶，记作 $O(H)$。例如，模式011*1*的阶数为4，而0*****的阶数为1。显然，一个模式的阶数越高，其样本数就越少，确定性越高。

在模式中第一个确定位置和最后一个确定位置之间的距离称为该模式的定义距，记作 $D(H)$。

模式定理是遗传算法的基本定理，指的是在遗传算法选择、交叉和变异算子的作用下，具有低阶、短定义距，并且其平均适应度高于群体平均适应度的模式在子代中将呈指数级增长。根据模式定理，随着遗传算法一代代地进行，那些定义距短的、位数少的、高适应度的模式将越来越多，因而可期望最后得到的位串的性能会大大改善，并最终趋向全局的最优点。

② 积木块假设。积木块是指具有低阶、短定义距以及高平均适应度的模式。积木块假设是指个体积木块通过选择、交叉、变异等遗传算子的作用，能够相互结合在一起，形成高阶、长距、高平均适应度的个体编码串。

积木块假设说明了用遗传算法求解各类问题的基本思想，即通过积木块之间的相互拼接能够产生出问题的更好的解，最终生成全局最优解。

综上所述，遗传算法的模式定理指出具有高适应度、低阶、短定义矩的模式的数量会在种群进化中呈指数级增长，这是算法获得最优解的一个必要条件；积木块假设则指出遗传算法有能力使优秀的模式向着更优的方向进化，即有能力搜索到全局最优解。

（2）遗传算法的基本概念

遗传算法使用群体搜索技术，种群即代表一组问题的解，通过对当前种群施加选择、交叉和变异等一系列遗传操作来产生新一代的种群，并逐步使种群进化到包含近似最优的状态。遗传算法是一种基于进化论的启发式搜索算法，因此其术语与生物学中的进化理论的术语有很多相似之处。下面介绍一些遗传算法中常见的术语。

① 基因（gene）。遗传算法中的基因指的是可行解编码的分量，代表问题的一个特定属性或变量。基因可以是二进制数、实数或离散型的符号，它们组合在一起构成了染色体。

② 染色体（chromosome）。可行解的编码，是由若干个基因组成的一维向量，代表了一个个体的基因型，是遗传信息的载体。

③ 个体（individual）。可行解，具有一定的适应度。

④ 种群（population）。种群是由多个个体组成的集合，即可行解集，是搜索空间的一

部分。种群在算法执行过程中会不断地被进化和优化。

⑤ 适应度（fitness）。即评价函数值，是衡量个体优劣的度量标准。通常适应度越高，个体越优秀。适应度函数是选择操作的依据，适应度函数的设计会直接影响遗传算法的性能。常见的适应度函数构造方法主要有目标函数映射成适应度函数、基于序的适应度函数等。

⑥ 进化（evolution）。进化是指在种群中进行的一系列操作，包括选择、复制、交叉和变异等过程。通过进化，种群中的个体可以不断地优化。其中，选择（selection）是从当前种群中选择一部分个体作为下一代的父母，以保留更优秀的基因信息，通常根据个体的适应度高低进行选择；复制（reproduction）是将选出的父母个体进行复制，生成新的个体作为下一代种群中的一部分；交叉（crossover）是指从两个父代个体中随机选择某个位置，将两个个体在该位置之后的部分进行交叉，生成两个新的后代个体；变异（mutation）是指在新一代中随机改变某些基因的值，以增加种群的多样性。

⑦ 编码（coding）。编码是将问题转换成遗传算法所需要的染色体的过程。常用编码方式有二进制编码、实数编码（十进制编码）等。

⑧ 解码（decoding）。解码是将染色体转换成问题的解的过程。通常，遗传算法使用某种编码方式将问题转换为染色体，然后使用解码方法将染色体转换为可行解。这个过程是遗传算法求解过程的最后一步，其目的是得到问题的最优解。

（3）遗传算法的基本操作

遗传算法的基本操作是优选强势个体的"选择"、个体间交换基因产生新个体的"交叉"和个体基因信息突变而产生新个体的"变异"这三种变换的统称。生物的遗传主要是通过选择、交叉、变异三个过程把当前父代群体的遗传信息遗传给下一代（子代）的成员，如图6-4所示。与此对应，遗传算法中最优解的搜索过程也模仿生物的这个进化过程，使用遗传算子来实现，即选择算子、交叉算子、变异算子。

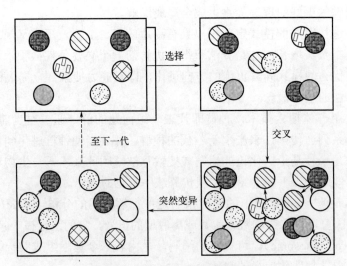

图6-4　遗传算法的基本操作过程

① 选择。选择算子即某种选择方法，根据个体的适应度，按照一定的规则或方法，

从父代群体中选择一些个体遗传到下一代群体中。个体的适应度越高，该个体被遗传到下一代种群中的概率越大。

轮盘赌选择法（roulette wheel selection，RWS）也叫适应度比例方法（fitness proportional model），是遗传算法中最早提出的选择方法，因其简单实用，也是目前最常用的选择方法。在该方法中，各个个体的选择概率与适应度成比例，即若某个个体i的适应度为f_i，种群大小（规模）为size，则它被选取的概率的计算公式如式（6-22）所示。

$$P_i = \frac{f_i}{\sum\limits_{i=1}^{size} f_i} \qquad (i=1, 2, \cdots, size) \qquad （6-22）$$

$$\frac{\sum\limits_{i=1}^{size} f_i}{size} \qquad （6-23）$$

轮盘赌选择法的选择过程如图6-5所示。从该过程可以看出，如果需要选择N个个体，则需转动N次轮盘。为了改进这一问题，随机遍历抽样（stochastic universal samplings，SUS）方法被提出，其特点是只转动一次轮盘。SUS的具体步骤如图6-6所示，首先按照式（6-23）计算指针的间距；然后生成$\left[0, \dfrac{1}{size}\right]$区间内的均匀随机数作为起点指针位置；最后等距离选择个体。

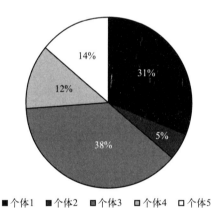

图6-5　轮盘赌选择法的选择过程

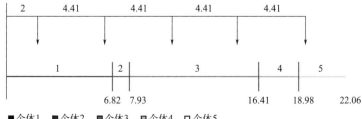

图6-6　随机遍历抽样选择法的选择过程

锦标赛方法（tournament selection model）是从群体中任意选择一定数目的个体（一般选两个），其中适应度最高的个体保存到下一代，这个过程反复执行，直到保存到下一代的个体数目达到预先设定的数目为止。

期望值方法（expected value model）首先按照式（6-24）计算群体中每个个体在下一代生存的期望数目size，若某个个体参与配对和交叉，则它在下一代中的生存期望数目减去0.5；若不参与配对和交叉，则减1。若一个个体的期望值小于0，则不参与选择。

$$\text{size} = \frac{f_i}{F} = \frac{f_i}{\sum f_i} \tag{6-24}$$

② 交叉。交叉操作是指将群体$P(t)$中选中的各个个体随机交配，对每一对个体来说，以某一概率（交叉概率P_c）交换它们之间的部分染色体。通过交叉，遗传算法的搜索能力得以飞速提高。

交叉操作一般分为以下几个步骤：首先从交配池中随机取出一对要交配的个体；然后根据位串度L，对要交配的一对个体，随机选取 [1，$L-1$] 中的一个或多个整数作为交叉位置；最后，根据交叉概率P_c实施交叉操作，即交配的一对个体在交叉位置处相互交换各自的部分基因，从而形成一对新的个体。

依据个体编码表示方法的不同，常见的交叉方法有单点交叉、双点交叉、均匀交叉等。

单点交叉（single-point crossover）又称简单交叉，即在个体码串中随机设定一个交叉点，两个个体在该点前或后的部分进行互换，并生成新的个体，如图6-7所示。

双点交叉（two-point crossover）的操作与单点交叉类似，只是设置了两个交叉点，两个交叉点间的码串相互交换，生成新个体，如图6-8所示。

A: 10110111 00	单点交叉后	A': 10110111 11
B: 00011100 11		B': 00011100 00

图6-7　单点交叉示例

A: 10 110 11	双点交叉后	A': 10 010 11
B: 00 010 00		B': 00 110 00

图6-8　双点交叉示例

均匀交叉（uniform crossover）是指通过设置屏蔽字来决定新个体的基因继承两个旧个体中哪个个体的对应基因。当屏蔽字的位为0时，新个体继承旧个体A中对应的基因；当屏蔽字的位为1时，新个体继承旧个体B中对应的基因，由此生成一个完整的新个体A'。反之，得到新个体B'，如图6-9所示。

旧个体A	001111
旧个体B	111100
屏蔽字	010101
新个体A'	011110
新个体B'	101101

图6-9　均匀交叉示例

③ 变异。是指对交叉之后子代中的每个个体，以某一概率（变异概率P_m）将某一个或某一些基因座的基因值改变为其他的等位基因值。变异的一般步骤是先对种群中所有个体按事先设定的变异概率判断是否进行变异；然后对进行变异的个体随机选择变异位进行变异。

根据个体编码方式的不同，变异方式有二进制变异、实数变异。

二进制变异可以是相应的基因值取反（图6-10），也可以是逆转变异（图6-11），即在个体码串中随机挑选两个逆转点，然后将两点间的基因值以逆转概率逆向排序。

```
变异前  A: 1010 1 01010                    逆转前  A: 10 11010 00
变异后  A': 1010 0 01010                   逆转后  A': 10 01011 00
```

图6-10 基因值取反的二进制变异示例   图6-11 二进制逆转变异示例

实数变异是对相应的基因值用取值范围内的其他随机值替代，常见的有高斯变异，即产生一个服从高斯分布的随机数来取代原先基因中的实数数值，这种方式产生的随机数的数学期望为当前基因的实数数值。

（4）遗传算法的运算流程

遗传算法的运算流程使用群体搜索技术，通过对当前群体施加选择、交叉、变异等一系列遗传操作，产生新一代群体，并按照某种指标从解群中选取较优个体，重复遗传操作，产生新一代的候选解群，使群体逐步进化到包含或接近最优解的状态，直到满足某种收敛指标为止。图6-12展示了遗传算法的运算流程。

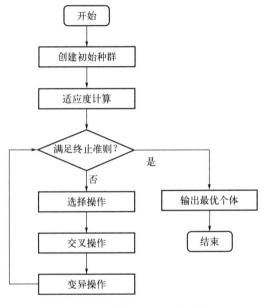

图6-12 遗传算法的运算流程

① 初始化。设置进化代数计数器g=0，随机或按某种方式产生size个个体组成初始种群P(0)。

② 个体评价。计算群体P(t)中各个个体的适应度。

③ 选择。将选择算子作用于群体，根据个体的适应度，按照一定的规则或方法选择一些优良个体遗传到下一代群体。

④ 交叉。将交叉算子作用于群体，对选中的成对个体，以某一概率和规则交换它们之间的部分染色体，产生新的个体。

⑤ 变异。将变异算子作用于群体，对选中的个体，以某一概率改变某一个或某一些基因值为其他的等位基因值。

⑥ 群体。P(t)经过选择、交叉和变异运算之后得到下一代群体P(t+1)。计算其适应

度，并根据适应度进行排序，进行终止条件判断。若不满足终止准则，转到步骤②，进行下一次遗传操作；若满足，则以当前获得的具有最高适应度的个体作为最优解输出，算法结束。

（5）遗传算法的关键参数设置

① 种群规模size，即群体中所含个体的数目，将影响遗传优化的最终结果以及遗传算法的执行效率。当种群规模size太小时，优化的性能一般不会太好。采用较大的种群规模可以减小遗传算法陷入局部最优解的概率，但较大的种群规模意味着计算复杂度较高。一般size的取值范围为10～200。

② 交叉概率P_c，即交叉操作被使用的频度。较高的交叉概率可以增强遗传算法开辟新的搜索区域的能力，但高性能的模式遭到破坏的可能性增大；若交叉概率太低，遗传算法搜索可能陷入迟钝状态。一般P_c的取值范围为0.25～1.00。

③ 变异概率P_m，即变异操作被使用的概率，属于辅助性的搜索参数，它的主要作用是保持群体的多样性。一般低频度的变异可防止群体中重要基因的可能丢失，高频度的变异将使遗传算法趋于纯粹的随机搜索。通常P_m的取值范围为0.001～0.1。

④ 最大迭代次数G，是遗传算法运行结束的一个条件，它表示遗传算法运行到指定的进化代数之后就终止运行，并将当前群体中的最佳个体作为所求问题的最优解输出。取值视具体问题而定，一般取值范围为100～1000。

对于算法流程中的终止条件，常见的设定包括：指定进化次数；计算耗费的资源限制（如算法所用的时间或计算所占用的内存空间等）；个体已经满足最优解的条件，即算法已经找到最优解；个体不再进化，即在一定的时间范围内，算法继续进化不会产生适应度更高的个体；其他人为干预等。对于终止条件的设定，可以为算法指定一个中止条件或多个终止条件的组合。

（6）遗传算法的伪代码

通常将基本遗传算法定义为一个八元组：

$$SGA=(C, E, P_0, size, \alpha, \beta, \gamma, T) \tag{6-25}$$

式中，C为个体的编码方法；E为个体适应度函数；P_0为初始种群；size为种群规模；α为选择算子；β为交叉算子；γ为变异算子；T为遗传运算终止条件。

遗传算法伪代码见算法6-1。

算法6-1 遗传算法

input：适应度函数evaluate()，初始种群$P(t)$，进化代数t，终止条件
output：求得的最优解Best

01	**begin**
02	$t \leftarrow 0$
03	initialize $[P(t)]$;　　　　　　//初始化种群
04	evaluate $[P(t)]$;　　　　　　//适应度评价
05	keep_best $[P(t)]$;　　　　　//保存最优染色体
06	**While**（不满足终止条件）**do**

07	**begin**	
08	$P(t) \leftarrow$ crossover $P(t)$;	//交叉算子
09	$t \leftarrow t+1$	
10	$P(t) \leftarrow P(t-1)$	
11	**If** [($P(t)$的最优染色体替代Best的适应值]	
12	evaluate [$P(t)$];	
13	replace (Best);	
14	**endIf**	
15	**end**	
16	**end**	

（7）NSGA-Ⅱ

2000年，Deb提出了NSGA的改进算法——NSGA-Ⅱ算法（带精英策略的非支配排序遗传算法，elitist non-dominated sorting genetic algorithm），是多目标优化领域中影响最大和应用范围最广的一种多目标遗传算法[10]。

1）NSGA-Ⅱ针对NSGA的缺陷在以下三个方面进行了改进

第一，提出了快速非支配排序法，降低了算法的计算复杂度。由原来的$O(mN^3)$降到$O(mN^2)$。

第二，提出了拥挤度和拥挤度比较算子，代替了需要指定共享半径的适应度共享策略，并作为快速排序后同级比较的胜出标准，使准Pareto域中的个体能扩展到整个Pareto域，并均匀分布，保持了种群的多样性。

第三，引入精英策略，扩大采样空间。将父代种群与其产生的子代种群组合，共同竞争产生下一代种群，有利于保持父代中的优良个体进入下一代，并通过对种群中所有个体分层存放，使得最佳个体不会丢失，迅速提高种群水平。

① 快速非支配排序法。在NSGA-Ⅱ中，每个个体i都设有以下两个参数$n(i)$和$S(i)$。

$n(i)$为在种群中支配个体i的解的数量。（别的解支配个体i的数量）

$S(i)$为被个体i所支配的解的集合。（个体i支配别的解的集合）

快速非支配排序法的流程如下。

Step1：找到种群中所有$n(i)=0$的个体（种群中所有不被其他个体支配的个体i）并存入当前集合$F(1)$。

Step2：对于当前集合$F(1)$中的每个个体j，考察其所支配的个体集$S(j)$，将集合$S(j)$中的每个个体k的$n(k)$减去1，即支配个体k的解数减1，对其他解去除被第一层支配的数量。

Step3：如果$n(k)-1=0$，则将个体k存入另一个集H。最后，将$F(1)$作为第一级非支配个体集合，并赋予该集合内个体一个相同的非支配序i(rank)。

Step4：对H重复Step1 ～ Step3的分级操作并赋予相应的非支配序，直到种群中所有的个体都被分级。

该算法的计算复杂度为$O(mN^2)$，m为目标函数个数，N为种群规模。非被占优解排序伪代码见算法6-2。

算法6-2 非被占优解排序

procedure: fast-non- dominated-sort (P)	
input: 种群 P	
output: 非被占优解排序后的种群 P	

```
01    begin
02        F₁ ← Ø;
03        for all p ∈ P do
04            Sₚ ← Ø;              //记录被个体p支配的个体
05            nₚ ← 0;              //支配个体p的个数
06                for all q ∈ P do  /
07                    If p > q then      //如果p占优q
08                        Sₚ ← Sₚ ∪ {q};   //将q添加到被p占优的解集中
09                    else if q > p then
10                        nₚ ← nₚ+1       //将占优p的个体数加1
11                    end if
12                end for
13            if nₚ=0 then        //p属于第一层
14            rank(p) ← 1;
15                F₁ ← F₁ ∪ {p};
16            end if
17        end for
18        i ← 1;                   //初始化层数
19        while F₁≠Ø
20        Q ← Ø;                   //用来存储下一层中的元素
21        for all p ∈ F₁
22        for all q ∈ Sₚ
23            nq ← nq−1;
24            if nq=0 then         //q属于下一层
25            rank(q) ← i+1;
26                Q ← Q ∪ {q}
27            end if
28        end for
29        end for
30        end while
31        i ← i+1;
32        Fᵢ ← Q;
33    end
```

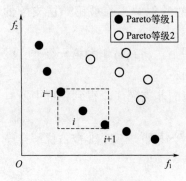

图6-13 拥挤度示意图

② 拥挤度计算。拥挤度指的是某一层中的某个体与同层中其他个体之间的距离，用 i_d 表示，它指出了在个体 i 周围包含个体 i 本身但不包含其他个体的长方形（以同一支配层的最近邻点作为顶点的长方形），如图6-13所示。显然，拥挤度的值越大，个体间就越不拥挤，种群的多样性就越好。需要指出的是，只有处于同一层的个体间才需要计算拥挤度，不同层之间的个体计算拥挤度是没有意义的。

③ 拥挤度比较算子。为了维持种群的多样性，需要一个比较拥挤度的算子来确保算法能够收敛到一个均匀分布的Pareto面上。

由于经过了排序和拥挤度的计算，种群中的每个个体i都得到两个属性：非支配序i(rank)和拥挤度i_d，则定义偏序关系$<_n$：当满足条件i(rank)$<i_d$，或满足i(rank)$=i_d$且$i_d>j_d$时，定义$i<_n j$。也就是说，如果两个个体的非支配排序不同，取排序号较小的个体（分层排序时，先被分离出来的个体）；如果两个个体在同一级，取周围较不拥挤的个体，见算法6-3。

算法6-3　拥挤距离赋值

| **procedure**：crowding-distance(I) |
| **input**：具有相同序值的集合I |
| **output**：具有个体适应值的集合I |

01	**begin**
02	$l \leftarrow |I|$;　　　　　///I中解的个数
03	**for** i=1 to l **do**
04	distance($I[i]$) $\leftarrow 0$;　　// 初始化距离
05	**end for**
06	**for** j=1 to m **do**
07	$I \leftarrow$ sort(I,j);　　　//用每一个目标值排序
08	distance($I[1]$)$\leftarrow \infty$；distance($I[l]$)$\leftarrow \infty$ //边界点总是被选择
09	**for** i=2 to $l-1$ **do**
10	distance($I[i]$) $\leftarrow$ distance($I[i]$)+distance($I[i+1]$) $m-I[i-1]m$)/($f_m^{\max}-f_m^{\min}$);
11	**end for**
12	**end for**
13	**end**

2）NSGA- Ⅱ算法流程描述

NSGA- Ⅱ算法的流程描述如图6-14所示。

① 初始化种群：利用随机方法生成一个包含N个个体的初始种群$P(t)$，迭代次数t=0。

② 采用选择、交叉、变异算子产生下一代种群$Q(t)$，规模为N。

③ 非支配排序：对于每个个体，计算其被其他个体支配的数量，并将这个数量作为个体的rank值。按照rank值对种群进行排序，将同一rank值的个体分为一组，并将它们归为同一个等级（front）。第一等级包含所有没被其他个体支配的个体，第二等级包含所有被第一等级个体支配的个体，以此类推。

④ 计算拥挤距离：对于每个等级中的个体，计算其与其他个体之间的拥挤距离。

⑤ 选择新种群：按照等级和拥挤距离的大小选择新的种群。具体来说，首先选择等级小的个体，然后在该等级内根据拥挤距离选择个体。如果两个个体的等级和拥挤距离都相同，则随机选择一个。t=t+1。

⑥ 检查终止条件。如果满足终止条件，则终止算法。否则，返回第②步。

其中，父子代合并后的选择流程如图6-15所示，将第t代产生的新种群$Q(t)$与父代$P(t)$合并组成$R(t)$，种群规模为$2N$。然后对$R(t)$进行非支配排序，产生一系列非支配集$F(t)$并计算拥挤度。由于子代和父代个体都包含在$R(t)$中，则经过非支配排序以后的非支配集

$F(1)$中包含的个体是$R(t)$中最好的,所以先将$F(1)$放入新的父代种群$P(t+1)$中。如果$F(1)$的规模小于N,则继续向$P(t+1)$中填充下一级非支配集$F(2)$,直到添加$F(3)$时,种群的规模超出N,对$F(3)$中的个体进行拥挤度排序,取前$N-|P(t+1)|$个个体,使$P(t+1)$个体数量达到N。然后通过遗传算子(选择、交叉、变异)产生新的子代种群$Q(t+1)$。

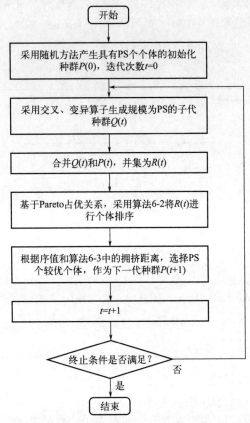

图6-14 NSGA-Ⅱ算法流程

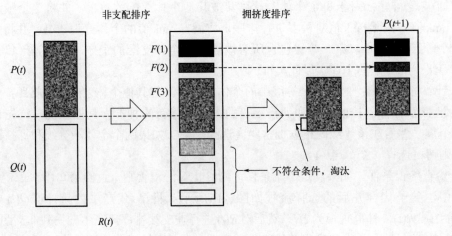

图6-15 父子代合并后的选择流程

NSGA-Ⅱ算法通过非支配排序和拥挤距离的计算来保持多样性，并能够有效地探索 Pareto 前沿。通过使用 NSGA-Ⅱ算法，可以在多目标优化问题中找到高质量的解。NSGA-Ⅱ算法的整体复杂度为 $O(mN^2)$，由算法的非支配排序部分决定。

算法6-4给出了NSGA-Ⅱ的伪代码。算法6-4中，非支配排序过程在算法6-2中给出，拥挤距离的计算在算法6-3中给出。

算法6-4　NSGA-Ⅱ

procedure: main procedure (N, T, P_c, P_m)
input: 算法参数（种群规模N，最大进化代数T，交叉概率P_c，变异概率P_m）
output: 收敛性好且分布均匀的近似Pareto最优解集

01	**begin**
02	$t=1$
03	initialize[$P(t)$];　　　　　　//初始化种群
04	**while**($t < T$)**do**
05	$Q(t) \leftarrow$ make-new-pop[$P(t)$]; //选择、交叉和变异产生子代种群
06	$R(t) \leftarrow P(t) \cup Q(t)$;　　　//合并父代种群和子代种群
07	$F \leftarrow$ fast-non-dominated-sort[$R(t)$]; // $F=(F_1, F_2 \cdots\cdots)$ 是 $R(t)$ 的所有前沿
08	$P(t+1) \leftarrow \varnothing$; $i \leftarrow 1$;
09	**repeat**
10	Crowding-distance (F_i);　　//计算 F_i 中的拥挤距离
11	$P(t+1) \leftarrow P(t+1) \cup F_i$;　　//下一代种群中包含第 i 层前沿
12	$i \leftarrow i+1$
13	**until** [$|P(t+1)|+|F_i| \leqslant N$];　　//选择个体到$P(t+1)$，直至填满
14	Sort(F_i, $<_n$);
15	$P(t+1) \leftarrow P(t+1) \cup F_i\{1：[N-|P(t+1)|]\}$; //选择$F_i$中的前$N-|P(t+1)|$个元素
16	$t \leftarrow t+1$
17	**end**
18	**end**

6.2.3　差分进化算法

差分进化（differential evolution，DE）算法是一种基于群体差异的演化算法，该算法于1995年由Rainer Storn和Kenneth Price在遗传算法等进化思想的基础上为求解切比雪夫多项式而提出[11]，其本质是一种多目标优化算法，用于求解多维空间中的整体最优解。凭借其原理简单、受控参数少、鲁棒性强和强大的全局寻优能力，差分进化算法已在约束优化计算、非线性优化控制、神经网络优化及其他方面得到广泛应用。

与遗传算法相似，差分进化算法也是随机生成初始种群，以种群中每个个体的适应度值为选择标准，主要过程也包括变异、交叉和选择三个步骤。不同之处在于，遗传算法是根据适应度值来控制父代杂交和变异后产生的子代被选择的概率值，在最大化问题中，适应度值高的个体被选择的概率相应也会大一些。而差分进化算法中的变异向量是由父代差分向量生成，并与父代个体向量交叉生成新个体向量直接与其父代个体一起进行选择。对比遗传算法，差分进化算法的逼近效果更加显著。

（1）差分进化算法的基本操作

差分进化算法的基本思想是应用当前种群个体的差异来重组得到中间种群，然后应用子代个体与父代个体竞争来获得新一代种群。差分进化算法的主要步骤包括种群初始化、变异、交叉和选择，下面分别介绍这几种基本操作。

① 种群初始化。在解空间中随机均匀产生 size 个个体，每个个体由 n 维向量组成，作为第 0 代种群，记为

$$X_i(0)=[x_{i,1}(0), x_{i,2}(0), \cdots, x_{i,n}(0)] \qquad i=1, 2, \cdots, \text{size}$$

为了建立优化搜索的初始点，种群必须被初始化。通常，寻找初始种群的一个方法是从给定边界约束内的值中随机选择。在差分进化算法中，一般假定所有随机初始化种群均符合均匀概率分布，故第 i 个个体的第 j 维值取值方式见式（6-26）。

$$x_{i,j}(0)=L_{j\_\min}+\text{rand}(0)(L_{j\_\max}-L_{j\_\min}) \qquad i=1, 2, \cdots, \text{size}; \ j=1, 2, \cdots, n \qquad （6-26）$$

式中，size 为种群规模参数；rand(0) 为在 $[0, 1]$ 内产生的均匀随机数；$L_{j\_\max}$、$L_{j\_\min}$ 分别为预定义的参数 j 的最大值和最小值。如果可以预先得到问题的初步解始种群，也可以通过对初步解加入正态分布随机偏差来产生 $x_{i,j}$，这样可以提高重建效果。

② 变异。变异操作是指新个体的产生由规模为 size 的种群内多个单独个体的线性运算得到。DE 算法的变异机制有很多种，表示为 DE/a/b。其中，a 表示被变异个体的选择方案；b 表示差向量的个数。最常用的方式是在选定一个个体后，通过在该个体上加上两个个体带权的差来实现变异。在第 g 次迭代中，从种群中随机选择 3 个个体 $x_{p_1}(g)$、$x_{p_2}(g)$、$x_{p_3}(g)$，且 $p_1 \neq p_2 \neq p_3$，产生的变异向量按式（6-27）计算：

$$x_i(g)=x_{p_1}(g)+F[x_{p_2}(g)-x_{p_3}(g)] \qquad （6-27）$$

式中，$x_{p_2}(g)-x_{p_3}(g)$ 为差分向量；F 为变异算子（缩放因子），是一个实常数，具有控制偏差变量放大的作用。

二维向量的差分变异操作如图 6-16 所示。

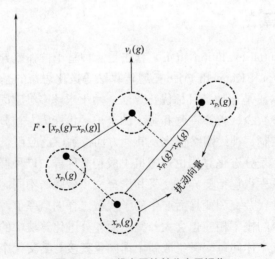

图6-16　二维向量的差分变异操作

在变异算子中随机选择的3个个体进行从优到劣的排序，得到X_b、X_m、X_w及相应的适应度f_b、f_m、f_w。变异算子改为式（6-28）：

$$V_i = X_b + F_i(X_m - X_w) \qquad (6-28)$$

F的取值根据生成差分向量的两个个体自适应变化，见式（6-29）：

$$F_i = F_l + (F_u - F_l)\frac{f_m - f_b}{f_w - f_b} \qquad (6-29)$$

式中，$F_l = 0.1$，$F_u = 0.9$。

此外，下面还给出了几种常见的变异策略，见式（6-30）～式（6-34）。

DE/rand/1：

$$v_i(g) = x_{p_1}(g) + F[x_{p_2}(g) - x_{p_3}(g)] \qquad (6-30)$$

DE/best/1：

$$v_i(g) = x_{best}(g) + F[x_{p_1}(g) - x_{p_2}(g)] \qquad (6-31)$$

DE/current to best/1：

$$v_i(g) = x_i(g) + F[x_b(g) - x_i(g)] + F[x_{p_1}(g) - x_{p_2}(g)] \qquad (6-32)$$

DE/best/2：

$$v_i(g) = x_b(g) + F[x_{p_1}(g) - x_{p_2}(g)] + F[x_{p_3}(g) - x_{p_4}(g)] \qquad (6-33)$$

DE/rand/2：

$$v_i(g) = x_{p_1}(g) + F[x_{p_2}(g) - x_{p_3}(g)] + F[x_{p_4}(g) - x_{p_5}(g)] \qquad (6-34)$$

在算法迭代初期，种群中个体差异大，变异操作会使算法具有较强的全局搜索能力；到迭代后期，算法趋于收敛，此时种群中个体差异较小，算法可以具有较强的局部搜索能力。

③ 交叉。交叉算子通过有效改组种群中的有用信息来构建实验向量，通过重新组合个体以找到更好的解决方案。常用的交换准则有二项交叉（用 bin 表示）与指数交叉（用 exp 表示）。其中，二项交叉指的是针对每个分量产生一个 0 ～ 1 的随机数，若该随机数小于交叉算子 cr，则进行交换。交叉算子越大，交叉个体从变异个体获得的信息越大，全局搜索能力越强，收敛速度就越慢；反之，交叉算子越小，其局域搜索能力就越强，容易产生早熟现象。交叉公式见式（6-35）：

$$\boldsymbol{u}_{i,j}(g) = \begin{cases} \boldsymbol{v}_{i,j}(g), & \text{rand}(j) < \text{cr 或} j = rn_i \\ \boldsymbol{x}_{i,j}(g), & \text{其他} \end{cases} \qquad (6-35)$$

式中，$\boldsymbol{u}_{i,j}(g)$ 为交叉种群；rand(j) 为在 [0，1] 之间随机数发生器的第 j 个估计值；$rn_i \in (1, 2, \cdots, n)$ 为随机选择的序列，$j = rn_i$ 用来确保 $\boldsymbol{u}_{i,j}(g)$ 至少从 $\boldsymbol{v}_{i,j}(g)$ 中获得一个第 j 维参数；cr 为交叉算子，取值范围为 [0，1]。

cr 的自适应调整的形式化描述见式（6-36）：

$$cr_i=\begin{cases} cr_l+(cr_u-cr_l)\dfrac{f_i-f_{\min}}{f_{\max}-f_{\min}}, & f_i>\overline{f} \\[2mm] cr_l, & f_i<\overline{f} \end{cases} \tag{6-36}$$

式中，f_i 为个体 $\boldsymbol{X}_i$ 的适应度；$f_{\max}$、$f_{\min}$ 分别为当前种群中最差和最优个体的适应度；$\overline{f}$ 为当前种群适应度的平均值；cr_l、cr_u 分别为 cr 的下限和上限。

二项式交叉示例如图6-17所示。

指数交叉的操作见式（6-37）：

$$\boldsymbol{u}_{i,j}(g)=\begin{cases} \boldsymbol{v}_{i,j}(g), & j=<l>_n,\ <l+1>_n,\ \cdots,\ <l+L-1>_n \\ \boldsymbol{x}_{i,j}(g), & \text{其他} \end{cases} \tag{6-37}$$

式中，$<l>_n$ 为对 n 取模运算；l 为 $[1,\ n]$ 中的一个随机整数；整数 L 在 1 和 n 之间。

对于指数交叉，首先选择一个 $1\sim n$ 之间的整数 l 作为交叉的起点，在起点处，实验向量取自变异向量，然后按照随机数与变异率的比较情况选择一个小于 n 的长度 L 作为替换的变量数目。

指数交叉示例如图6-18所示。

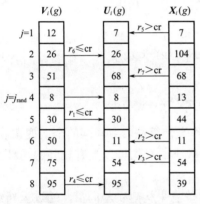

图6-17　二项式交叉示例

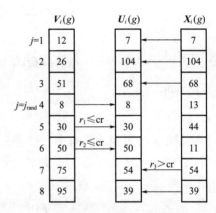

图6-18　指数交叉示例

④ 选择。为决定实验向量 $\boldsymbol{U}_{i,j}(g)$ 是否会成为下一代中的成员，差分进化算法按照贪婪准则将实验向量与当前种群中的目标向量 $\boldsymbol{X}_i(g)$ 进行比较。如果目标函数要被最小化，那么具有较小目标函数值的向量将在下一代种群中出现。下一代中的所有个体都比当前种群的对应个体更佳或者至少一样好。需要注意的是：在差分进化算法选择程序中，实验向量只与一个个体相比较，而不是与现有种群中的所有个体相比较。具体操作方式见式（6-38）：

$$\boldsymbol{X}_i(g+1)=\begin{cases} \boldsymbol{U}_i(g), & f[\boldsymbol{V}_i(g)]<f[\boldsymbol{X}_i(g)] \\ \boldsymbol{X}_i(g), & \text{其他} \end{cases} \tag{6-38}$$

式中，$f(\text{expr})$ 为适应度函数，如果 $\boldsymbol{U}_i$ 优于 $\boldsymbol{X}_i$，则 $\boldsymbol{U}_i$ 代表下一代而不是 $\boldsymbol{X}_i$。对于每个个体，$\boldsymbol{X}_i(g+1)$ 要优于或等于 $\boldsymbol{X}_i(g)$。

⑤ 边界条件的处理。在有边界约束的问题中，必须保证产生新个体的参数值位于问题的可行域中，一个简单方法是将不符合边界约束的新个体用在可行域中随机产生的参数

向量代替，即若 $\boldsymbol{u}_{i,j}(g) < L_{j\_\min}$ 或 $\boldsymbol{u}_{i,j}(g) > L_{j\_\max}$，则 $\boldsymbol{u}_{i,j}(g)$ 计算见式（6-39）。

$$U_{i,j}(g)=L_{j\_\min}+\mathrm{rand}(0)(L_{j\_\max}-L_{j\_\min}) \tag{6-39}$$

另外一个方法是进行边界吸收处理，即采用将超过边界约束的个体值设置为临近的边界值的方法。

差分进化算法使用上述的变异、交叉和选择算子生成下一代种群，不断循环直到算法满足终止标准。

（2）差分进化算法的运算流程

差分进化算法运算流程如图6-19所示。差分进化算法采用实数编码、基于差分的简单变异操作和"一对一"的竞争生存策略，其具体步骤如下。

① 确定差分进化算法的控制参数和所要采用的具体策略。差分进化算法的控制参数包括种群规模、变异算子、交叉算子、最大进化代数、终止条件等。

② 随机产生初始种群，进化代数 $t=0$。

③ 对初始种群进行评价，即计算初始种群中每个个体的目标函数值。

④ 判断是否达到终止条件或达到最大进化代数。若是，则进化终止，将此时的最佳个体作为解输出；否则，继续下一步操作。

⑤ 进行变异操作和交叉操作，对边界条件进行处理，得到临时种群。

⑥ 对临时种群进行评价，计算临时种群中每个个体的目标函数值。

⑦ 对临时种群中的个体和原种群中对应的个体进行"一对一"的选择操作，得到新种群。

⑧ 进化代数 $t=t+1$，转步骤④。

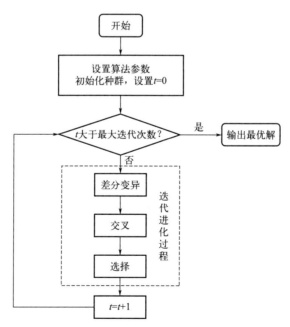

图6-19　差分进化算法的运算流程

（3）差分进化算法的关键参数设置

参数选择主要涉及种群规模size、变异算子F及交叉算子cr的设定。

① 种群规模size。一般情况下，种群的规模越大，个体越多，种群的多样性也就越好，寻优的效果越好，但也因此增加了计算的难度。所以，种群规模不能无限大。根据经验，种群规模的合理选择一般为5～10，必须满足size≥4，以确保差分进化算法具有足够的不同的变异向量。

② 变异算子F。$F \in [0, 2]$是一个实常数，它决定偏差向量的放大比例。变异算子过小，会影响种群个体间的差异性，使得计算结果陷入局部最优。随着F值的增大，算法的全局搜索能力增强，防止算法陷入局部最优的能力增强，有利于最优解的搜索，但会影响算法的收敛速度。当$F > 1$时想要算法快速收敛到最优值会变得十分不易，这是由于当差分向量的扰动大于两个个体之间的距离时，种群的收敛性会变得很差。目前的研究表明，小于0.4和大于1的F值仅偶尔有效，$F=0.5$通常是一个较好的初始选择。若种群过早收敛，那么F或size应该增大。

③ 交叉算子cr。cr一般为$[0, 1]$，它控制着一个实验向量参数来自随机选择的变异向量而不是原来向量的概率。cr越大，发生交叉的可能性就越大，收敛速度会加快，但易发生早熟现象。比较好的选择应在0.3左右。

④ 最大进化代数G。最大进化代数G是表示差分进化算法运行结束条件的一个参数，即差分进化算法运行到指定的进化代数之后就终止运行，并将当前群体中的最佳个体作为所求问题的最优解输出。一般G的取值范围为100～500。

⑤ 终止条件。除最大进化代数可作为差分进化算法的终止条件外，还可以增加其他判定准则。一般当目标函数值小于阈值时程序终止，阈值常选10^{-6}。

上述参数中，F、cr与size在搜索过程中是常数，一般F和cr影响搜索过程的收敛速度和稳健性，它们的优化值不仅依赖于目标函数的特性，还与size有关。

（4）差分进化算法的伪代码

在 DE算法中，首先随机初始化解向量，然后通过变异、交叉和选择三个运算符来不断选代进化；在每个生成的解决方案和突变解决方案之间应用贪婪选择更新群体。DE算法的伪代码如算法6-5所示。

算法6-5　DE算法

input： population, dimension, termination criteria , maximum iterations
output： bestvector

01	**begin**
02	T=0;
03	Initialization: set the parameters and generate a random population;
04	Evaluation: evaluate the initial population;
05	**While** (termination criteria not satisfied)
06	Initialization: particles
07	**While** (maximum iterations is not attained)
08	Mutation: generate a mutant population;
09	Crossover: generate a trail population;

10	Select: select the better vector generate a new population
11	Update $v^k_h(t+1)$ and $x^k_h(t+1)$
12	$T = T+1$
13	**EndWhile**
14	Return best vector

6.2.4 粒子群算法

粒子群算法（particle swarm optimization，PSO）是1995年美国电气工程师 Eberhart 博士和社会心理学家 Kennedy 博士受人工生命研究的启发，通过模拟鸟群觅食过程中的迁徙和聚群行为而提出的一种基于群体智能的全局随机搜索算法[12]，中心思想是通过个体之间的相互协作和群体之间的信息共享来对最佳参数组合进行搜索，具有操作简便、收敛速度快等优势。

与其他进化算法一样，粒子群算法也是基于"种群"和"进化"的概念，通过个体间的协作与竞争，实现复杂空间最优解的搜索。但它又不像其他进化算法那样对个体进行交叉、变异、选择等进化算子操作，而是将群体中的个体看作是在 D 维搜索空间中没有质量和体积的粒子，每个粒子以一定的速度在解空间运动，并向自身历史最佳位置 P_i 和邻域历史最佳位置 G_{best} 聚集，实现对候选解的进化。

（1）基本粒子群算法

假设搜索空间为 D 维，总粒子数为 n。第 i 个粒子位置表示为向量 $X_i=x_{i1}, x_{i2}, \cdots, x_{iD}$；第 i 个粒子的历史最优位置为 $P_i=P_{i1}, P_{i2}, \cdots, P_{iD}$，也称个体极值，$G_{best}$ 为所有 P_i（$i=1, 2, \cdots, n$）中的最优值，也称全局极值；第 i 个粒子的速度向量 $V_i=v_{i1}, v_{i2}, \cdots, v_{iD}$，$v_{ij} \in [-v_{max}\ v_{max}]$，$v_{max}$ 为常数，由用户设定，用来限制粒子的速度。每个粒子的速度和位置根据式（6-40）进行变化：

$$V^{k+1}_i=V^k_i+c_1r_1(P_i-X^k_i)+c_2r_2(G_{best}-X^k_i) \qquad (6\text{-}40)$$

$$X^{k+1}_i=X^k_i+V^{k+1}_i$$

$$1 \leqslant i \leqslant n, 1 \leqslant d \leqslant D, 1 \leqslant k \leqslant K$$

式中，V^{k+1}_i 为粒子 i 第 $k+1$ 次迭代的速度；V^k_i 为粒子 i 第 k 次迭代的速度；X^{k+1}_i 为粒子 i 第 $k+1$ 次迭代的位置（坐标）；X^k_i 为粒子 i 第 k 次迭代的位置（坐标）；c_1、c_2 分别为正常数，称为加速常数/学习因子；r_1、r_2 分别为 ［0 1］ 范围内的均匀随机数，增加了粒子飞行的随机性；k 为当前迭代次数；K 为最大迭代次数。

由式（6-40）可以看出，粒子的速度受三个部分共同影响：第一部分是"惯性"或"动量"部分，反映了粒子的运动"习惯"；第二部分是认知部分（cognition modal），表示粒子对自身历史经验的记忆；第三部分是社会部分（social modal），反映了粒子间协同合作与知识共享的群体历史经验，代表粒子有向群体或邻域历史最佳位置逼近的趋势。

三个部分共同决定粒子的空间搜索能力：第一部分用于平衡全局和局部搜索；第二部分使粒子有足够强的全局搜索能力，避免陷入局部最优；第三部分体现了粒子间的信息共享。在三个部分的共同作用下，粒子每次迭代时的速度更新都会受到自身惯性的影响，又结合了自身和整个群粒子的经验，算法既可以更好地跳出局部极值，又能更快地找到全局极值。

（2）标准粒子群算法

1998年，Shi等提出了带有权重的改进粒子群算法[13]，由于该算法能保证较好的收敛效果，所以被默认为是标准粒子群算法。其进化过程见式（6-41）。

$$X_i^{k+1}=X_i^k+V_i^{k+1}$$

$$V_i^{k+1}=wV_i^k+c_1r_1(P_i-X_i^k)+c_2r_2(G_{\text{best}}-X_i^k) \qquad (6\text{-}41)$$

可以看出，式（6-41）中惯性权重w表示在多大程度上保留原来的速度。w较大，则全局收敛能力较强，局部收敛能力较弱；w较小，则局部收敛能力强，全局收敛能力较弱。

当$w=1$时，式（6-41）与式（6-40）完全一样，表明带惯性权重的粒子群算法是基本粒子群算法的扩展。实验结果表明：w为$0.8\sim1.2$时，粒子群算法有更快的收敛速度；而当$w>1.2$时，算法则容易陷入局部极值。

另外，在搜索过程中可以对w进行动态调整：在算法开始时，给w赋予较大正值，随着搜索的进行，线性地使w逐渐减小，这样可以保证在算法开始时，各粒子能够以较大的速度步长在全局范围内探测到较好的区域；而在搜索后期，较小的w值则保证粒子能够在极值点周围做精细的搜索，从而使算法有较大的概率向全局最优解位置收敛。对w进行调整，可以权衡全局搜索和局部搜索能力。目前，采用较多的动态惯性权重值是Shi提出的线性递减权重值策略，其表达式见式（6-42）。

$$w=w_{\text{max}}-\frac{(w_{\text{max}}-w_{\text{min}})t}{T_{\text{max}}} \qquad (6\text{-}42)$$

式中，T_{max}为最大进化代数；w_{min}为最小惯性权重；w_{max}为最大惯性权重；t为当前迭代次数。在大多数应用中，$w_{\text{max}}=0.9$，$w_{\text{min}}=0.4$。

（3）粒子群算法的运算流程

粒子群算法的运算流程描述如图6-20所示。

① 初始化粒子群，种群（群体）规模为n，将粒子随机地分布在解空间中，位置为X_i，并给每个粒子随机地赋予一个初始速度值V_i。

② 对每个粒子，用评价函数根据其在解空间中的位置计算适应度值fit[i]。计算出每个粒子的个体极值P_i，即个体极值点对应的适应度函数值；计算全局极值G_{best}（全局极值点的适应度函数值）即个体极值中最好的点对应的值，并将G_{best}设置为最好粒子的当前位置。

③ 对每个粒子，比较其适应度值fit[i]和粒子的个体

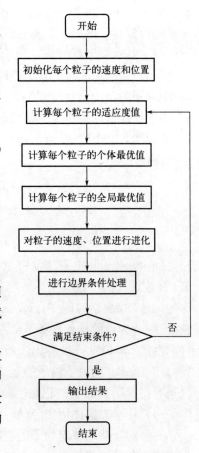

图6-20 粒子群算法的运算流程

极值 P_i，若前者优于后者，则使用当前值 fit[i] 更新粒子的 P_i；否则，保持 P_i 不变。

④ 比较当前群体最优解和上一次迭代的最优解 G_{best}，若前者优于后者，则更新 G_{best}，否则保持 G_{best} 不变。

⑤ 根据式（6-40）更新粒子的速度和位置。

⑥ 当结束条件满足时，退出计算；否则，返回步骤②，并且迭代次数加 1。

（4）粒子群算法的关键参数设置

粒子群算法需调整的参数主要包括种群规模 n、加速常数 c_1 和 c_2、惯性权重 ω、最大速度限制值 v_{max}、最大迭代次数 K、计算精度 e 等。在这些参数中，最大迭代次数 K 和计算精度 e 通常作为算法的终止条件，需要根据具体的问题规模和结果希望获取的精度，兼顾算法优化质量和搜索效率等多方面因素来确定加速因子。

① 种群规模 n。粒子种群大小的选择视具体问题而定，但是一般设置粒子数为 20～50。对于大部分的问题，10 个粒子已经可以取得很好的结果；不过对于比较难的问题或者特定类型的问题，粒子的数量可以取到 100 或 200。另外，粒子数目越大，算法搜索的空间范围就越大，也就更容易发现全局最优解；当然，计算的时间也越长。

② 惯性权重 w。惯性权重是标准粒子群算法中非常重要的控制参数，可以用来控制算法的开发和探索能力。惯性权重的大小表示了对粒子当前速度继承的多少。当惯性权重值较大时，全局寻优能力较强，局部寻优能力较弱；当惯性权重值较小时，全局寻优能力较弱，局部寻优能力较强。惯性权重通常有固定权重和时变权重。固定权重就是选择常数作为惯性权重值，在进化过程中值保持不变，一般取值为 [0.8, 12]；时变权重则是设定某一变化区间，在进化过程中按照某种方式逐步减小的惯性权重。时变权重的选择包括变化范围和递减率。固定权重可以使粒子保持相同的探索和开发能力，而时变权重可以使粒子在进化的不同阶段拥有不同的探索和开发能力。当 v_{max} 取值过小时，无论取值如何，总是趋向于局部搜索而缺乏全局探测能力；如果 v_{max} 取值够大，则算法的性能主要取于 w。

③ 加速常数 c_1 和 c_2。加速常数 c_1 和 c_2 用于调节粒子向 P_i 和 G_{best} 方向飞行的最大补偿，它们分别决定粒子个体经验和群体经验对粒子运行轨迹的影响，反映了粒子群之间的信息交流。小的加速常数值可以使粒子在远离目标的区域内振荡；大的加速常数值会使粒子迅速飞向目标区域。如果 $c_1=c_2=0$，则粒子将以当前速度飞行，直到边界。此时，由于粒子只能搜索有限的区域，故不易找到最优解。

当 $c_1=0$ 时，粒子没有认知能力，即只有"社会模型"。在粒子相互作用下，所有粒子能达到新的搜索空间，但在解决复杂问题时极易陷入局部极值点。

当 $c_2=0$ 时，粒子之间没有社会信息共享，即只有"认知模型"。由于个体之间没有交互，一个规模为 n 的群体等价于 n 个单粒子，因而得到最优解的概率非常小。在早期的研究中，通常设 $c_1=c_2=2$，现在一般取 $c_1=c_2=0.5$。当然，也有研究者认为 c_1 和 c_2 应该取不相等的值。

④ 最大速度限制值 v_{max}。粒子的速度在空间中的每一维上都有一个最大速度限制值 v_{max}，用来对粒子的速度进行限制，使速度控制在范围 [$-v_{max}$ v_{max}] 内，这决定了对问题空间搜索的力度，该值一般由用户自己设定。若该值太大，粒子也许会飞过优秀区域；若

该值太小，则粒子可能无法对局部最优区域以外的区域进行充分的探测，可能会陷入局部。

⑤ 终止准则。最大迭代次数、计算精度或最优解的最大停滞步数（或可以接受的满意解）通常认为是终止准则，即算法的终止条件。根据具体的优化问题，终止准则的设定需同时兼顾算法的求解时间、优化质量和搜索效率等多方面因素。

⑥ 边界条件处理。当某一维或若干维的位置或速度超过设定值时，采用边界条件处理策略可将粒子的位置限制在可行的搜索空间内，这样能避免种群的膨胀与发散，也能避免对粒子的大范围盲目搜索，从而提高了搜索效率。具体的方法有很多种，例如通过设置最大位置限制值 x_{max} 和最大速度限制值 v_{max}，当超过最大位置或最大速度时，在范围内随机产生一个数值代替，或者将其设置为最大值，即边界吸收。

（5）粒子群算法的伪代码

粒子群算法的伪代码如算法6-6所示。

算法6-6 PSO

| input：Data set D, Feature set F |
| output：Characteristic subset |

01	**for** each $f_i \in X$, $c_j \in C$
02	Calculate I_{ij} to get the matrix M;
03	**endfor**
04	**While** (maximum iterations is not attained)
05	**for** each particle
06	Update p_{best} and G_{best}
07	Update subset and position
08	**endfor**
09	**endwhile**

6.2.5 蚁群算法

蚁群算法（ant colony optimization，ACO）是对自然界蚂蚁的寻径方式进行模拟而得出的一种仿生算法，1991年由Colorni提出[14]。蚂蚁在运动过程中能够在它所经过的路径上留下信息素进行信息传递，且蚂蚁在运动过程中能够感知这种物质并以此来指导自己的运动方向。因此，由大量蚂蚁组成的蚁群的集体行为便表现出一种信息正反馈现象：某一路径上走过的蚂蚁越多，则后来者选择该路径的概率就越大。

蚁群算法作为一种有潜力的群体智能优化方法，其主要优点是并发多线程搜索机制，可以获得更优的搜索解，因而近年来被成功应用于生产过程调度问题的研究中。在生产过程调度问题中，蚁群算法可以通过表示每个订单的加工顺序来生成调度方案。该算法模拟了蚂蚁在搜索食物时释放信息素的行为，并将信息素用于选择更好的解决方案。通过反复搜索和信息素更新，蚁群算法可以逐渐找到最优解。

（1）基本蚁群算法流程

基本蚁群算法可以表述如下。

在算法的初始时刻，将 m 只蚂蚁随机地放到 n 座城市中，同时，将每只蚂蚁的禁忌表

tabu 的第一个元素设置为它当前所在的城市，此时各路径上的信息素量相等，设 $\tau_{ij}(0)=c$（c 为一较小的常数），接下来，每只蚂蚁根据路径上残留的信息素量和启发式信息（两城市间的距离）独立地选择下一座城市，在时刻 t，蚂蚁 k 从城市 i 转移到城市 j 的概率 P_{ij}^k 按式（6-43）计算。

$$P_{ij}^k=\begin{cases} \dfrac{[\tau_{ij}(t)]^{\alpha}[\eta_{ij}(t)]^{\beta}}{\sum_{l\in N_i^k}[\tau_{il}(t)]^{\alpha}[\eta_{il}(t)]^{\beta}}, & j\in J_k(i) \\ \\ 0, & \text{其他} \end{cases} \tag{6-43}$$

$$J_k(i)=\{1,2,\cdots,n\}-\text{tabu}_k$$

式中，η_{ij} 为预先给定的启发式因子，表示蚂蚁从城市 i 转移到城市 j 的期望程度，通常 $\eta_{ij}=1/d_{ij}$，d_{ij} 为节点 i 和 j 之间的距离；α、β 分别为信息素和期望启发式因子的相对重要程度；$J_k(i)$ 为蚂蚁 k 下一步允许选择的城市集合；禁忌表 tabu_k 为记录了蚂蚁 k 当前走过的城市。当所有 n 座城市都加入禁忌表 tabu_k 中时，蚂蚁 k 便完成了一次周游，此时蚂蚁 k 所走过的路径便是旅行商问题的一个可行解。当所有蚂蚁完成一次周游后，各路径上的信息素根据式（6-44）更新。

$$\tau_{ij}(t+n)=(1-\rho)\tau_{ij}(t)+\Delta\tau_{ij} \qquad 0<\rho<1 \tag{6-44}$$

式中，ρ 为路径上信息素的蒸发系数；$1-\rho$ 为信息素的持久性系数；$\Delta\tau_{ij}$ 为本次迭代中边 ij 上信息素的增量，计算公式见式（6-45）。

$$\Delta\tau_{ij}=\sum_{k=1}^m \Delta\tau_{ij}^k \tag{6-45}$$

式中，$\Delta\tau_{ij}^k$ 为第 k 只蚂蚁在本次迭代中留在边 ij 上的信息素的增量，如果蚂蚁 k 没有经过边 ij，则 $\Delta\tau_{ij}^k$ 的值为零。

$\Delta\tau_{ij}^k$ 可表示为式（6-46）。

$$\Delta\tau_{ij}^k=\begin{cases} \dfrac{Q}{L_k}, & \text{蚂蚁 } k \text{ 在本次周游中经过边 } ij \\ \\ 0, & \text{其他} \end{cases} \tag{6-46}$$

式中，Q 为正常数；L_k 为第 k 只蚂蚁在本次周游中所走过路径的长度。

蚁群算法的运算流程如图 6-21 所示。

① 参数初始化。令时间 $t=0$ 和循环次数 $N_c=0$，设置最大循环次数 G，将 m 个蚂蚁置于 n 个元素上（城市中），令有向图上每条边（ij）的初始化信息素量 $\tau_{ij}(t)=c$，其中 c 表示常数，且初始时刻 $\Delta\tau_{ij}(0)=0$。

② 循环次数 $N_c=N_c+1$。

③ 蚂蚁的禁忌表索引号 $k=1$。

④ 蚂蚁数目 $k=k+1$。

⑤ 蚂蚁个体根据状态转移概率公式（6-43）计算的概率选择元素 j 并前进，$j\in J_k(i)$。

⑥ 修改禁忌表指针，即选择好蚂蚁之后将其移动到新的元素，并把该元素移动到该蚂蚁个体的禁忌表中。

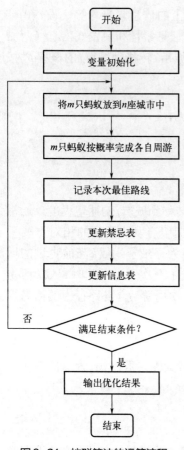

图6-21 蚁群算法的运算流程

⑦ 若集合C中元素未遍历完，即$k<m$，则跳转到第④步；否则执行第⑧步。

⑧ 记录本次最佳路径。

⑨ 根据式（6-44）更新每条路径上的信息素量。

⑩ 若满足结束条件，即如果循环次数$N_c \geq G$，则循环结束并输出程序优化结果；否则，清空禁忌表并跳转到第②步。

（2）蚁群算法的关键参数设置

在蚁群算法中，不仅信息素和启发函数乘积以及蚂蚁之间的合作行为会严重影响算法的收敛性，蚁群算法的参数也是影响其求解性能和效率的关键因素。信息素启发式因子α、期望启发式因子β、信息素蒸发系数ρ、信息素强度Q、蚂蚁数目m、最大进化代数G等都是非常重要的参数，其选取方法和选取原则直接影响蚁群算法的全局收敛性和求解效率。

① 信息素启发式因子α。信息素启发式因子α代表信息素量对是否选择当前路径的影响程度，即反映蚂蚁在运动过程中所积累的信息素量在指导蚁群搜索中的相对重要程度。α的大小反映了蚁群在路径搜索中随机性因素作用的强度，其值越大，蚂蚁在选择以前走过的路径的可能性就越大，搜索的随机性就会减弱；而当α的值过小时，则易使蚁群的搜索过早陷入局部最优解。根据经验，α取值范围一般为$[1, 4]$，此时蚁群算法的综合求解性能较好。

② 期望启发式因子β。期望启发式因子β表示在搜索时路径上的信息素在指导蚂蚁选择路径时的向导性，它的大小反映了蚁群在搜索最优路径过程中的先验性和确定性因素的作用强度。β的值越大，蚂蚁在某个局部点上选择局部最短路径的可能性就越大，虽然这个时候算法的收敛速度得以加快，但蚁群搜索最优路径的随机性减弱，而此时搜索易于陷入局部最优解。根据经验，β的取值范围一般为$[3, 5]$，此时蚁群算法的综合求解性能较好。

实际上，信息素启发式因子α和期望启发式因子β是一对关联性很强的参数：蚁群算法的全局寻优性能要求蚁群的搜索过程必须具有很强的随机性，而蚁群算法的快速收敛性能又要求蚁群的搜索过程必须具有较高的确定性。因此，两者对蚁群算法性能的影响和作用是相互配合、密切相关的，算法要获得最优解，就必须在这两者之间选取一个平衡点，只有正确选定它们之间的搭配关系，才能避免在搜索过程中出现过早停滞或陷入局部最优等情况。

③ 信息素蒸发系数ρ。蚁群算法中的人工蚂蚁是具有记忆功能的，随着时间的推移，以前留下的信息素将会逐渐消逝，蚁群算法与其他各种仿生进化算法一样，也存在着收敛速度慢、容易陷入局部最优解等缺陷，而信息素蒸发系数ρ的选择将直接影响整个蚁群算法的收敛速度和全局搜索性能。它实际上反映了蚂蚁群体中个体之间相互影响的强弱。若

ρ过小，则表示以前搜索过的路径被再次选择的可能性过大，会影响算法的随机搜索性能和全局搜索能力；过大，说明路径上的信息素挥发相对过多，虽然可以提高算法的随机搜索性能和全局搜索能力，但过多的无用搜索操作势必会降低算法的收敛速度。

④ 蚂蚁数目m。蚂蚁数量多，可以提高蚁群算法的全局搜索能力及算法的稳定性；但蚂蚁数目增大后，会使大量的曾被搜索过的解（路径）上的信息素的变化趋于平均，信息正反馈的作用不明显，虽然搜索的随机性得到了加强，但收敛速度减慢；反之，蚂蚁数量少，特别是当要处理的问题规模比较大时，会使那些从未被搜索到的解（路径）上的信息素减小到接近于0，搜索的随机性减弱，虽然收敛速度加快了，但会使算法的全局性能降低，算法的稳定性差，容易出现过停滞现象。m一般取$10 \sim 50$。

⑤ 最大进化代数G。最大进化代数G一般取$100 \sim 500$。

6.2.6 人工蜂群算法

土耳其埃尔吉耶斯大学的Karaboga 在2005年提出人工蜂群（artificial bee colony，ABC）算法[15]。人工蜂群算法是基于蜜蜂的觅食行为衍生而来的，模拟了蜜蜂群寻找食物源的智能行为。

（1）基本ABC算法

在ABC算法中，蜂群中包含3种蜜蜂：引领蜂、跟随蜂和侦察蜂。引领蜂和跟随蜂各占蜂群数量的一半，每个食物源只有一只引领蜂，换句话说，引领蜂的数量等于食物源数量。当一个食物源被放弃时，它所对应的引领蜂就变成了侦察蜂。

蜜蜂对食物源的搜索主要由以下3部分组成。

① 引领蜂发现食物源，并记录食物源的信息。

② 跟随蜂根据引领蜂提供的食物源信息，选择一个食物源。

③ 当一个食物源被放弃时，与之对应的引领蜂变为侦察蜂，随机寻找新的食物源。

在用ABC 算法求解优化问题时，每个食物源表示要优化问题的一个可行解，花蜜的数量（适应度值）代表解的质量，解的个数N等于引领蜂的只数。首先，ABC算法随机生成含有N个解的初始种群，每个解$x_i (i=1, 2, \cdots , N)$用一个d维向量$x_i=(x_{i1}, x_{i2}, \cdots , x_{in})^{\mathrm{T}}$来表示，$d$是优化问题参数的个数。根据式（6-47）产生初始解：

$$x_i=l_{\mathrm{b}}+(u_{\mathrm{b}}-l_{\mathrm{b}})\times \mathrm{rand}(0, 1) \tag{6-47}$$

式中，u_{b}、l_{b}分别为x_i取值范围的上、下限；rand（0，1）为0与1之间的随机数。

蜜蜂对所有食物源进行循环搜索，循环次数为MCN。引领蜂首先对食物源进行邻域搜索并比较搜索前后两个食物源的花蜜数量，选择花蜜数量较多的食物源，即适应度较高的解。当有引领蜂完成了搜索后，回到舞蹈区把食物源的信息通过跳摇摆舞的方式传达给跟随蜂。然后，跟随蜂根据得到的食物源信息按照概率进行选择，花蜜越多的食物源，被选择的概率越大。群蜂也进行一次邻域搜索，并选择较好的解。

引领蜂和跟随蜂按照式（6-48）搜索食物源：

$$x'_{ij}=x_{ij}+r_{ij}(x_{ij}-x_{kj}) \tag{6-48}$$

式中，$j \in \{1, 2, \cdots, d\}$，$k \in \{1, 2, \cdots, N\}$，$j$和$k$都是随机选取的，但是$k \neq j$，$r_{ij} \in [-1$ $1]$，是一个随机数。

跟随蜂采蜜选择第i食物源的概率计算公式见式（6-49）：

$$p_i = \frac{f_i t_i}{\sum_{i=1}^{s_N} f_i t_i} \qquad (6-49)$$

式中，$f_i t_i$为第i解的适应度值。它的计算公式见式（6-50）：

$$f_i t_i = \begin{cases} \dfrac{1}{1+f_i}, & f_i t_i > 0 \\ 1+\text{abs}(f_i t_i), & f_i t_i < 0 \end{cases} \qquad (6-50)$$

式中，f_i为目标函数值。如果某个解x_i经过有限次循环之后仍然没有得到改善，那么这个解要被引领蜂放弃，引领蜂变为侦察蜂，按照式（6-51）随机产生一个新的食物源来代替。

$$x_i^j = x_{\min}^j + (x_{\max}^j - x_{\min}^j) \times \text{rand}(0, 1) \qquad (6-51)$$

式中，$x_{\min}^j$为得到的第j维的最小值；$x_{\max}^j$为得到的第j维的最大值。

不难看出，ABC算法是将侦察蜂的全局搜索和引领蜂与跟随蜂的局部搜索相结合的方法，使蜜蜂在食物源的勘察和采集两方面达到较好的平衡。

（2）人工蜂群算法的运算流程

人工蜂群算法的运算流程如图6-22所示。

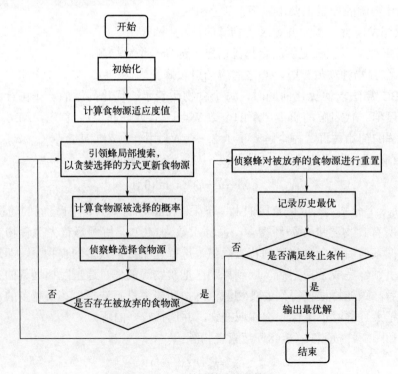

图6-22　人工蜂群算法的运算流程

① 随机初始化种群，种群中每一个个体代表一个食物源或者一个解。

② 引领蜂根据式（6-48）搜索食物源，并计算其适应度值。

③ 用贪婪法选择较好食物源。

④ 根据式（6-49）计算食物源被跟随蜂所选择的概率。

⑤ 跟随蜂搜索选择的食物源，并根据式（6-50）计算其适应度值。

⑥ 用贪婪法选择较好食物源。

⑦ 判断是否有被放弃的食物源，若有，侦察蜂按式（6-51）随机搜索新的食物源。

⑧ 记录迄今为止最好的食物源。

⑨ 判断是否满足终止条件，如果是，则输出最优解；否则转步骤②。

（3）人工蜂群算法的主要参数设置

① ABC算法在初始蜂群数量越多的情况下，性能越好。然而蜂群数量达到一定量后，ABC算法性能将不再提升。蜂群数量在50～100的情况下能得到较好的收敛速度。ABC算法在高维优化问题上不需要大的蜂群数量。

② ABC算法的limit控制参数很关键，它的大小与引领蜂的出动频率呈反比关系，以保证种群的多样性。对于单模函数，引领蜂的出动不会影响算法性能，但对于多模函数，能有效地提高算法的搜索能力。同时，对于较小规模的蜂群，limit不能设置得过低；而对于大规模种群能保证种群多样性时，limit值的大小的影响将相对减少。通过实验分析得出，limit=$S_N \times d$较为适宜。

（4）人工蜂群算法的伪代码

人工蜂群算法的伪代码如算法6-7所示，其中，n维的实数解x_i代表第i个食物源；LB_j和UB_j分别是第i个解的第j个分量的下限值和上限值；函数rand( )产生取值为0～1的随机数；f_i为种群的第i个解的适应度值；ω_i为第i个解的适应度值所占的比例。

算法6-7　ABC

---

procedure: ABC (PS, n, k)
input：算法参数（种群规模PS，个体数n）
output：最好的解

01	**begin**
02	步骤1：初始化种群，$x_i=[x_i(1), x_i(2), \cdots, x_i(n)]$为种群中第$i$个解，$x_i(j)$为第$i$个解的第$j$分量
03	**for** i=1 to PS
04	**for** j=1 to n
05	$x_i(j)=LB_j+(UB_j-LB_j)\times$rand( )
06	**endfor**
07	**endfor**
08	步骤2：引领蜂产生新解
09	**for** i=1 to PS
10	**for** j=1 to n
11	$x_{new}(j)=x_i(j)+[x_i(j)-x_k(j)]\times r$,　　k, i=1, 2, $\cdots$, PS且$k\neq i$, $r\in[-1, 1]$
12	**endfor**
13	**endfor**
14	评价新解x_{new}，根据更新准则更新所选择的解，即如果x_{new}优于当前解x_i，则将x_{new}赋值给x_i

15	步骤3：观察蜂共享引领蜂产生的解，通过下式计算每个解的适应度值所占的比例，选择比值最大的解，执行与步骤2相同的产生新解的方法，然后根据更新准则更新所选择的解
16	$\omega_i = \dfrac{f_i}{\sum\limits_{i=1}^{PS} f_i}, \qquad i=1, 2, \cdots, PS$
17	步骤4：搜索整个种群，寻找种群中一直未更新的解，然后侦察蜂对这些未更新的解采用步骤1的方法重新赋值
18	如果终止条件不满足，则执行步骤2，否则结束算法
19	**end**

6.2.7 注塑车间调度案例

在使用进化算法求解生产过程调度问题时，往往需要对其进行建模，包括对作业之间的关系、机器（设备）之间的制约条件、生产时间、交货期等情况进行分析，以确定目标函数和约束条件。然后，通过多种优化算法（如遗传算法、粒子群算法等）对建立的模型进行求解，以得到最优的调度方案。注塑行业是典型的离散制造业，同时具有柔性制造的特点，注塑车间调度问题是一种NP难问题。此外，注塑车间还面临双资源约束问题，即机器和模具资源的限制。本例是通过设计遗传算法实现注塑车间生产过程调度方案的优化，在满足车间机器（设备）约束条件的前提下，合理分配机器和模具资源，最大化生产效益。该问题涉及多个因素，包括订单到达时间、生产任务的优先级、机器（设备）的可用性等。

（1）多目标DRCFJSP问题的数学模型

注塑车间的生产过程调度问题属于多目标双资源柔性车间调度问题（dual resource constrained flexible job shop scheduling problems，DRCFJSP），其数学模型定义如下。

在加工系统中，有w个模具$\mathbf{W}=\{W_1, W_2, \cdots, W_w\}$和$m$台机器$\mathbf{M}=\{M_1, M_2, \cdots, M_m\}$两种资源约束，需要对$n$个订单$\mathbf{J}=\{J_1, J_2, \cdots, J_n\}$进行加工。其中订单$J_i$包含$n_i$道工序$\mathbf{O}_i=\{O_{i,1}, O_{i,2}, \cdots, O_{i,n_i}\}$。某个工序$O_{i,j}$可用的加工设备集为$\mathbf{M}_{i,j}=\{M_{i,j,1}, M_{i,j,2}, \cdots, M_{i,j,k}\}$，$\mathbf{M}_{i,j} \subseteq \mathbf{M}$，工序$O_{i,j}$可用的加工模具为$\mathbf{W}_{i,j}=\{W_{i,j,1}, W_{i,j,2}, \cdots, W_{i,j,m}\}$，$\mathbf{W}_{i,j} \subseteq \mathbf{W}$。每个工序选用不同的设备和模具的加工效率不同，所用加工时间记为T_{ijkw}（$T_{ijkw}>0$）。

根据注塑车间的调度特点，以最大完工时间（makespan）、最小提前时间（earliness）及最小拖后时间（tardiness）这三个指标进行多目标优化。

① 符号定义。符号定义表见表6-3。

表6-3 符号定义表

符号	定义
n	订单总数
m	设备总数
w	模具总数
$\mathbf{M}$	总的机器集
$\mathbf{W}$	总的模具集

符号	定义
$O_{i,j}$	订单i的第j道工序
$SE_{i,j}$	工序$O_{i,j}$最早开始加工时间
$CE_{i,j}$	工序$O_{i,j}$最早完工时间
$SL_{i,j}$	工序$O_{i,j}$最晚开始加工时间
$CL_{i,j}$	工序$O_{i,j}$最晚完工时间
S_k	机器k的开始加工时间
F_k	机器k的结束加工时间
L	一个足够大的正数
T_{ijkw}	工序$O_{i,j}$在机器k上由模具w加工所需时间
C_i	订单J_i的完工时间
d_i	订单J_i的交货期
$PW[v]$	工序v由同一模具加工的前一道工序,若v为该模具加工的第一道工序,则$PW[v]=-1$
$SW[v]$	工序v由同一模具加工的后一道工序,若v为该模具加工的最后一道工序,则$SW[v]=-1$

② 决策变量。

$$x_{ijkw}=\begin{cases}1, & \text{工序}O_{i,j}\text{在机器}k\text{上由模具}w\text{加工}\\0 & \text{其他}\end{cases}$$

$$y_{ghijk}=\begin{cases}1, & \text{工序}O_{g,h}\text{和工序}O_{i,j}\text{都在机器}k\text{上加工,且}O_{g,h}\text{先于}O_{i,j}\\0 & \text{其他}\end{cases}$$

$$z_{ghijk}=\begin{cases}1, & \text{工序}O_{g,h}\text{和工序}O_{i,j}\text{都由模具}w\text{加工,且}O_{g,h}\text{先于}O_{i,j}\\0 & \text{其他}\end{cases}$$

③ 约束条件。

每个工序都只能在一台机器上由一个模具进行加工:

$$\forall i\in\boldsymbol{J}、\ \forall j\in\boldsymbol{J}_i,\sum_{k\in M}\sum_{w\in W}x_{ijkw}=1$$

每个工序的最早完成时间等于该工序最早开始加工时间和所需加工时间之和:

$$\forall i\in\boldsymbol{J},\ \forall j\in\boldsymbol{J}_i,\text{CE}_{i,j}=\text{SE}_{i,j}+\sum_{k\in M}\sum_{w\in W}T_{ijkw}x_{ijkw}$$

每个工序的最晚完成时间等于最晚开始加工时间和所需加工时间之和:

$$\forall i\in\boldsymbol{J},\ \forall j\in\boldsymbol{J}_i,\text{CL}_{i,j}=\text{SL}_{i,j}+\sum_{k\in M}\sum_{w\in W}T_{ijkw}x_{ijkw}$$

同一订单上的工序必须按照先后顺序进行加工:

$$\forall i\in\boldsymbol{J},\ \forall j\in\boldsymbol{J}\{1,2,\cdots,n_i-1\},\text{CE}_{i,j}\leqslant\text{SE}_{i,j+1}$$

每个机器在任意时刻最多只能进行一道工序的加工:

$$\forall g,i\in\boldsymbol{J},\ \forall h\in\boldsymbol{J}_g,\ \forall j\in\boldsymbol{J}_i,\ \forall k\in\boldsymbol{M},\text{CE}_{g,h}\leqslant\text{SE}_{i,j}+L(1-y_{ghijk})$$

每个模具在任意时刻最多只能进行一道工序的加工：

$$\forall g,i \in J,\ \forall h \in J_g,\ \forall j \in J_i,\ \forall w \in W,\ \mathrm{CE}_{g,h} \leqslant \mathrm{SE}_{i,j}+L(1-z_{ghijk})$$

所有机器必须从 0 时刻开始可用，不能提前进行工作：

$$\forall k \in M,\ S_k \geqslant 0$$

机器在加工订单时必须是空闲的：

$$\forall k \in M,\ \forall i \in J,\ \forall j \in J_i,\ \forall w \in W,\ S_k \leqslant \mathrm{SE}_{i,j}+L(1-x_{ijkw})$$

机器必须在加工结束后才能终止，中途不能停止：

$$\forall k \in M,\ i \in J,\ \forall j \in J_i,\ \forall w \in W,\ \mathrm{CE}_{i,j} \cdot x_{ijkw} \leqslant F_k$$

每个工序的最早开始加工时间：

若 $\mathrm{PW}[O_{i,j}]=-1$，令 $\mathrm{CE}_{\mathrm{PW}[O_{i,j}]}=0$，则有 $\forall i \in J,\ \forall j \in J_i$：

$$\mathrm{SE}_{i,j}=\max(\mathrm{CE}_{\mathrm{PM}[O_{i,j}]},\ \mathrm{CE}_{\mathrm{PJ}[O_{i,j}]},\ \mathrm{CE}_{\mathrm{PW}[O_{i,j}]},\ \sum_{k \in M}\sum_{w \in W}S_k x_{ijkw})$$

计算每个工序的最晚完成时间：

若 $\mathrm{SW}[O_{i,j}]=-1$，令 $\mathrm{SL}_{\mathrm{SW}[O_{i,j}]}=C_{\max}$，则有 $\forall i \in J,\ \forall j \in J_i$：

$$\mathrm{CL}_{i,j}=\max(\mathrm{SL}_{\mathrm{SM}[O_{i,j}]},\ \mathrm{SL}_{\mathrm{SJ}[O_{i,j}]},\ \mathrm{SL}_{\mathrm{SW}[O_{i,j}]})$$

④优化目标函数。

最小化最大完工时间：

$$\min C_{\max}=\max(\mathrm{CE}_{i,j})$$

最小化交货提前期：

$$\min E_{\max}=\min\left(\sum_{i=1}^{n}E_i\right)=\min\left\{\sum_{i=1}^{n}[\max(d_i-C_i),\ 0]\right\}$$

最小化交货滞后期：

$$\min T_{\max}=\min\left(\sum_{i=1}^{n}T_i\right)=\min\left\{\sum_{i=1}^{n}[\max(C_i-d_i),\ 0]\right\}$$

在注塑车间进行调度时，需要考虑准时交货问题。如果订单的交货提前时间过长，会导致库存积压，而交货滞后时间过长，则会导致服务水平降低。为了量化这些指标，引入订单的最大提前时间指标 E_i，表示订单 J_i 的交货期 d_i 与订单完成时间 C_i 之差的绝对值，以及最大拖后时间指标 T_i，表示订单 J_i 完成时间 C_i 与交货期 d_i 之差的绝对值。

（2）遗传算法设计

遗传算法的编码过程指的是将问题中的解空间映射到遗传算法的染色体空间中。一般来说，解是由一组向量表示的，这些向量可以采用不同的编码方式表示。其中，排列编码和整数编码是常见的两种编码方式。注塑车间的柔性调度问题涉及工序顺序编码（OS）和资源分配编码（MS）两部分，其中工序顺序编码和资源分配编码的长度均为总工序数。

工序顺序编码采用的是排列编码，由订单编号组成，编号出现的次序代表工序的次序，例如工序顺序编码中，第一次出现数字 i 表示的是订单 i 对应的第一道工序，第二次出现数字 i 表示的是订单 i 对应的第二道工序，将所有工序按编号大小排列得到工序集。资源分配编码采用的是整数编码，由资源编号组成。资源分配编码的第i个元素表示的是按订单顺序展开的工序排列所对应位置i所使用的资源位置索引。

生产过程调度问题编码示意图如图6-23所示，在工序顺序编码（OS）中，第一个1表示订单1对应的工件的1号工序，第二个1表示订单1对应的工件的2号工序。资源分配编码（MS）中第一位数字表示订单1的1号工序使用的是1号资源路线，即对应的机台为M_1，模具为W_1，每个注塑零件所需要的加工时间为6s。下面的工序顺序编码与资源分配编码共同构成了车间调度问题的一个可行解。

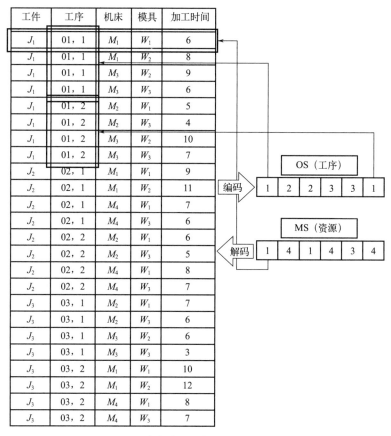

图6-23 生产过程调度问题编解码示意图

（3）种群初始化

遗传算法在种群初始化之前，需要让生成的原始种群个体具有多样性。本例首先对工序编码使用随机生成的排列编码，然后对每个工序遍历其每一种资源路线，计算其每一种资源路线所用加工时间的倒数，再对其使用比例概率抽样（probability proportional sampling，PPS）方法进行一次资源路线的选择。这种初始化的方法可以在保证物种多样性的同时，兼顾初始解的质量。

（4）交叉算子

遗传算法的交叉过程的目的是重新组合父代的基因片段，形成新的子代。由于子代有一定概率获得父代的优秀基因，参与下一次的适应度选择，所以在进化的过程中，优秀的基因将会被保留下来。由此可知，设计交叉算子的目的是在保留优秀基因的同时使得基因表达也能在问题的可行解空间。下面将分别介绍生产过程调度问题里面工序顺序编码的交叉算子和资源路线编码的交叉算子的详细设计。

① 工序顺序编码的交叉算子。对于工序顺序编码来说，本例的交叉方式以 50% 的概率选择 PPX 交叉方法，50% 的概率选择 IPOX 交叉方法。这两种交叉方法的具体操作如下。

a. PPX 交叉步骤（图 6-24）。

step1：生成一个长度与父代长度相等的随机向量 G，向量的每个元素由 1、2 组成，表示子代中对应位置的基因从 P_1 还是 P_2 获得。

step2：遍历向量 G 的每个元素，若 G 中的元素为 1，则从 P_1 中获取一个元素放入 C 中的对应位置，并从 P_2 中删除首个与这个值相等的元素。若 G 中的元素为 2，则从 P_2 中获取一个元素放入 C 中的对应位置，并从 P_1 中删除首个与这个值相等的元素。直到 C 中的元素被填满，此时将获得一条新的子代染色体。

step3：再一次执行上述步骤，产生另一个子代的染色体。

b. 种群里面的两个父代 P_1 和 P_2 产生的子代 C_1 和 C_2 的 IPOX 交叉步骤（图 6-25）。

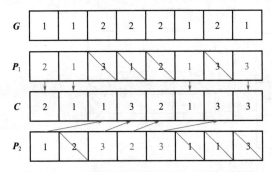

图 6-24　工序顺序编码的 PXX 交叉操作示意图

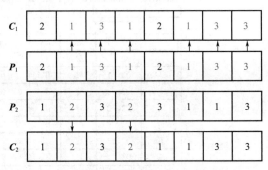

图 6-25　工序顺序编码的 IPOX 交叉操作示意图

step1：将订单的集合随机分配在两个集合 $G_1=\{1, 3\}$ 和 $G_2=\{2\}$ 里面，两个集合不相交。

step2：将向量 P_1 里属于 G_1 的元素直接填入 C_1 的对应位置里，将 P_2 里属于 G_2 的元素依次填入 C_1 里面得到完整的子代 C_1。

step3：将向量 P_2 里属于 G_2 的元素直接填入 C_2 的对应位置里，将 P_1 里属于 G_1 的元素依次填入 C_2 里面得到完整的子代 C_2。

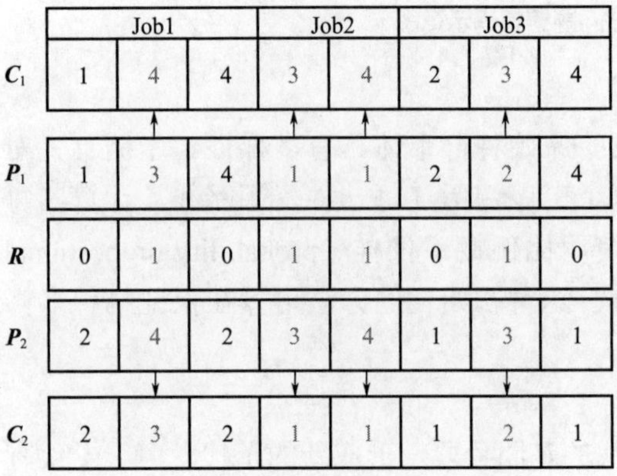

② 资源路线编码的交叉算子。对于资源路线编码来说，由于使用的是整数编码，向量中每个位置的元素表示的是制定工序的资源路线索引，所以可以采用 MPX 交叉操作，而使用 MPX 交叉操作后交换的是同一个工序的资源，所以生成的子代仍然是可行解。下面介绍种群里面的两个父代 P_1 和 P_2 产生的子代 C_1 和 C_2 的交叉步骤（图 6-26）。

step1：生成一个长度与父代长度相等的

图 6-26　资源路线编码的交叉示意图

随机向量 **R**，向量的每个元素由0、1组成，表示子代 C_1 和 C_2 中对应位置的基因是否需要交换。

step2：遍历向量 **R** 中的元素，如果元素为 0，则 C_1 填充 P_1 对应位置的元素；如果元素为1，则 C_1 填充 P_2 对应位置的元素。

step3：遍历向量 **R** 中的元素，如果元素为 0，则 C_2 填充 P_2 对应位置的元素；如果元素为1，则 C_2 填充 P_1 对应位置的元素。

（5）变异算子

遗传算法的变异过程，目的是让生成的子代基因片段发生突变，增加子代基因表达的多样性。由于生成的子代的基因来源是父代基因，而父代基因的表达不能遍布可行解空间，所以有必要对子代基因进行变异操作，获取解空间里面有可能更优秀的基因。下面将分别介绍生产过程调度问题里面工序顺序编码的变异算子和资源路线编码的变异算子的详细设计。

① 工序顺序编码的变异算子。对于工序顺序编码来说，本例使用随机插入变异操作，具体步骤如下（图6-27）。

step1：生成两个随机数 r_1、r_2，r_1 不等于 r_2。r_1 和 r_2 分别对 **P** 的长度取模后，得到 s_1、s_2。

step2：将染色体 **P** 中 s_1 位置的元素插入 s_2 位置的前面得到变异后的基因。

② 资源路线编码的变异算子。对于资源路线编码，本例使用多点变异操作，具体步骤如下（图6-28）。

step1：生产一个长度与原基因 **P** 长度相等的随机向量 **R**，向量的每个元素由0、1组成，表示子代中对应位置的基因是否需要变异。

step2：遍历向量 **R** 中的元素，如果元素为 0，则 **C** 填充 **P** 对应位置的元素；如果元素为1，则 C_1 填充 **P** 对应位置资源路线的随机值得到变异后的基因。

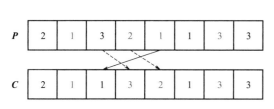

图6-27 工序顺序编码的变异示意图

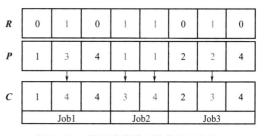

图6-28 资源路线编码的变异示意图

（6）精英保留策略

NSGA-Ⅱ算法的步骤如下。

step1：通过初始化方法初始化种群 $P(t)$，其规模大小为 N。

step2：对父代种群 $P(t)$，通过二元锦标赛的选择策略，交叉与变异等操作，生产新的子代 $Q(t)$，其规模大小为 N。

step3：合并父代 $P(t)$ 和子代 $Q(t)$ 两个种群得到新种群 $R(t)$，其规模大小为 2N。

step4：对新种群 $R(t)$ 进行快速非支配排序，获得不同级别的帕累托前沿。

step5：根据帕累托前沿的优先级，将其加入下一代新的种群 $P(t+1)$ 中，其规模大小为

N。其中最后一个加入的帕累托前沿可能会超出种群$P(t+1)$的规模，此时可以计算前沿中的每个个体的拥挤度距离，选择拥挤度距离大的个体。

step6：重复上述构造新的种群$P(t+1)$的过程，即可完成进化过程。

（7）算法流程

针对上述的算法步骤设计了如图6-29所示的遗传算法流程，种群初始化后，通过多次迭代，进化出相对优秀的帕累托解集。

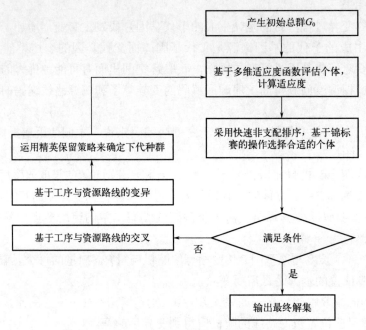

图6-29　NSGA-Ⅱ求解多目标车间调度问题的流程

6.3　基于目标驱动的闭环优化问题

众所周知，NP难问题是现代生产过程调度问题的特点之一：设备、工件、流程步骤的增加使得问题的解空间扩大，使用运筹学或计算智能等优化方法难以在允许时间内获得优化解，无法实时响应动态运作环境；另外，运筹学模型与智能模型很难表达生产线上的复杂工艺约束，特别是难以表达生产中的不确定因素，而忽略了这些约束与不确定因素的模型得到的解在实际生产中无法运用，产生了理论与实际的鸿沟。

为使调度方法能实时响应动态运作环境、满足工艺约束要求、获得期望性能指标，特别是对生产实际具有真正指导意义，本节将此需求凝练为"目标驱动的闭环优化动态调度"科学问题，提出耦合工艺约束满足、柔性维护与动态派工的基于目标驱动的闭环优化动态调度方法。

基于目标驱动的闭环优化调度方法对调度优化问题的解决思路可简单描述如下。

① 针对具体的调度目标，通过数据挖掘方法对历史生产数据进行分析，采用智能优

化算法建立状态-性能预测模型，对当前生产状态进行分析，对期望性能进行预测。

② 自适应闭环优化动态调度方法：建立状态&参数-性能优化模型，根据当前生产线状态与性能目标，自主调整调度规则参数，生成最优调度方案，实现生产线性能指标的闭环优化。

6.3.1　状态-性能预测模型

极限学习机（extreme learning machine, ELM）因其自适应、自组织、非线性、并行处理等优势，被广泛应用于制造控制领域。本节采用 ELM 算法建立状态-性能预测模型，根据生产线当前的生产状态，预测下一时刻的性能指标（期望性能）。

一个生产线有很多衡量指标，例如生产线在制品数量、移动步数、设备排队队长、设备利用率、工件加工周期、生产线产量及准时交货率等。然而要想得到所有性能指标之间的关系是非常困难的。因此，需要先将常见的十余个性能指标进行分类，按照不同类别、不同工况、不同工艺大类对其相关性进行分析，采用降维免疫算法进行属性选择，在所关注的特征集中选择出能代表这一集合的独立特征子集，并且这些特征子集与所关注目标是强对应关系[16]。

属性选择既可以降低实时运算量，又可以剔除冗余信息，是进一步优化的基础。属性选择的目的是从全部特征集中选出一些最具代表性的特征组成特征子集，进而降低特征集空间的维度。属性选择框架如图6-30所示，其过程主要包含 4 个步骤：生成候选特征子集、评价、终止和验证。

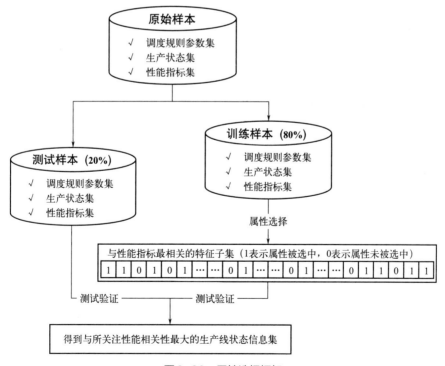

图6-30　属性选择框架

（1）基于降维免疫算法的属性选择

免疫算法是在遗传算法的基础上加入免疫学原理而产生的一类算法，由于借鉴了生物免疫过程中的一些策略（如为保持抗体多样性，可加疫苗等），可保证在解空间搜索最优解。免疫算法的核心为克隆选择原理，由免疫学家 Burner 于 1957 年提出[17]。该原理认为，在抗原的刺激下，免疫细胞得以大量克隆增殖，随后划分为抗体与记忆细胞。在这一过程中，只有与抗原结合度较高的免疫细胞才可被大量克隆增殖，并且在增殖过程中发生变异操作，遴选出与抗原具有更高亲和度的免疫细胞，形成正反馈[18]。降维免疫算法的算法流程同免疫算法，但在计算抗体与抗原亲和力时，人为加入较大的降维惩罚因子。本节基于降维免疫算法的属性选择流程如下。

① 抗体、抗原初始化。在生产调度问题中，抗体为生产线属性集合的不同组合，即候选集，抗体编码如图6-31所示。

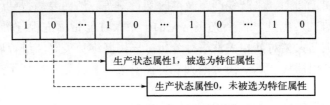

图6-31　抗体编码

其中，"1"代表该生产属性被选中为特征属性，"0"代表该生产属性未被选中为特征属性。初始抗体群 A_b 生成 M 个抗体并随机选择部分抗体加入抗体记忆库；从样本数据中获取抗原群 A_g，每个抗原都包括抗原本体 A_g^p（所关注的性能指标）和抗原决定簇 A_g^q（生产线状态属性）。

② 计算抗体与抗原之间的亲和力（抗体与抗原决定簇结合的力度），其数值越高，说明该候选解越接近真实解。按式（6-52）通过BP神经网络训练新的抗原本体：

$$\text{pre\_}A_g^p(k)=\text{BPNN}[A_b(m)*A_g^q(k)] \tag{6-52}$$

式中，BP神经网络的输入为免疫算法抗体选择出的生产线性能属性集，输出为所关注性能指标，通过测试集训练出这一组抗体所表示的 $\text{pre\_}A_g^p$，一个测试项可得一个 $\text{pre\_}A_g^p$，共 k 个。此处BP神经网络采用三层结构，其中隐含层为一层，隐含层神经元数目为13。

$\text{pre\_}A_g^p(k)$ 与 $A_g^p(k)$ 之间的相似度计算式见式（6-53）：

$$X[A_g^p(k),\ \text{pre\_}A_g^p(k)]=\frac{1}{\sqrt{\sum_{i=1}^{2}[\text{pre\_}A_g^p(k),\ A_g^p(k,\ i)]^2}} \tag{6-53}$$

$\text{pre\_}A_g^p(k)$ 与 $A_g^p(k)$ 之间的相似度越大，则说明该抗体的亲和力越高。将 $\text{pre\_}A_g^p(k)$ 与每个 $A_g^p(k)$ 的平均亲和力作为该抗体的最终亲和力，如式（6-54）所示。

$$F_{A_b}(m)=\begin{cases} \sum_{k=1}^{K}\dfrac{X[A_g^p(k),\ \text{pre\_}A_g^p(k)]}{K}, & \text{Dim}<\text{ave\_Dim} \\ \sum_{k=1}^{K}\dfrac{X[A_g^p(k),\ \text{pre\_}A_g^p(k)]}{K}+\xi, & \text{Dim}\geqslant\text{ave\_Dim} \end{cases} \tag{6-54}$$

式中，Dim 为 $A_b(m)$ 所选维数数目；ave_Dim 为上一代抗体平均维数数目，该操作可在提高抗原、抗体适应度的基础上进一步降维。

③ 抗体克隆。根据抗体亲和力，对抗体进行克隆和变异（抗体的亲和力越高，其克隆的数量越多、变异的概率越小），有针对性地选取亲和力变大的子代抗体对父代抗体进行替换，进而提高抗体种群的整体亲和力。

④ 判断是否达到最大迭代次数。如果已达最大迭代次数，转步骤⑦；否则，转步骤⑤。

⑤ 按照式（6-55），采用欧几里得距离的倒数对抗体平均相似度进行计算，抗体间距离越近，其相似度越高。

$$X[A_b(v), A_b(u)] = \frac{1}{\sqrt{\sum\limits_{i=1}^{61}[A_b(u, i), A_b(v, i)]}} \quad (6\text{-}55)$$

⑥ 如果抗体平均相似度小于阈值，对抗体群中抗体亲和力进行排序，选取其中 d 个亲和力最高的加入抗体库并取代同等数量亲和力最低的抗体，然后转步骤②；否则，转步骤⑦。

⑦ 对抗体群中的抗体进行筛选，选取亲和力最高的作为最优解。

（2）ELM 预测模型

ELM 是一种隐含层前馈神经网络算法，被广泛应用于解决故障预测、性能预测等问题。它通过样本训练过程，将输入、输出参数形成网络映射关系，构建预测模型[19]。

针对生产线性能预测问题，设计 ELM 的输入、输出参数，其结构如图 6-32 所示。其中 m 代表生产属性集的个数，$\{x_1, x_2, \cdots, x_m\}$ 代表样本的生产属性集，为输入参数；n 代表性能指标的个数，y_1, $y_2, \cdots, y_n$ 代表样本的性能指标集，为输出参数。该预测模型用于预测生产线在某生产状态下执行某调度策略后的性能效果。

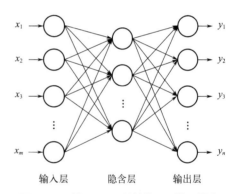

图6-32　基于ELM的性能预测模型结构

对于给定的样本集 $TE = \{(X_k, Y_k) | X_k \in R^n, Y_k \in R^n, k=1, 2, \cdots, \tilde{N}\}$，输入向量 $X_k = (x_{k1}, x_{k2}, \cdots, x_{kn})^T$ 代表生产属性（特征）集，输出向量 $Y_k = (y_{k1}, y_{k2}, \cdots, y_{kn})^T$，代表性能指标集。样本集 TE 分为训练样本集 TE_1 和测试样本集 TE_2。

基于 ELM 的半导体生产线的性能预测算法流程如下。

① 根据生产线历史数据，生成由生产线状态和性能指标组成的样本集，分成训练样本集 TE_1 和测试样本集 TE_2。

② 基于训练样本，通过 ELM 方法建立生产线性能指标预测模型（模型输入为生产线加工状态，模型输出为生产线性能指标）：确定隐含层神经元个数、设置连接权值和隐含层神经元偏置、选取激活函数、基于训练样本 TE_1 建立性能预测模型。

③ 运用测试样本 TE_2 测试预测模型的性能。将预测的性能指标进行反归一化后输出。

④ 如果测试样本的预测结果满足精度要求，则成功结束；否则转到步骤②，重新改变激活函数或者选择隐含层神经元个数，直到建立的性能预测模型满意为止。

6.3.2 状态&参数-性能优化模型

在生产系统中，如果扰动因素导致当前调度方案不再是最优方案，通常会采取动态调度方法生成新的调度方案，在满足约束的前提下，使生产线性能指标更优。为了在动态调度体系中引入闭环反馈，需要将调度系统的生产状态、期望性能和调度参数进行关联，通过基于粒子群优化的支持向量回归算法，以生产状态和期望性能为输入、调度参数为输出，建立状态&参数-性能优化模型，对调度规则参数进行优化，使调度系统能够适应调度环境的动态变化，实现自适应闭环动态调度。

（1）支持向量机

支持向量机（support vector machine，SVM）是基于统计学理论发展出的一种通用型学习方法，在处理高维非线性、小样本问题上具有独特的优势，常被用于解决预测、回归、分类问题，也称支持向量回归算法[20]。

通过 SVR 算法解决回归问题，其基本思想是基于样本集建立回归模型，用以反映系统输入 x 和输出 y 之间的关系 $\phi(x, y)$。例如，针对样本集 $\{(x_i, y_i)|x_i \in R^m, y_i \in R^n, i=1, 2, \cdots, N\}$，SVR 算法通过建立输入样本 x 的非线性映射 $\phi(x)$，使得系统输出（预测）$f(x)$ 与输入之间可以用线性回归函数表示，见式（6-56）。

$$f(x)=\omega \cdot \phi(x)+b \tag{6-56}$$

式中，$f(x)$ 为系统输出（预测）表达式；ω 为回归系数向量；$\phi(x)$ 为一种非线性映射，能够将系统输入 x_i（$i=1, 2, \cdots, N$）从原空间 R 映射到高维特征空间 F；b 为常数。引入 $\phi(x)$ 的目的是将式（6-56）中的线性函数进行回归。SVR 算法通过确定最优参数 ω_0 和 b_0，进而确定高维特征空间 F 中的最优回归函数，见式（6-57）。

$$f(x)=\omega_0\phi(x)+b_0 \tag{6-57}$$

模型损失函数通常会采用不敏感函数 ε。对于训练样本 (x_i, y_i)，假设与 x_i 相对应的预测输出是 $f(x_i)$，则损失函数可通过式（6-58）进行表示。如果预测误差小于预设值 ε，则可认为当前样本对模型没有造成损失（损失为 0）；如果预测误差大于预设值 ε，则可以将损失值记为两者的差值。

$$L[f(x_i)-y_i]=\begin{cases} 0, & |f(x_i)-y_i| < \varepsilon \\ |f(x_i)-y_i|-\varepsilon, & |f(x_i)-y_i| \geqslant \varepsilon \end{cases} \tag{6-58}$$

回归函数的风险函数表示为式（6-59），由两部分组成：

$$\frac{1}{2}\|\omega\|_2+C\sum_{i=1}^{n}(\xi_i+\xi_i^*) \tag{6-59}$$
$$C \geqslant 0$$

式中，C 为带有预设值的惩罚因子，用来确定样本的惩罚程度；ξ_i、ξ_i^* 分别为正定的松弛因子。因此，可以将求解最优回归函数问题转化为最小化风险函数问题，见式（6-60）。

$$\min\left[\frac{1}{2}\|\omega\|_2+C\sum_{i=1}^n(\xi_i+\xi_i^*)\right]$$

$$\text{s.t.}\begin{cases} y_i-\omega g\phi(x_i)-b\leqslant\varepsilon+\xi_i \\ \omega g\phi(x_i)+b-y_i\leqslant\varepsilon+\xi_i^* \\ \xi_i,\ \xi_i^*\geqslant0 \end{cases}\tag{6-60}$$

如式（6-61）所示，建立拉格朗日方程可以对上述最小化问题进行求解。

$$L(\omega,b,\xi_i,\xi_i^*)=\frac{1}{2}\|\omega\|_2+C\sum_{i=1}^n(\xi_i+\xi_i^*)-\sum_{i=1}^n\alpha_i[\varepsilon+\xi_i-y_i+\omega g\phi(x_i)+b]-$$
$$\sum_{i=1}^n\alpha_i^*[\varepsilon+\xi_i^*+y_i-\omega g\phi(x_i)-b]-\sum_{i=1}^n(\lambda_ig\xi_i+\lambda_ig\xi_i^*)\tag{6-61}$$

式中，α_i、$\alpha_i^*(i=1,2,\cdots,n)$ 为拉格朗日乘子。既然是最小化问题，则应使 L 函数关于参数（ω,b,ξ_i,ξ_i^*）的偏导都为 0，见式（6-62）。

$$\begin{cases} \dfrac{\partial L}{\partial\omega}=0\Rightarrow\omega=\sum_{i=1}^n[(\alpha_i-\alpha_i^*)g\phi(x_i)] \\ \dfrac{\partial L}{\partial b}=0\Rightarrow\sum_{i=1}^n(\alpha_i-\alpha_i^*)=0 \\ \dfrac{\partial L}{\partial\xi}=0\Rightarrow\alpha_i=C\xi_i \\ \dfrac{\partial L}{\partial\xi^*}=0\Rightarrow\alpha_i^*=C\xi_i^* \end{cases}\tag{6-62}$$

将式（6-62）代入式（6-61），得到式（6-63）：

$$\min\left[\frac{1}{2}\sum_{i,j=1}^n(\alpha_i-\alpha_i^*)(\alpha_j-\alpha_j^*)<\phi(x_i),\phi(x_j)>+\varepsilon\sum_{i=1}^n(\alpha_i+\alpha_i^*)-\sum_{i=1}^ny_i(\alpha_i^*-\alpha_i)\right]$$
$$\text{s.t.}\sum_{i=1}^n(\alpha_i-\alpha_i^*)=0,\qquad\alpha_i,\alpha_i^*\in[0,C]\tag{6-63}$$

对式（6-63）进行优化可得拉格朗日乘子 α_i、α_i^*，将其代入式（6-62），可得式（6-64）：

$$\omega=\sum_{i=1}^n(\alpha_i-\alpha_i^*)\phi(x_i)\tag{6-64}$$

将式（6-64）代入式（6-56），可得式（6-65），用以确定高维空间的线性回归函数。

$$f(x)=\sum_{i=1}^n(\alpha_i-\alpha_i^*)\phi(x_i)g\phi(x)+b=\sum_{i=1}^n(\alpha_i-\alpha_i^*)K(x_i,x)+b\tag{6-65}$$

如式（6-65）所示，核函数可表示为 $\phi(x_i)$ 与 $\phi(x)$ 内积，即 $K(x_i,x)=\phi(x_i)\phi(x)$。结合式（6-58）和式（6-65）可得式（6-66）：

$$b=y_i-\sum_{i=1}^n(\alpha_i-\alpha_i^*)K(x_i,x)+\varepsilon\tag{6-66}$$

将常用的核函数总结如下。

线性核函数：

$$K(x_i, x) = x_i x \qquad (6\text{-}67)$$

多项式核函数：

$$K(x_i, x) = [\gamma(x_i g x) + c]^d \qquad (6\text{-}68)$$

径向基核函数（RBF）：

$$K(x_i, x) = \exp(-\gamma \|x - x_i\|_2) \qquad (6\text{-}69)$$

Sigmoid核函数：

$$K(x_i, x) = \tan[k(x_i x) - v], \qquad k > 0, v > 0 \qquad (6\text{-}70)$$

以上四种核函数可分为 2 类：线性核函数（用于线性可分的样本）和非线性核函数（用于非线性样本）。具体地，多项式核函数中的 d 代表阶数，d 越大，意味着该算法越复杂；由于径向基核函数中的参数较少，所以其算法复杂度低；Sigmoid 核函数使 SVR 算法以多层感知器神经网络的方式实现。在实际应用中，通常会根据实际问题来选择合适的核函数。

（2）基于 PSO 优化的 SVR 算法

SVR 算法在解决回归问题时，将面临参数优化问题：惩罚参数和核函数参数 γ（代表核函数的特征宽度）。鉴于这两个参数对算法求解精度和泛化能力的影响很大，在实际应用中，通常需要对这两个参数进行优化，以获得最佳参数组合，即参数寻优。PSO 算法的优势可以补足 SVR 算法的局限性，因此考虑用 PSO 算法实现对 SVR 算法参数（核函数参数 γ 以及惩罚参数 C）的寻优，并将最佳参数组合传至 SVR 模型。因此，基于 PSO 优化的 SVR 算法可分为 2 个阶段来实现：PSO 算法对 SVR 算法参数的寻优；SVR 模型对样本数据进行回归预测。

模型的训练样本集可描述为 (X_i, Y_i, Z_i)；其中，$X_i = (x_{i,1}, x_{i,2}, \cdots, x_{i,m})^T$，$Y_i = (y_{i,1}, y_{i,2}, \cdots, y_{i,n})^T$，是输入向量；$Z_i = (z_{i,1}, z_{i,2}, \cdots, z_{i,p})^T$，是对应于 X_i 和 Y_i 的输出向量；$X_i \in R^m$，$Y_i \in R^n$，$Z_i \in R^p$。在生产线调度问题中，输入向量 X_i 是生产属性值表示的生产线状态；输入向量 Y_i 是期望性能指标；输出向量 Z_i 表示在已知期望性能和生产状态下所对应的最优调度规则。这里采用组合式调度规则，该规则由各简单规则的权重唯一确定，因此，输出向量 Z_i 是一组规则权重系数。

采用 PSO-SVR 算法建立调度模型的流程如图 6-33 所示，训练过程包括以下几个步骤。

① 样本数据归一化。样本集中有些属性的值较大，不同属性之间的差别也较大且不是同一个数量级，因此，训练模型之前，先对数据进行归一化处理。以某属性值 $x_{i,j}$ 为例，将其进行归一化的实现，见式（6-71）：

$$x_{i,j}^N = \frac{x_{i,j} - x_{i,j}^{\min}}{x_{i,j}^{\max} - x_{i,j}^{\min}} \qquad (6\text{-}71)$$

式中，$x_{i,j}^N$ 为属性值 $x_{i,j}$ 归一化后的结果；$x_{i,j}^{\max}$、$x_{i,j}^{\min}$ 分别为样本集中属性 $x_{i,j}$ 的最大值和最小值。

② 分别整合模型的训练集和测试集。基于实验样本集中的 N 个最优样本，随机选取

其中的80%作为训练样本，另外20%作为测试样本。

③ 基于上述数据集，对PSO-SVR模型进行训练。这里采用RBF，通过PSO算法对参数C和γ进行寻优。需要补充说明的是，针对不同的参数C，如果SVR模型性能相同或相近，则选取较小值的参数C，以降低算法复杂度。

④ 模型评价。采用测试样本对所建立的SVR模型进行测试，如果误差超出允许范围，返回步骤③。

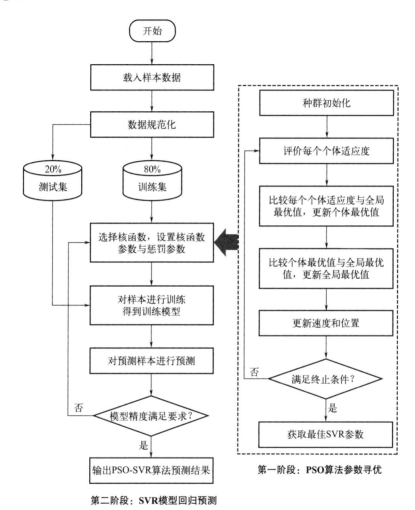

图6-33 PSO-SVR算法流程

6.3.3 半导体制造车间调度案例

作为先进的制造系统之一，半导体晶圆生产过程涉及庞大的生产规模、昂贵且繁多的设备、多样化的产品，其生产过程调度具有明显的多重入性、加工过程的极度复杂性、加工环境的高度不确定性及多目标优化特征，相应地，能够响应实时运行环境的动态调度方法得到了更充分的重视。

上海先进半导体制造有限公司从事大规模集成电路芯片制造，其生产系统规模庞大、工艺流程复杂、重入性高，是典型的复杂制造系统，其他是国内最大的芯片代工厂之一。企业拥有5、6in（1in=2.54cm）混合生产线，4种加工方式（单片加工、批量加工、多片加工、槽类加工），800多台设备，10个加工区，上百种产品及上千种工艺流程，月产量高达28000片（5in）和51000片（6in）。

（1）生产属性集

半导体生产线中存在着大量的调度信息，为了构建基于性能驱动和闭环优化的动态调度系统，选择合适的系统生产属性（特征）是一个重要的研究课题。依照半导体生产制造企业生产管理者在做决策时所重点关注的生产属性，本例涉及的67维生产属性如表6-4所示。

表6-4 生产属性（特征）集

序号	属性名称	描述
1	WIP	系统中总的在制品数量
2	WIP_5	系统中5in在制品数量
3	WIP_6	系统中6in在制品数量
4	WIP_DF	氧化扩散区在制品数量
5	PoBW_DF	氧化扩散区在制品占总在制品数量的比例
6	WIP_IM	注入区在制品数量
7	PoBW_IM	注入区在制品占总在制品数量的比例
8	WIP_EP	外延区在制品数量
9	PoBW_EP	外延区在制品占总在制品数量的比例
10	WIP_LT	光刻区在制品数量
11	PoBW_LT	光刻区在制品占总在制品数量的比例
12	WIP_PE	干法刻蚀区在制品数量
13	PoBW_PE	干法刻蚀区在制品占总在制品数量的比例
14	WIP_PD	淀积区在制品数量
15	PoBW_PD	淀积区在制品占总在制品数量的比例
16	WIP_TF	溅射区在制品数量
17	PoBW_TF	溅射区在制品占总在制品数量的比例
18	WIP_WT	湿法清洗区在制品数量
19	PoBW_WT	湿法清洗区在制品占总在制品数量的比例
20	NoE	系统中当前可用设备数量
21	NoBE	系统中瓶颈设备数量
22	PoBE	系统中瓶颈设备所占比例
23	NoBE_DF	氧化扩散区瓶颈设备数量

序号	属性名称	描述
24	PoBE_DF	氧化扩散区瓶颈设备占该区可用设备的比例
25	NoBE_IM	注入区瓶颈设备数量
26	PoBE_IM	注入区瓶颈设备占该区可用设备的比例
27	NoBE_EP	外延区瓶颈设备数量
28	PoBE_EP	外延区瓶颈设备占该区可用设备的比例
29	NoBE_LT	光刻区瓶颈设备数量
30	PoBE_LT	光刻区瓶颈设备占该区可用设备的比例
31	NoBE_PE	干法刻蚀区瓶颈设备数量
32	PoBE_PE	干法刻蚀区瓶颈设备占该区可用设备的比例
33	NoBE_PD	淀积区瓶颈设备数量
34	PoBE_PD	淀积区瓶颈设备占该区可用设备的比例
35	NoBE_TF	溅射区瓶颈设备数量
36	PoBE_TF	溅射区瓶颈设备占该区可用设备的比例
37	NoBE_WT	湿法清洗区瓶颈设备数量
38	PoBE_WT	湿法清洗区瓶颈设备占该区可用设备的比例
39	PC	系统加工产能比
40	PC_DF	氧化扩散区加工产能比
41	PC_IM	注入区加工产能比
42	PC_EP	外延区加工产能比
43	PC_LT	光刻区加工产能比
44	PC_PE	干法刻蚀区加工产能比
45	PC_PD	淀积区加工产能比
46	PC_TF	溅射区加工产能比
47	PC_WT	湿法清洗区加工产能比
48	MeTD	系统中工件从当前时刻到理论交货期的平均剩余时间
49	SdTD	系统中工件从当前时刻到理论交货期的剩余时间标准差
50	NoBL	系统中紧急工件数量
51	PoBL	系统中紧急工件所占比例
52	NoBL_DF	氧化扩散区紧急工件数量
53	NoBL_IM	注入区紧急工件数量
54	NoBL_EP	外延区紧急工件数量
55	NoBL_LT	光刻区紧急工件数量
56	NoBL_PE	干法刻蚀区紧急工件数量
57	NoBL_PD	淀积区紧急工件数量

序号	属性名称	描述
58	NoBL_TF	溅射区紧急工件数量
59	NoBL_WT	湿法清洗区紧急工件数量
60	PoBE_DF	氧化扩散区紧急工件占该区工件比例
61	PoBE_IM	注入区紧急工件占该区工件比例
62	PoBE_EP	外延区紧急工件占该区工件比例
63	PoBE_LT	光刻区紧急工件占该区工件比例
64	PoBE_PE	干法刻蚀区紧急工件占该区工件比例
65	PoBE_PD	淀积区紧急工件占该区工件比例
66	PoBE_TF	溅射区紧急工件占该区工件比例
67	PoBE_WT	湿法清洗区紧急工件占该区工件比例

表6-4从产品、设备和缓冲区三个角度对半导体生产线的实际生产状态进行描述，包括以下生产属性：产品混合比、产品净加工时间、系统/各加工区中在制品数量、系统/各加工区中的在制品占总在制品数量的比例、系统/各加工区加工产能比、系统/各加工区可用设备数量、系统/各加工区瓶颈设备数量、系统/各加工区瓶颈设备占系统/该区可用设备的比例、系统候选工件的信息等。

（2）性能指标集

半导体生产线性能指标是衡量不同调度策略对生产线性能影响的标准。半导体生产线常见的性能指标分类如图6-34所示。

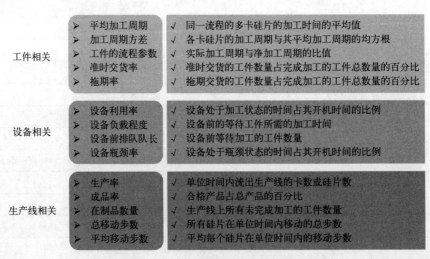

图6-34　半导体生产线常见性能指标分类

（3）相关性分析

针对多种工艺、多种工况、多种调度规则，采用简单系数法对性能指标之间的相关性进行分析，建立性能指标体系，见表6-5。

表6-5 性能指标体系

工况指标	参考指标	衡量指标	
		短期	长期
WIP	设备利用率		ODR
		MOV	PCSR
	设备排队队长		
		TH	CT

本例选取六种性能指标作为调度优化的目标，分别是产出率 PR、移动步数 MOV、准时交货率 ODR、工艺约束满足率 PCSR、氧化区设备利用率 EU_O、光刻区设备利用率 EU_P。其中，PR 和 MOV 是与生产线相关的性能指标；ODR 和 PCSR 是与工件相关的性能指标；EU_O 和 EU_P 是与设备相关的性能指标。

① 工况指标。生产线满载是保证企业效益的基础，生产线投料过少会浪费产能，投料过多会使得生产线严重堵塞，生产线调度在满载上下一定范围内调度更加有效。WIP 指标用于衡量生产线是否满载，也是生产线调度必须考虑的性能指标。

② 设备利用率和设备排队队长指标。一些重要设备的利用率和排队队长需要在半导体生产线调度过程中参考，作为参考指标，用以实时衡量调度方法的优劣。

③ 轻载时考虑性能指标：MOV 和 ODR。满载和超载时考虑性能指标：MOV、ODR、TH 和 CT。作为衡量指标，可以通过数据直观地衡量调度方法的优劣。

（4）属性选择

在属性选择阶段，基于所关注目标相关的 67 维属性，通过给定不同调度规则参数而得到不同性能的学习样本，结合历史生产数据，将生产线状态分为轻载、满载、超载三种情况分别对仿真数据进行属性选择操作。本例共选取 1500 组有效样本进行特征选择操作，每种负载情况下 500 组样本，其中 100 组作为验证样本对学习出的属性集进行验证。之后通过比较预测精度，选出最合适的特征子集。生产属性选择结果见表6-6。

表6-6 生产属性特征子集（降维免疫算法）

负载	生产属性特征子集（序号）										预测精度 /%
轻载	2	5	8	17	21	27	29	36	38	45	90.2
	49	53	56	61	67						
满载	2	3	5	8	10	15	18	23	27	31	91.7
	38	43	57	59	63	67					
超载	2	3	7	9	14	17	28	33	37	39	89.2
	48	53	57	60	63	67					

通过降维免疫算法选出了与上述 6 个性能指标具有最强相关性的 13 维生产属性。

（5）ELM 预测

设置激活函数为双曲线正切函数（Sigmoidal 函数），见式（6-72）；初始隐含层神经元个数为 20 个；随机设置输入层与隐含层间的连接权值和隐含层神经元的偏置。

$$y = \frac{1}{1+e^{-\lambda\mu}} \qquad (6\text{-}72)$$

图6-35～图6-39展示了CT、MOV、ODR、PCSR、EU等性能指标的预测值与实际值的拟合程度。

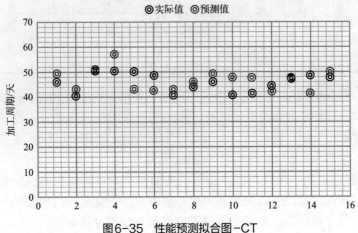

图6-35 性能预测拟合图-CT

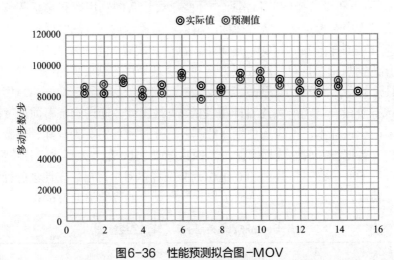

图6-36 性能预测拟合图-MOV

图6-37 性能预测拟合图-ODR

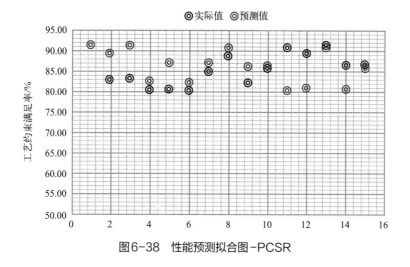

图6-38　性能预测拟合图-PCSR

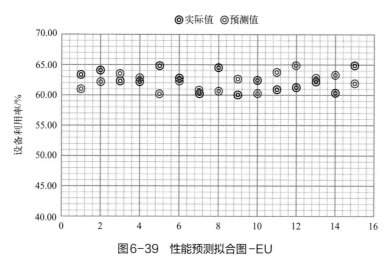

图6-39　性能预测拟合图-EU

根据预测算法评价标准，对预测的15组性能指标进行评价，计算结果如表6-7所示。

表6-7　性能指标的平均相对误差、均方误差和均等系数

性能指标	平均相对误差/%	均方误差	均等系数
CT	8.45	21.04	0.951
MOV	4.65	20.71	0.974
ODR	6.65	0.005	0.957
PCSR	4.61	0.005	0.970
EU	3.40	0.001	0.980

从图6-35～图6-39、表6-7可知，性能指标 CT、MOV、ODR、PCSR 和 EU 的平均相对误差都小于10%。但是从整体上来说，基于极限学习机的预测方法预测效果较好，性能优越，其预测结果与实际值吻合得很好，达到了较高的拟合度。

（6）基于 PSO-SVR 的调度参数优化

SVR 算法的参数设置：惩罚参数 C 变化范围的最大值和最小值分别取 $C_{max}=32$ 和 $C_{min}=0$；核函数中参数 γ 的最大值和最小值分别为 $\gamma_{max}=32$ 和 $\gamma_{min}=0$；交叉验证中的分组个数为 $v=3$；参数 C 步进大小为 $C_{step}=1$；参数 γ 步进大小 $\gamma_{step}=1$。

基于 PSO-SVR 的调度参数优化结果见表6-8。

表6-8　基于PSO-SVR的调度参数优化结果

序号	生产线相关		设备相关		工件相关	
	移动步数/步	出片率/%	光刻区设备利用率/%	氧化区设备利用率/%	工艺约束满足率/%	准时交货率/%
1	96682	39.61	77.11	73.28	96.04	89.71
2	97571	39.73	73.94	72.79	96.91	90.26
3	97849	39.60	74.94	73.91	97.04	90.41
4	97269	39.65	74.26	72.12	97.12	90.78
5	97379	38.62	75.88	72.24	97.02	90.75
6	97339	39.86	75.11	73.09	97.18	90.46
7	97544	39.42	76.42	74.88	96.83	90.36
8	97547	39.81	74.30	72.66	96.89	90.51
9	97434	39.47	76.00	75.23	97.34	88.95
10	97179	38.99	76.43	75.73	97.58	91.48
11	97223	40.07	74.13	74.14	97.27	89.77
12	96961	39.57	76.94	75.99	97.53	90.59
13	97658	39.61	75.56	74.91	96.91	91.05
14	96979	39.07	77.23	72.68	97.13	90.45
15	96871	39.19	76.11	74.31	96.96	90.31
16	97734	39.51	76.04	72.83	97.62	90.57
平均值	97326	39.49	75.65	73.80	97.09	90.40
派工规则	90238	37.57	69.56	68.24	91.08	84.23
提升	7.85%	5.11%	8.76%	8.15%	6.60%	7.33%

6.4　基于协作进化算法的大规模优化问题

人类社会进入数据密集型的新时代，在此背景下，现代优化问题的规模逐渐扩大，涉及大量的决策变量，也被定义为大规模优化调度问题（large-scale optimization problem，LSOP）。对于传统生产过程而言，生产过程调度问题的规模增长主要有机器数、工件数和调度涉及的时间3个基本因素。随着调度问题规模和解空间指数级的增长，传统进化算法难以在有限的时间范围内找到满意的解决方案，易于陷入局部最优。因此，如何在有限的时间内高效地求解大规模优化调度问题得到了工业界和学术界的广泛关注。

我们将针对不同特性的大规模优化算法分为三类：大规模单目标进化优化算法、大规模多目标进化优化算法和大规模昂贵优化算法。

6.4.1　大规模单目标进化优化算法

现有的大规模单目标进化优化算法主要分为两大类：基于分解的方法和基于不分解的方法，如图6-40所示。

（1）基于分解的方法

分解方法采用分而治之（divide-and-conquer，DC）的策略，将相互作用的变量划分到同一个子部分，独立演化每个低维子问题，因而得到全局最优解，包含分解和优化两个步骤。在分解阶段，将高维问题分解为几个低维子问题。在优化阶段，选定某种优化算法独立地优化各个子问题。最终的解决方案是来自每个子问题的代表解的组合。在这个过程中，需要考虑很多关键问题，如分解精度、优化器的选择、子问题的计算资源分配等。

由于DC存在维数不匹配（dimensionality mismatch）问题，原始问题目标函数无法直接对子问题的子代候选解进行评估。因此，需要构建上下文向量（context vector）进行协作评价，通过补全的方式将子代候选解与其他子问题的代表解组合成为一个完整的解，也称协同进化（cooperative coevolution，CC）。

为了更好地说明基于分解的方法，图6-41展示了一个7维问题。在分解阶段，将7维问题分解为4个2维的子问题，每个子问题包含两个决策变量（最后一个子问题只包含1个决策变量）。上下文向量是由每个子问题的代表解决方案（representative solutions）组成的。在优化阶段，对子问题的两个决策变量进行独立优化，获得一组子问题的子代候选解决方案。然后，子代候选解决方案代替上下文向量中该子问题的代表解组成完整的解决方案，原始的目标函数可以对其直接进行评估。

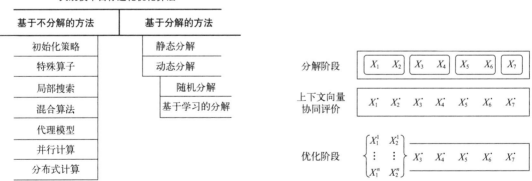

图6-40　大规模单目标进化优化算法分类　　　　图6-41　基于分解的方法求解7维问题示例

① 分解方法。一般来说，分解方法可以分为静态分组和动态分组。

静态分组是在优化算法开始时，将高维决策变量分解成一组低维决策变量，并且在优化过程中保持分组信息不变。但是该方法只适用于处理完全可分的问题，对于部分可分或者完全不可分问题，分解性能不佳。

动态分组在优化过程中可以动态改变分组信息，在一定程度上可克服静态分组的缺点。动态分组又可以分为随机分组（random grouping，RG）和基于学习的分组（learning-based grouping）。随机分组对于完全可分问题或相关变量较少的问题是有效的，但对于相关变量较多的问题效果不佳。基于学习的分组是通过学习分析变量之间的相关性，将相关变量分在同一组，不相关变量分在不同组。

② 优化方法。现有基于分解的大规模优化算法的子优化器大多采用差分进化和粒子群优化这两个基础算法。传统的子问题进化模式是循环进化（round-robin），即在每一代中每个子问题依次进化优化。如图 6-42 所示，在第 1 代中，子问题 P_1 至子问题 P_4 依次进行进化优化；在第 2 代中，子问题 P_1 至 P_4 依次进行进化优化；该过程一直进行直到达到终止条件。但是，研究发现各子问题对于整体性能提升的贡献是不一样的，不应当将计算资源平均地分配给每个子问题[20]。因此，Omidvar 等[21,22]提出了基于贡献的子问题进化模式，计算每个子问题对于整体性能提升的贡献值，将计算资源分配给贡献最多的子问题。如图 6-43 所示，在第 1 代中，子问题 P_1 至 P_4 依次进行进化优化，计算每个子问题对于整体性能提升的贡献（用圆的面积大小表示），可以看出子问题 P_2 贡献最大，因此在第 2 代中，只将计算资源分配给子问题 P_2，更新 P_2 的贡献值；在接下来的代数中，计算资源只分配给贡献最大的子问题。基于贡献的计算资源分配方法可以有效利用有限的计算资源求解大规模问题，尤其适合于处理贡献不平衡的问题[23]。

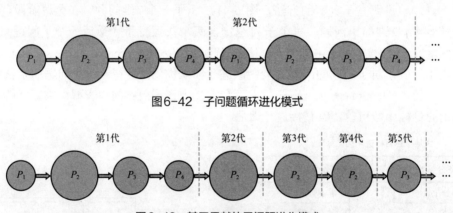

图6-42　子问题循环进化模式

图6-43　基于贡献的子问题进化模式

（2）基于不分解的方法

虽然基于分解的方法可以降低求解问题的维数，但是有些问题本质上是不可分解的。因此，解决 LSOP 的另一个研究方向是提高传统算法的性能。代表性的算法包括有效的初始化方法、采样和变异的特殊算子以及混合算法来积累不同算法的优势。

6.4.2　大规模多目标进化优化算法

大规模多目标优化问题（large-scale many-objective problems，LSMOP）由于搜索空间呈指数级扩展，以及存在多个复杂的相互冲突目标，使得求解极具挑战性，该研究领域仍然处于初期探索阶段。

在多目标优化问题中，随着目标函数个数的增加，环境选择中的选取压（environmental selection pressure）减少，个体之间的可比性会变差，难以选择存活下来的优质个体。如图 6-44 所示，对于双目标优化问题来说，解决方案A可以支配1/4的区域；对于三目标优化问题来说，解决方案A可以支配1/8的区域；以此类推，对于M目标优化问题来说，解决方案A的可支配区域为$1/2^M$。可以看出，如何提高解决方案的选取压是解决多目标优化问题的关键。

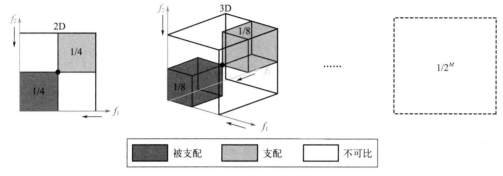

图6-44　Pareto最优解的概率分析

目前，求解LSMOP的主流算法可以分为三大类：决策变量分解方法、决策空间约减方法和目标空间约减方法，加强搜索策略，见表6-9。

决策变量分解是基于"分而治之"框架，将决策变量随机地或者启发式地分成多个子问题，对每个子问题独立进化优化。最初的决策变量分组策略是借鉴大规模单目标优化问题，如随机分组和差分分组。后来，根据决策变量与目标函数的关系，分析决策变量的控制特性并将其划分为位置变量、距离变量及混合变量。实际应用中，决策变量分组方法需要消耗大量的评估模型，增加时间消耗，且由于目标函数过于复杂，很少有决策变量能满足位置变量和距离变量的严格条件。此外，一些大规模多目标优化问题本身不可分解，不正确的分解会导致无法找到最优解。

约减方法可以分为决策空间约减方法和目标空间约减方法。决策空间约减方法可以通过将父代个体的决策向量缩短并生成子代个体，然后将子代个体的决策向量恢复到原决策空间进行函数评价。因此，该算法只需找到一个短向量的最优值，而无需在高维决策空间中搜索。常见的决策空间约减方法有问题转换、问题重构、随机嵌入、主成分分析和非监督神经网络。虽然目标空间约减方法能够降低大规模和多目标带来的挑战，但是在约减的过程中不可避免地存在多样性丢失的现象，在方法的灵活性上也受到一定程度的限制。

表6-9　大规模多目标优化算法分类

主流算法分类	劣势
决策变量分解 -随机分组 -差分分组 -变量相关性分析	-消耗额外计算资源 -分组不准确

主流算法分类	劣势
决策空间约减 -问题转换 -问题重构 -随机嵌入 -主成分分析 -非监督神经网络 **目标空间约减** -目标聚类整合	-多样性散失 -方法灵活性受限
加强搜索策略 -竞争粒子群优化	-消耗大量计算资源

6.4.3　协作进化优化算法

协作进化是指自然生境中两个或多个物种，由于生态上的密切联系，其进化历程相互依赖。当一个物种进化时，物种间的选择压力发生改变，其他物种将发生与之相适应的进化事件，形成物种间高度适应的现象[24]。协作进化优化算法即模拟自然界中的协作进化，多个种群和多种策略彼此合作，从而促进整体进化[25]。

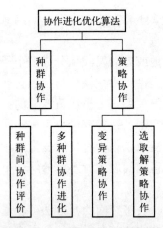

图6-45　协作进化优化算法分类

协作进化优化算法大致可以分成种群协作和策略协作两大类，如图6-45所示。对于种群协作而言，"分而治之"框架中的子问题候选解需要借助其他子问题的代表解进行协作评价，在评价的过程中相互影响，因而实现协作进化。多种群协作进化则是利用多个子种群相互合作演化，保证求解复杂优化问题时的种群多样性。策略协作可以是不同的变异策略或者是不同的环境选择策略，达到实现互补和平衡的目的。

协作进化优化算法对具有两个或多个相互作用的子空间的笛卡儿积定义的非常大的搜索域的问题有效，也可以用于解决没有内在客观度量来衡量个体适合度的问题。协作进化优化算法对于没有领域特定信息来帮助指导搜索的，包含某些类型的复杂结构的搜索空间具有自然的潜在优势，具有优秀的自适应性和鲁棒性。

6.4.4　基于计算资源分配的选择性生物地理学优化算法

基于"分而治之"框架的大规模进化优化算法在求解大规模优化问题时展现了强大的潜力，由于每个子问题优化对问题整体性能提升的贡献是不一样的，将计算资源平均地分配给每个子问题并不明智，基于计算资源分配的选择性生物地理学优化算法（selective biogeography based optimizer，SBBO）采用了"分而治之"的策略，基于每个子部分对总体的贡献度合理地分配有限的计算资源，其中的选择性迁移算子也能平衡好种群的收敛性和多样性之间的关系，有效地求解大规模优化问题。

（1）生物地理学优化算法

生物地理学优化算法（biogeography based optimization，BBO）由 D. Simon 在 2008 年提出，其灵感来自生物地理学中关于物种在不同栖息地之间的迁移、进化和灭绝[26]。对于优化问题，种群（即栖息地）代表了一组候选解，每个栖息地代表一个候选解，栖息地的适宜性就是优化问题的适应度，栖息地特征代表决策变量。根据生物地理学理论，优越的解决方案往往通过迁移的方式与劣势的解决方案共享更多有用的信息。同时，根据生物地理的进化规律，突变也有一定的概率发生。

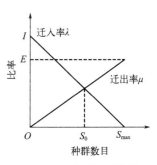

图6-46　物种迁移模型

在生物地理学中，有两个重要的术语，即栖息地适宜性指标（habitat suitability index，HSI）和适宜性指数变量（suitability index variables，SIV）。HSI 用于评价各栖息地的生存环境，SIV 是 HSI 的影响因素。栖息地的 SIVs 被认为是候选解的特征表示。常规的 BBO 有两个主要的算子，即迁移算子和变异算子。

① 迁移算子。迁移算子用于在个体之间共享搜索信息，突变算子用于增强种群多样性。栖息地 H_i 的迁入率 λ_i 和迁出率 μ_i 可以根据如图6-46所示的物种迁移模型计算得到。

具体地说，采用一个简化的线性迁移模型来演示这个过程，其中迁移模型是物种数量的函数。当物种数量增加时，能够迁入的物种会减少，而更多的物种倾向于迁出到其他栖息地，反之亦然。相应的迁入率和迁出率的计算公式见式（6-73）、式（6-74）。

$$\lambda_i = I\left(1 - \frac{S_i}{S_{max}}\right) \tag{6-73}$$

$$\mu_i = E\left(\frac{S_i}{S_{max}}\right) \tag{6-74}$$

式中，I 为最大的迁入率；E 为最大的迁出率；S_i 为栖息地 H_i 的物种数量；S_{max} 为最大物种数量。

在生物地理学中，物种越多的栖息地意味着更好的解决方案。也就是说，一个好的解决方案有更低的迁入率和更高的迁出率，这样它就可以与其他解决方案共享有前途的信息，并且不太可能因为迁入而被破坏。迁移过程可以表示见式（6-75）：

$$H_i(\text{SIV}) \leftarrow H_j(\text{SIV}) \tag{6-75}$$

式中，H_i 为迁入栖息地；H_j 为迁出栖息地；SIV 为适宜性指标变量，表示栖息地的特征。式（6-75）栖息地 H_i 的 SIV 可以被栖息地 H_j 的 SIV 代替。

② 变异算子。变异算子是一种可以修改解特征的概率算子，BBO 的变异算子与其他 EA 中的变异算子类似。变异的目的是增加种群之间的多样性。

③ 伪代码。BBO 的伪代码如算法6-8所示。

算法6-8　BBO

input：N是种群规模，是第k个候选解，H是整个解，H_k（SIV）是H_k的特征，z是一个时间解，ub和lb分别是搜索空间的上限和下限

output：求得的最优解Best

01	**for** each H_k，按式（6-73）、式（6-74）计算迁入率、迁出率
02	**endfor**
03	**for** $H_k, k \in [1, N]$**do**
04	**for** each SIV **do**
05	根据λ_k的值决定是否要迁入
06	**If** immigration **do**
07	$z=H_k$
08	根据$\{\mu\}$选择$H_j(j \neq k)$
09	$Z(SIV) \leftarrow H_j(SIV)$
10	**endif**
11	**endfor**
12	判断z是否要发生变异
13	**If** mutation **do**
14	$z \leftarrow$ lb+(ub-lb).*rand
15	**endIf**
16	**endfor**
17	$H_k \leftarrow z$

（2）选择性迁移算子

采用选择性迁移算子（selective migration operator，SMO）替代原始迁移算子，在保持较好的开发能力的同时提高探索能力。选择性迁移算法计算式如下：

$$H_i(SIV) \leftarrow H_i(SIV)+\beta[H_j(SIV)\&-H_i(SIV)] \qquad f_j \leqslant f_i \qquad (6\text{-}76)$$

$$H_i(SIV) \leftarrow H_i(SIV)+\gamma[H_j(SIV)\&-H_i(SIV)] \qquad f_j > f_i \qquad (6\text{-}77)$$

式中，β为接近1的变量；γ为一个具有较小标准差的正态分布随机数。

在SMO中，适应度较差的个体会向适应度较好的个体学到更多有用的信息，而适应度较好的个体则会开发其邻近区域。SMO的伪代码如算法6-9所示。因为通过变异算子使BBO向随机方向突变，该变异算子可能会破坏适应度较好的个体，本算法不采用变异算子。

算法6-9　SMO

SMO	
01	select H_i according to immigration rate λ_i
02	**for** $j=1$ to i **do**
03	select H_j according to immigration rate μ_j
04	**If** $f_j \leqslant f_i$, **do**
05	SIV in H_j migrate to H_i based on Eq. (6-76);
06	**else**
07	SIV in H_j migrate to H_i based on Eq. (6-77);
08	**endif**
09	**endfor**

（3）基于贡献的资源分配策略

基于贡献的资源分配策略采用相对适应度提升（relative fitness improvement，RFI）作为评估子问题贡献的方法，该指标能够及时反映各子种群的贡献度变化。具体来说，子问题 i 在第 t 代的适应度提升的定义见式（6-78）：

$$\text{RFI}_i = \frac{f_{(t-1)}(H'_{\text{best}}) - f_t(H_{\text{best}})}{f_{(t-1)}(H'_{\text{best}})} \tag{6-78}$$

式中，$f_{(t-1)}(H'_{\text{best}})$、$f_t(H_{\text{best}})$ 为子问题 i 在 $t-1$ 代和 t 代的最佳适应度值。

首先，在第 1 代中（一代指的是所有子问题的完整演化），每个子问题是按顺序进行演化，根据式（6-78）计算各子问题的 RFI 值，并将其保存起来。然后，选择 RFI 值最大的子问题在下一代进行进化，子问题 i 的 RFI 值在进化之后进行更新，能够保证 RFI 处于一个动态更新模式。基于 RFI 的资源分配的伪代码如算法 6-10 所示。

算法 6-10   基于 RFI 的资源分配

RFI 是相对适应度的提高；imp_best 是最大的 RFI，l 是对应子组的数目
01    $[\text{imp}_{\text{best}}, a] = \text{sort}(\text{RFI})$
02    $l = a[\text{length}(\text{RFI})]$
03   由一个特定的种群进化出 l 组子组 // 使用了 SBBO
04    $\text{RFI}_i = \dfrac{f_{(t-1)}(H'_{\text{best}}) - f_t(H_{\text{best}})}{f_{(t-1)}(H'_{\text{best}})}$ // 计算子组的 RFI
05    $\text{RFI}(l, :) = \text{RFI}_l$ // 存储 RFI

（4）阈值策略

由于在演化后期，计算资源仍然会分配给 RFI 值极小的子问题，整体最佳适应度的改善并不明显；而其他之前被认为停滞不前的子问题，在经过几次进化后，可能对整体适应度值的提升有贡献。因此，为了避免在停滞子问题上浪费计算资源，引入了额外的约束条件：如果子问题的 RFI 小于一个设定值（很小的值），则认为该子问题处于暂时停滞状态，将其暂时从进化周期中丢弃。如果所有的子问题都被视为停滞的子问题，则每个子问题将重新平等地进行进化，且更新 RFI。

该阈值策略作为额外约束来衡量子种群是否处于停滞状态，一旦判断某个子种群处于停滞状态，则计算资源在本代进化中不会分配给该子种群。

（5）基于计算资源分配的生物地理学优化算法

基于计算资源分配的生物地理学优化算法在 CC 框架下处理 LSOP，采用 RDG 方法对优化问题进行分解，将 SBBO 作为基础优化器，并根据 RFI 将计算资源分配给不同的子问题。其伪代码如算法 6-11 所示。

算法 6-11   CC_SBBO_RA

f 是目标函数；D 是分量的个数
01   根据 RDG 将分成 D 个独立的分量
02   初始化：$\text{imp}_{\text{best}} = 0$；$\text{RFI} = \text{zero}(D, 1)$
03   **If** $\text{imp}_{\text{best}} \leqslant \xi$（$\xi$ 是阈值）**do**

04	**for** i=1:D **do**
05	根据算法6-9演化自种群i
06	更新RFI值
07	**endfor**
08	**else**
09	根据算法6-10分配计算资源
10	**endif**
11	如果满足终止条件，则终止；否则，转到下一轮 **if**

6.4.5　基于泛化Pareto支配的改进竞争粒子群优化算法

基于泛化Pareto支配的改进竞争粒子群优化算法（MultiGPO_ICSO）可用于求解大规模多目标优化问题，如将改进的竞争粒子群优化算法（improved competitive swarm optimization，ICSO）嵌入MultiGPO框架，可用来处理LSMOP和LSMaOP。

（1）改进竞争粒子群优化算法

改进的竞争粒子群优化采用三竞争机制（tri-competition mechanism）和新颖的更新策略，更好地平衡了种群收敛性和多样性之间的关系。三竞争机制使得每一代中能够更新更多的个体，提高收敛速度。同时，为了避免漫游行为和收敛速度慢，粒子提前从前一个速度学习，然后向优势个体前进，保证了较快的收敛速度。ICSO的步骤描述如下。

① 初始化。首先在整个搜索空间中随机生成粒子，然后将粒子随机分成三组。

② 三竞争机制。从每组中随机选出一个粒子，进行三组竞赛。性能最好的粒子被认为是胜利者，第二好的个体被认为是失败者1，剩下的粒子被认为是失败者2。

③ 更新。胜利者直接进入下一代，失败者1根据以下策略进行更新：

$$v'_{l1} \leftarrow r_1 v_{l1} + r_2(x_w - x_{l1}) \tag{6-79}$$

$$x'_{l1} \leftarrow x_{l1} + v'_{l1} + r_1(v'_{l1} - v_{l1}) \tag{6-80}$$

失败者2的更新策略如下：

$$v'_{l2} \leftarrow r_3 v_{l2} + r_4(x_w - x_{l2}) \tag{6-81}$$

$$v'_{l2} \leftarrow x_{l2} + v'_{l2} + r_3(v'_{l2} - v_{l2}) \tag{6-82}$$

式中，r_1、r_2、r_3、r_4为［0 1］的随机数；v_w、v_{l1}、v_{l2}为胜利者、失败者1和失败者2的速度；x_w、x_{l1}、x_{l2}为胜利者、失败者1和失败者2的位置。

ICSO的伪代码如算法6-12所示。

算法6-12　ICSO

input:	当前种群$X(t)$及大小N
ouput:	新种群$X(t+1)$

01	将当前种群任意分为三个子群
02	**for** i=1:$floor(N/3)$ **do**
03	从每个子群中各随机选择一个粒子，记为X_1、X_2和X_3，使得 rank(X_1) ≤ rank(X_2) ≤ rank(X_3)

04	$X_w \leftarrow X_1$
05	$X_{l1} \leftarrow X_2$
06	$X_{l2} \leftarrow X_3$
07	按式（6-79）~式（6-82）更新X_{l1}、V_{l1}、X_{l2}、V_{l2}
08	将X_w、X_{l1}、X_{l2}移出旧种群，组成新种群
09	**end**

（2）基于泛化 Pareto 支配的改进竞争粒子群优化算法

MultiGPO_ICSO 的伪代码如算法6-13所示。MultiGPO_ICSO从种群随机初始化开始，首先对每个个体进行评估。然后，利用ICSO的算子生成子代解，后续将对此进行描述。对于环境选择，选取了基于MultiGPO的方法为下一代选择存活下来的解决方案。ICSO () 是ICSO的算子，如算法6-12所示。($M-1$)_GPD ()是环境选择算子。

算法6-13　MultiGPO_ICSO

input：种群大小N，扩张角φ	
ouput：最终种群X	
01	初始化
02	种群X进化
03	**while** 终止条件不满足 **do**
04	$X' \leftarrow \text{ICSO}(X)$
05	$R \leftarrow X' \cup X$
06	$X \leftarrow (M-1)\_\text{GPD}(R, N, \varphi)$
07	**end**

6.5　本章小结

本章围绕智能生产过程的调度优化问题展开，首先对生产过程调度问题进行了定义描述与分类介绍，然后针对不同类型的生产调度优化问题介绍了基于进化算法的生产过程调度优化问题、基于目标驱动的闭环优化调度问题和基于协作进化的大规模优化调度问题。

参考文献

[1] W Den, Hu S, Garza C M, et al. Review-airborne molecular contamination: Recent developments in the understanding and minimization for advanced semiconductor device manufacturing[J]. ECS Journal of Solid State Science and Technology, 2020, 9(6): 064003.

[2] 张守京, 杜昊天, 侯天天. 求解多目标双资源柔性车间调度问题的改进NSGA-Ⅱ算法[J]. 机械科学与技术, 2022(5): 771-778.

[3] 梁恒杰. 基于遗传算法的注塑行业车间调度方案及系统实现[D]. 上海：华东师范大学, 2023.

[4] 韩玉艳, 巩敦卫, 桑红燕, 等. 基于进化优化的多目标批量流水线调度[M]. 北京：科学出版社, 2018.

[5] 焦璇, 宁涛, 黄明, 等. 人工智能优化算法在柔性作业车间调度中的应用研究[M]. 北京：中国铁道出版社, 2019.

[6] 刘民, 吴澄. 制造过程智能优化调度算法及其应用[M]. 北京：国防工业出版社, 2008.

[7] 王霄汉, 张霖, 任磊, 等. 基于强化学习的车间调度问题研究简述[J]. 系统仿真学报, 2021, 33(12): 2782-2791.

[8] 王艳娇, 刁鹏飞, 贾雁飞. 群智能进化算法及其应用[M]. 北京：科学出版社, 2019.

[9] Holland J. Adaptation in natural and artificial systems : An introductory analysis with application to biology [J]. Control and Artificial Intelligence, 1975.

[10] Deb K, Agrawal S, Pratap A, et al. A fast elitist non-dominated sorting genetic algorithm for multi-objective optimization: NSGA-II [J]. Lecture Notes in Computer Science, 2000, 1917(1): 849-858.

[11] Torn R, Price K. Minimizing the real functions of the ICEC'96 contest by differential evolution [C]// Proceedings of IEEE International Conference on Evolutionary Computation. Piscataway, NJ, USA: IEEE, 1996: 842-844.

[12] Eberhart R, Kennedy J. A new optimizer using particle swarm theory[J]. Micro Machine and Human Science, 1995, MHS'95.

[13] Shi Y, Eberhart R. A modified particle swarm optimizer[J]. IEEE World Congress on Computational Intelligence, 1998: 69-73.

[14] Colorni A. Distributed optimization by ant colonies[J]. Proc. of the First European Conference on Artificial Life, 1991.

[15] Karaboga D. An idea based on honey bee swarm for numerical optimization[J]. Technical Report-TR06. 2005.

[16] Liu H, Mi X, Li Y. An experimental investigation of three new hybrid wind speed forecasting models using multi-decomposing strategy and ELM algorithm[J]. Renewable Energy, 2018, 123: 694-705.

[17] Prasad R, Deo R, Li Y, et al. Soil moisture forecasting by a hybrid machine learning technique: ELM integrated with ensemble empirical mode decomposition[J]. Geoderma, 2018, 330: 136-161.

[18] Pan C, Qin B, He Y, et al. Wind speed forecasting of regularized ELM based on optimized FCM clustering[J]. Power System Technology, 2018, 42(3): 842-848.

[19] Xiong T, Li C, Bao Y. Seasonal forecasting of agricultural commodity price using a hybrid STL and ELM method: Evidence from the vegetable market in China[J]. Neurocomputing, 2018, 275: 2831-2844.

[20] Zhang L, Shi B, Zhu H, et al. PSO-SVM-based deep displacement prediction of majiagou landslide considering the deformation hysteresis effect[J]. Landslides, 2021, 18(1): 179-193.

[21] Omidvar M N, Li X, Yao X. Smart use of computational resources based on contribution for cooperative co-evolutionary algorithms[J]. Proceedings of the 13th Annual Conference on Genetic and Evolutionary Computation, 2011: 1115-1122.

[22] Omidvar M N, Kazimipour B, Li X, et al. CBCC3-A contribution-based cooperative co-evolutionary algorithm with improved exploration/exploitation balance[J]. 2016 IEEE Congress on Evolutionary Computation (CEC). IEEE, 2016: 3541-3548.

[23] Kazimipour B, Omidvar M N, Qin A K, et al. Bandit-based cooperative coevolution for tackling contribution

imbalance in large-scale optimization problems [J]. Applied Soft Computing, 2019, 76: 265-281.

[24] 董红斌, 丁蕊. 协同演化算法及其应用[M]. 哈尔滨：哈尔滨工程大学出版社, 2021.

[25] 王凌, 沈婧楠, 王圣尧, 等. 协同进化算法研究进展 [J]. 控制与决策, 2015(2): 193-202.

[26] Simon D. Biogeography-based optimization [J]. IEEE Transactions on Evolutionary Computation, 2008, 12(6): 702-713.

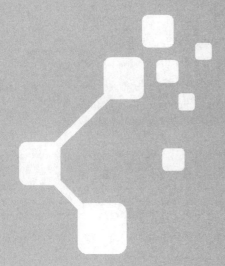

Chapter
7

第 7 章

发展趋势与展望

在智能生产系统控制及优化领域，数字化转型已成为推动创新和提升效率的关键驱动力。前面章节的深入研究系统地展示了智能制造的不同层面，包括数字化转型战略、关键技术发展以及生产系统的优化与控制[1]。在科技飞速发展和制造业持续演进的背景下，本章将聚焦于智能生产系统数字化转型的全球趋势与展望，以及与之密切相关的智能生产控制与优化的关键技术。通过对国内外制造业企业的深入剖析，揭示了从离散制造业到流程制造业的各个层面在数字化转型中的趋势。全面介绍了数字化转型的现状，并展望未来的发展方向。同时，对智能生产控制与优化的关键技术进行了深入剖析，强调了其在国内外的前沿位置。通过本章的全局视角，我们希望读者能够更好地理解数字化转型对智能生产系统的影响，并把握其中的创新机遇。

7.1　AI赋能制造业

7.1.1　智能算法

随着科技的不断进步，智能生产系统控制和优化的领域在人工智能（AI）算法的推动下迎来了全新的时代。AI算法作为智能生产系统的核心引擎，不断演进和优化，为生产过程中的控制与优化提供了强大的支持。从传统的规则基础系统到如今的深度学习网络，AI算法的不断升级为智能生产系统带来了前所未有的效率和智能化[2]。下面将深入探讨人工智能算法在智能生产系统中的发展趋势，聚焦当前创新的方向，并探讨未来可能带来的巨大影响；通过对不同类型的算法（如监督学习、无监督学习、强化学习等）的深入剖析，揭示这些算法如何在智能生产系统的控制与优化中发挥关键作用。

半监督学习可以在未标记的数据集上使用，因此特别适合大量数据不易标记的应用，它往往用于分类、分割、聚类、降维等诸多任务。在智能生产中，半监督学习可以应用于训练机器学习模型，以预测和识别某些设备或生产线上的故障和异常。深度学习是一种基于神经网络的机器学习方法，可以在有大量标记数据的情况下产生高精度的输出。在智能制造中，深度学习可以用于生产质量控制，生产过程优化、预测和计划等任务。例如，深度学习可以应用于图像分析，使用计算机视觉技术检测产品缺陷。因果推断算法可以对因果关系进行建模和推断。在智能生产中，因果推断算法可以帮助识别产生故障、缺陷或其他问题的因素。例如设备故障，因果推断算法可以研究在故障之前或之后发生的事件或因素，以识别可能导致设备故障的因素。进化算法是一种通过模拟生物进化过程来进行优化问题求解的算法，它的基本思想是通过模拟生物的进化过程，逐渐优化解决方案。进化算法是一种普适性的算法，可以应用于许多优化问题，如组合优化问题、非线性规划问题和多目标优化问题。

除此之外，在智能生产中还有其他人工智能算法的应用，例如机器学习算法、人工神经网络和遗传算法等，这些算法可以应用于图像识别、数据分析和优化、模型预测和监测等各种应用场景。例如，机器学习可用于检测和预测生产线上的故障，神经网络可用于研究产品缺陷的成因并提供有效的改进措施，遗传算法可用于优化生产流程和资源使用等。

不同的人工智能算法在智能生产中各有优缺点，下面是一些常见的缺陷和潜在风险：①机器学习算法。机器学习算法在数据丰富、数据质量高的情况下可以取得很好的效果，但是在数据不足、数据含有噪声、数据不平衡等情况下，模型的精度可能受到影响。此外，在测试集和训练集不一致的情况下，模型也容易发生过拟合和欠拟合的现象，如图7-1所示。②深度学习算法。深度学习算法需要大量的数据和计算资源，这就对硬件设备和数据存储提出了较高的要求。此外，深度学习算法缺乏可解释性，即无法准确解释模型决策的原因和依据。③进化算法。进化算法可能会陷入局部最优解，因此需要谨慎选择优化目标和指标，以避免卡在局部最优解中。另外，由于进化算法通常使用种群选择策略，可能存在多样性降低和过度拟合的风险[3]。④人工神经网络。人工神经网络虽然拥有强大的模式匹配和分类能力，但其模型的训练过程需要大量的计算资源，而且模型过于复杂，导致可解释性差，有时难以理解。

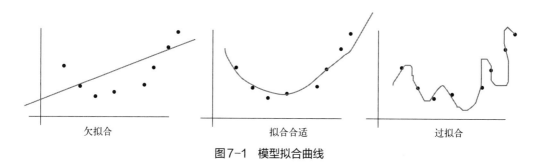

欠拟合　　　　　　　　　　拟合合适　　　　　　　　　　过拟合

图7-1　模型拟合曲线

为了改进这些算法中存在的缺陷和潜在风险，可以考虑以下策略：①提高数据质量。采用数据清洗、特征选择、数据增强等方法减少噪声和错误。②优化算法设计。通过对算法的优化，使算法更容易收敛到全局最优解，具有更高的鲁棒性和泛化能力。③增加可解释性。采用可视化、解释性模型等手段，提高模型的可解释性，使人能够理解模型的决策过程。④优化硬件和算法的结合。通过优化硬件设备、计算加速器等与算法密切相关的部分的结合，提升算法的效率和精度。在算法迭代过程中，新的理论和模型将不断涌现。

7.1.2　大语言模型

大语言模型（large language model，LLM）是一种基于深度学习技术的自然语言处理模型，通常是由数十亿甚至数百亿个参数构成的深度神经网络模型。其目的是通过学习大规模人类文本数据，建立一种可以推断文本内容的方式，以生成大量自然语言文本。其出色的表现主要归因于它可以像人类一样学习和理解语言中的规则和语法。它的输入可以是一段自然语言文本或是一个单词，根据输入，模型会预测一个合适的输出。然而，由于所需训练的参数数量巨大，大语言模型在训练过程中需要消耗大量计算资源，并且需要海量的语料库支持训练，才能获得较好的效果。这也是大语言模型训练过程中面临的挑战之一，同时也是其受到广泛关注的原因之一。总体而言，大语言模型的发展促进了智能生产的进一步变革。

大语言模型的应用十分广泛，包括语言生成（如机器翻译、语音合成）、语义理解、语言分类和文本摘要等领域。其中，语言生成是大语言模型的一个特别重要应用领域。计算机只需进行一次学习，就能生成大量的自然语言文字和语音内容。目前已经涌现出许多大语言模型，如OpenAI公司推出的GPT（generative pre-trained transformer），Google AI团队开发的BERT（bidirectional encoder representations from transformers），以及由CMU、谷歌和上海交通大学联合研究开发的XLNet[4]等（图7-2）。这些模型不仅在各种自然语言处理任务上表现出色，而且给产业界带来了诸多冲击，改变了自然语言处理的面貌，为企业提供了强大、智能和高效的手段，促进了人工智能与产业的深度融合。

大语言模型的涌现给产业界带来了许多冲击。首先，它改变了自然语言处理的面貌，为该领域提供了强大、智能和高效的手段，从而大大提升了自然语言处理水平。其次，大语言模型使企业能够利用海量自然语言数据进行分析和挖掘，来为自身提供精确、实时和定制化的数据服务，从而改进业务运营。此外，大语言模型的应用也推动了人工智能与产业的深度融合，企业可以通过它实现智能客服、语音识别与机器人控制等应用，进一步发掘和利用技术的潜力，推动产业升级。

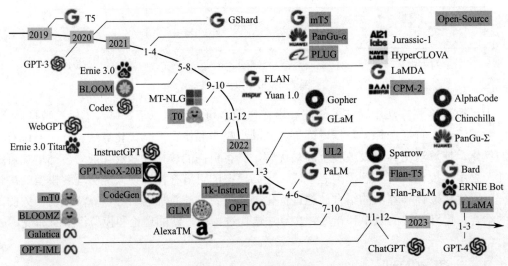

图7-2　大语言模型的涌现

大语言模型为智能生产带来了巨大机遇。然而，这也需要企业投入更多的资源去实现模型的应用。大语言模型的应用不断拓展，但它所面临的挑战越来越高，主要表现为硬件训练需求高、数据资源和保障要求高、模型可解释性低等方面。首先，大语言模型需要更多的硬件和计算资源来参与训练，而这对企业的数据中心、云服务等硬件设施有较高的要求，增加了成本压力。例如，为实现语音助手功能，需要在用户端装接相应的语音输入输出设备；智能家具、智能家居等物联网产品需要连接高效计算主机，用于实现智能化处理；自动化生产需要强大的处理能力等。其次，大语言模型的训练需要海量的数据资源支持，而且这些数据需要在实际应用场景中具有丰富的语义和多样性。在数据获取和处理方面，由于涉及隐私问题、数据保障问题，可能会使企业面临更高的风险。例如，在处理人脑系统、交通管理等复杂场景时，需要获取更多具有真实场景属性的数据集，合理采集数据、获得详细授权可确保数据的可用性和安全性。最后，大语言模型的结构复杂，参数庞大，难以通过传统的解释方法分析一些处理结果，这降低了模型的可信度。例如，在智能驾驶等人工智能应用领域中，如何在显著提高行车安全性的同时有效识别多种信号，并确保泛化检测具体情况下的可靠性等问题[5]。

7.1.3　3WD理论

着眼于人工智能算法的发展趋势，监督学习、无监督学习、强化学习、大模型等不同类型的算法发展日新月异。这些算法的不断演进为智能生产系统的控制与优化提供了强大支持。最近，研究者发现，基于认知计算的三支决策（3WD）理论能够更有效地解释人工智能的发展历程、技术分类以及关键研究问题。3WD理论的几何结构提供了一个独特的视角，能够使人们更全面地理解人工智能的多个层面。与此同时，AI算法的发展在这一理论框架内找到了具体的应用，形成了一种相互支持的关系。从三大主义到机器学习的不同方式，再到智能本质中的金字塔结构，这些概念在3WD理论的引导下与AI算法相互交织，共同构建了人工智能领域的知识体系。

以机器学习为例，其是人工智能领域中的一项关键技术。机器学习的方式包括监督学习、无监督学习和半监督学习。监督学习依赖对大量带标签的数据的学习；而无监督学习则在不依赖带标签的数据的情况下进行自动分类；半监督学习则结合了监督学习和无监督学习的特点，利用大量未带标签的数据和部分带标签的数据进行模式识别。在3WD理论中，偏好顺序结构可以很好地解释这三种学习方式之间的关系。监督学习和无监督学习代表了两个极端方向，而半监督学习则处于中间位置，兼具两者的优势。这种三元结构提供了一个理论框架，帮助人们理解在不同场景中选择合适学习方式的依据[6]。

根据3WD理论，智能生成机理的研究聚焦于认知生成、知识生成和意义生成（图7-3），以及它们之间的紧密关系。不同于关注"怎么做"问题，智能生成机理追寻的是"为什么"本质。通过深入研究人工智能的形成和出现，这一机理试图揭示一些基础理论问题，以全面阐述人类社会发展史、文明史和进化史中的宏观特征和微观现象。

图7-3　智能生成机理金字塔结构

① 在认知生成方面，研究指出动物的认知生成遵循达尔文的优胜劣汰和适者生存法则。然而，人类在这方面上具有主观能动性，可以依靠认知和知识积累与自然界进行交互，进而影响自然。认知是人类进化历史的重要组成部分，它被视为信息和数据的流动，是选择性地输入外界信息并进行系统化处理的过程。

② 在知识生成方面，传统观念认为人类只具有存在于大脑中的记忆态知识和以语言

文字表述的记述态知识。然而，近年来提出了第三种知识形态，即人、知识、工具三元生态体系。这种知识形态能够进行准确可靠的传承，成为人类工具智能化的知识基因。半导体技术的问世实现了知识的数字化，使人类知识能够被数字化地储存和处理，从而将知识转化为实际的知识能力。这一转变促使了人类工具开启智能化转变。

③ 在意义生成方面，现代计算机和微处理器的出现实现了数字时空的量子化，为智能化工具生成提供了技术基础。这些技术不仅支撑了当前的智能化应用，还为未来探索强人工智能和超人工智能提供了强大的工具。

3WD理论研究的目标是对人类智能进行模拟和扩展，通过掌握"普适性智能生成机理"，人类可以制造各种各样的人工智能机器来为人类服务。这一理解需建立在知识学的基础上，三者的关系呈现出典型的三层金字塔结构[7]。人们对智能生成机理的深刻理解对人工智能关键技术在智能生产中的发展提供了新的视角和理论支持。

7.1.4　人机混合智能

人机混合智能作为一种新型智能形式（图7-4），与传统人工智能有着显著的区别，它代表着下一代智能科学体系，能够与不同物种和属性结合。通过实现人机融合与协作，人机混合智能将人工智能与人类智能相结合，提高了人与系统的综合能力，使其具备了解决更复杂问题的能力。人机混合智能充分发挥了人和机器各自的优势，实现了两者的有效融合。其最终目标是使机器能够逐渐理解人的决策，通过观察不同条件下人的决策来逐渐理解各种价值取向。

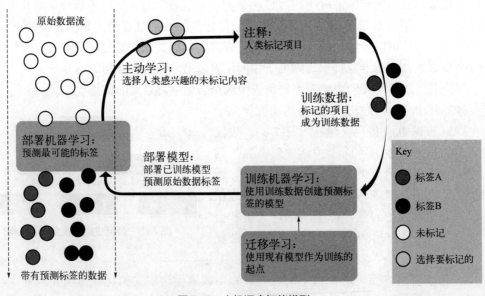

图7-4　人机混合智能模型

在人机混合智能中，人和机器共同参与工作，形成了"人×机"或"人+机"的效果。这种智能形式采用了一种新的智能输入方式，结合了机器客观采集的数据和人类主观感知的信息。在智能处理的中间环节，机器对数据的计算能力和人对信息的认知能力相互融合，形成新的理解途径，以提高智能水平。输出端将机器的运算结果和人的价值决策进行适配，实现概率化和规则化相协调的优化判断，以提高决策效果。

经历了人机混合智能后，人机共生智能成为人工智能的必然发展趋势。共生是指两个不同的生物体以密切合作的方式一起生存，形成紧密的联盟的合作关系。人机共生是人类和机器之间合作互动的一个发展方向，使人类和机器之间的关系紧密地耦合。人机共生关系的目标包括促进机器的公式化思维和解决问题的能力，以及实现人类和机器之间的合作决策和共同控制复杂情况。在人机共生关系中，人类设定目标、制定假设、确定标准并进行评估，而机器则在技术和科学思考方面为人类提供见解和决策支持。

近年来，人工智能的快速发展与物联网、大数据和云计算等技术的交叉融合密不可分。物联网的迅速发展实现了物物相连、人人相连和人物相连目标，将物理空间和社会空间有机地融合在一起。人机物融合智能是一种崭新的智能形式，与传统人工智能有所不同。它融合了机器智能和人类智慧，创造了全新的智能科学体系。人、机、物三者的关系构成了3WD中的偏序几何结构。

总体而言，未来人工智能关键技术的发展趋势包括人机混合智能的推进，人机共生智能的逐渐崭露头角，以及人机物融合智能的崛起。这些新兴智能形式将在智能制造领域发挥越来越重要的作用，提高系统的综合性能和决策效果。

7.2　智能生产数字化信息系统

智能生产数字化信息系统是集成了数字化、自动化和智能化等技术的生产制造信息系统，其目的是通过数字化技术的应用，实现企业全面的数字化转型，提高企业的生产效率和质量。如今，兼顾智能化和绿色化的生产系统不断发展，催生了新的研究方向。

（1）绿色化发展趋势

近几年来，可持续发展、绿色制造和以能源为目标的生产调度成为热门话题，相关的研究文章的数量逐年增加。这反映了人们对能源问题的重视和智能生产系统发展的新趋势。然而，在实践中，要降低能源消耗或提高能源效率，关键在于明确能源消耗方面的问题。加工产品、机器空闲、机器设置和开关以及产品或部件运输是考虑最多的能源消耗因素。在近几年的研究文章中，超过30%的文章考虑了加工过程中的能耗和机器空闲，这些因素的能源消耗被视为节能调度的主流研究方向；超过50%的出版物将能源效率作为调度目标，这表明了节能调度在生产管理中的重要性[8]。

与能源相关的调度目标与传统的调度目标相比，是一种新颖的经济指标，这个新目标要求我们重新思考生产调度的优化方法。从2013年到2021年4月，与能源相关的多目标调度的文章数量远多于单一目标调度的文章数量，这表明对能源相关目标与传统目标之间关系的分析和研究的重要性。同时，需要将与能源相关的调度目标与传统的目标结合起来考虑，以便根据不同的绩效指标进行更好的决策。

为了有效实现节能调度，需要在生产过程调度中对能源消耗的各个方面进行分类和建模，并将具有降低能耗可能性的因素作为调度约束或目标加以考虑。同时，必须深入研究与能源相关的目标与传统目标之间的关系，以解决节能调度问题。这需要建立一个通用的框架，特别是智能调度框架。将节能调度整合到生产过程调度的整体框架中，并嵌入具有智能调度策略的智能调度框架中，用于实现生产系统的智能化和能效提升。

（2）智能化发展趋势

智能生产数字化信息系统是以数字化、自动化和智能化等技术为核心构建的完整的制造管理信息系统，通过ERP、MES、SPC等模块的应用和集成，系统性地促进企业生产效率和质量的提高，提升企业核心竞争力，实现企业与全球制造业市场的紧密连接。

科学文献显示，为了使发达国家的中小企业的生产系统过渡到数据驱动的智能制造系统，大约需要10个关键技术，这些技术被视为必要的组成部分。发达国家中小企业的经验教训有助于帮助发展中国家的中小企业实现智能制造转型。表7-1总结了智能制造关键技术，包括信息和通信技术、CPS、云计算和BDA。当然，只有在已经实施了先前的技术（例如，CAD/CAM、ERP、MES和CNC）并创造了向下一个阶段迈进的基础设施后，才有可能采用工业4.0技术[6]。

表7-1　智能制造关键技术

序号	技术	定义
1	工业物联网（IIoT）	实时、智能、水平和垂直连接人、机器、对象和ICT系统，动态管理复杂系统
2	大数据分析以及数字仪表盘	从海量数据中提取信息，做出明智的决策
3	增材制造	一种将设计数据转化为物理对象的制造技术。例如，与传统的切削机床不同，3D打印通过逐层添加材料来制造物体
4	信息物理系统（CPS）	通过建立全球商业网络，实现物理世界和数字世界的融合
5	扩展现实（XR）	是增强现实（AR）、混合现实（MR）和虚拟现实（VR）的融合，试图将物理世界与虚拟世界连接起来
6	产品的云服务	云计算在产品中应用，以扩展其功能和相关服务
7	柔性生产线	制造过程中带有传感器的数字自动化。例如，通过使用RFID创建的可重构制造系统（RMS）
8	虚拟模型的仿真/分析	通过有限元分析虚拟模型，计算流体动力学，其中模型模拟用于实现模型的特性
9	综合工程系统	将IT支持系统集成到产品设计和制造中，用以交换信息
10	网络安全	保护网络安全连接的系统。例如，保护数据信息、硬件和软件免受网络攻击

发展中国家在实现智能制造和工业4.0转型过程中面临着诸多机遇和挑战。虽然许多发展中国家拥有较高的手机和网络覆盖率，但数字技术在生产制造中应用的水平还有待提高。这一现状带来了发展中国家制造业在提升生产率和技术创新方面的潜在机遇。然而，实现智能制造和工业4.0所需的高度数字化和自动化的基础设施和相关技术的不断升级的投入巨大，这对于发展中国家而言仍然是巨大的挑战。除政府投资外，建设数字基础

设施需要跨行业的合作，以此降低成本、提高效率。此外，知识和技能型人才的缺乏对于实现智能制造和工业4.0也是一个严峻的挑战。发展中国家在相关领域的专业技能型人才和知识型人才相对欠缺，因此需要大力发展教育和培训来提高产业的人力资源水平。在这一过程中，发展中国家可以通过努力完善营商环境，推动创新和技术转移，实现生产过程的智能化和数字化，从而提高生产效率并促进经济增长。此外，政策制定者还可以积极探索数字技术在教育、医疗、金融等领域的应用（图7-5），以此推动信息和通信技术的广泛应用。

图7-5　世界银行的关键指标：安全的互联网服务器

　　智能生产信息化系统的发展趋势主要体现在构建企业工业物联网平台、消除信息孤岛、实现多元异构数据集成融合。通过平台的数据底座能力，实现多业务信息系统的集成和数据有效融合，将企业现有的信息系统进行基于MES模块的App迁移。包括产品信息、生产数据从底层现场设备采集到过程控制优化，再到执行应用和顶层数据分析的全流程数据流转，实现工业数字化的"一网到底"。同时，平台提供开放的工业智能应用孵化平台，促进企业与生态伙伴和客户进行工业智能App的联合开发。这种全信息数字化集成能力使得工厂实体可以进行统一标准化数据建模，实现跨设备、跨系统、跨厂区、跨地区的互联互通，从而推动整个制造业的智能化，促进企业的数字化智能制造转型升级。

　　此外，工业物联网平台对制造业数字化转型的驱动力逐渐显现，为大型企业实现工业大数据分析、价值挖掘，为中小企业提供云化工具，以较低成本实现信息化与数字化普及，同时推动制造资源的优化配置和产融对接等创新应用模式。随着平台的创新和应用的突破，将不断推动制造业的转型升级，为制造业数字化转型提供支撑。最终，工厂操作系统作为工业物联网平台的核心，通过数字化整体解决方案技术架构，实现企业客户的信息化、数字化、智能化转型升级，构建面向过程监控、生产管理和经营决策一体化的应用平台，以符合制造业智能化发展的趋势。

　　建立智能生产信息化系统面临着机遇和挑战。

　　从机遇方面来看，智能生产信息化系统可以通过数字化、自动化、智能化等技术，优化生产流程的各个环节，提高生产效率，降低生产成本。智能生产信息化系统还可以通过自适应控制、柔性生产技术，增强生产系统的灵活性，可以快速地响应市场需求，提升了对变化的适应能力。此外，智能生产信息化系统可以制造更加复杂、精细或多样化的产品，以满足不同客户及市场的需求。智能生产信息化系统还能使生产流程的数字化与互联网技术相结合，创新商业模式。

但同时，智能生产信息化系统也面临着一些挑战。第一，实施智能生产信息化系统需要高昂的投资成本。第二，由于智能生产信息化系统的开发和应用较为分散，相关标准还不统一，因此需要平衡各种不同标准以实现互通。第三，智能生产信息化系统需要高水平的人才的支持，包括计算机、机械、电子等领域，但这些人才目前还比较短缺。第四，智能生产信息化系统的数字化和联网性将其暴露于网络攻击的风险之中，因此需要采取更加完善的网络安全措施。最后，智能生产信息化系统需要保持高度可靠性和稳定性，以确保生产过程不发生中断或故障，不受制于设备或软件的不稳定性。

在工厂操作系统层面，信息化系统提供了多种工业标准数据协议接入功能，满足了国内外主流PLC等硬件和软件的实时数据接入需求。针对企业的实际应用需求，系统通过数据总线提供服务，支持工厂生产应用场景，如设备信息采集、生产计划制定、生产绩效评价、视频数据采集、物料管理、能源分析、风险预测等。采用热备冗余、数据订阅、数据变化更新、断线重连及断线回补等技术手段，确保数据的实时性和可靠性，适应设备运行特征。

数据采集方案包括通过数据总线服务工厂生产应用场景，对高销量产品生产车间的设备进行实时高效数据采集，对接现有的DCS、SCADA和称重计量等系统（图7-6），集成系统采集关键数据，对接工厂现有的异构系统，集成获取的相关数据，集成企业现有的信息系统业务和生产数据，以及汇聚机器视觉检测信息到平台数据库。

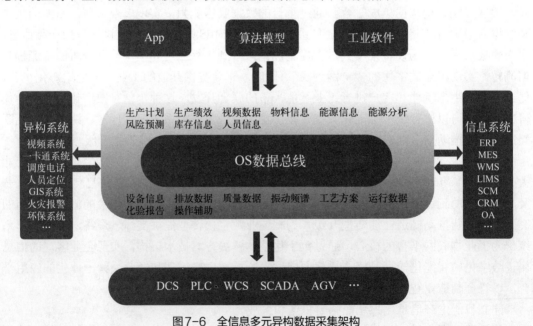

图7-6 全信息多元异构数据采集架构

总体而言，智能生产信息化系统的发展趋势包括强调多样的数据接入协议、实时高效的数据采集、数据服务于多个生产应用场景、采用先进的技术手段确保数据的实时性和可靠性。这将有助于推动工业物联网平台的发展，支持制造业数字化转型，提升企业的信息化、数字化、智能化水平。

在智能生产信息化系统建设过程中，自动化标记语言为数据互通提供了新的方案。自动化标记语言（AutomationML）是一种用于描述和交换自动化系统工程数据的XML（可扩展标记语言）格式，它旨在提供一个统一的框架，以便在不同工程活动和相关工具之间实现数据信息的无损交换。

AutomationML的主要作用和影响如下。

数据模型构建：AutomationML的核心目标是构建生产系统中所有相关组件的数据模型，包括产品、生产系统的结构、行为和关系。这有助于数字化制造系统在生产计划的工程链中进行模型驱动的需求、设计、制造、生产、验证和服务。

数据管理与交换：AutomationML通过提供一个标准化的数据格式，支持数据的管理与交换。生产系统的工程方法越来越以预定义、可重复使用和机电一体化单元的应用为特征，而AutomationML作为数据交换的标准格式，有助于确保在不同工程活动和相关工具之间实现数据信息的无损交换。

工程单元库应用：制造系统的设计趋向于使用预定义、可重复使用和机电一体化的单元，这些单元存储在工程单元库中。AutomationML支持在用户设计项目时，通过使用这些单元并将其应用于当前应用，定义逻辑和物理接口的参数与连接，从而实现数据管理。

减少错误和冗余操作：AutomationML的应用有助于减少工程数据的错误和冗余操作。通过提供标准化的数据交换格式，避免了使用便携式文档格式或专有数据格式进行数据交换，有助于提高工作过程的质量和效率，减少智能生产信息化系统开发中的成本制约因素。

例如，在自动化生产中，用于材料输送的传输机是一个典型的机电一体化工程对象。传输机主要结构包括传送带、支撑架、电动机、传感器等机械结构单元和电气控制单元。AutomationML被应用于描述和建模传输机系统的工作过程，实现了工程数据的集成与无损交互。下面是关键的应用过程。

① 工作过程描述原理。AutomationML通过对产品、工艺流程和资源三个方面的数据集成，定义了不同类型工程数据的特殊角色。资源表示实际生产系统中的工厂、机器人和设备等，产品包括最终产品和中间过程的测试结果等，工艺流程包括制造、物流等。这些方面相互关联，通过定义的标准接口PPR Connector进行相互链接。

② 传输机系统建模。传输机系统作为机电一体化工程对象，其主要结构包括传送带、支撑架、电动机、传感器等。通过AutomationML，可以对传输机的工作过程进行描述与建模。传输机通过传感器信号启动装置，按照定义的速度分布和路径将材料送达指定位置。传输机的特征参数包括运动方向、驱动运动速度、驱动加速度以及传感器状态，这些参数通过标准化运动控制功能模块进行控制。

③ 过程描述与建模。在AutomationML编辑器中，通过定义角色类、接口类和实例层次结构，构建传输机系统的模型。首先，确定传输机系统的产品，形成传输服务，并通过COLLADA文件进行运动路径建模。然后，描述资源，包括实现传输服务的变量与参

数，如传输驱动方向、驱动速度、驱动加速度和传感器动作等过程变量。最后，通过可编程序控制器程序实现工艺流程，将产品、工艺流程和资源通过 PPR Connector 进行链接组合。

④ 应用的功能。通过对传输机系统的工作过程进行描述与建模，实现了模型的可重用性，参数选型和安全因素控制，以及传输过程的虚拟调试。这为设计传输机机电系统提供了支持，并有助于提高工作过程的质量和效率。

在智能生产信息化系统中，传统的 ERP（企业资源规划）、MES（制造执行系统）和 SPC（统计过程控制）技术在提高企业运营效率、优化生产过程等方面发挥着关键作用。这些技术的整合可以实现对企业各层级的全面管理，从业务规划到实际生产执行的各个环节都能够得到有效监控和调整。

随着工业 4.0 的发展，智能制造迎来了巨大的机遇与挑战。工业 4.0 技术的引入为生产过程带来了更大的灵活性、自动化和智能化。全信息多元异构数据采集架构使得企业能够从更广泛、更多样化的数据来源中获取信息，进而进行更深入的分析和决策。

在数字化制造的前沿，自动标记技术是一项具有重要意义的创新。通过自动标记，企业可以实现对产品和过程的实时监控与跟踪，提高生产的可追溯性和透明度。这为质量管理、安全监控等方面提供了有力支持，并有助于在产品生命周期中实现更加智能的管理和服务。

人工智能（AI）的蓬勃发展也为智能生产带来了新的动力。在信息化系统中，AI 技术可以应用于预测性维护、生产优化、质量控制等方面。通过机器学习算法，系统能够分析大量数据，识别潜在问题并提前采取措施，从而减少生产中的故障和损耗。AI 还能够优化生产计划，根据实时数据调整生产流程，提高生产效率和资源利用率。

综合而言，未来的智能生产信息化系统将在传统技术的基础上不断演进和创新。全信息多元异构数据采集架构、自动标记技术以及前沿的人工智能技术的应用，使得企业能够更好地适应市场变化、提高生产效率，并在全球竞争中占据有利位置。随着技术的不断发展，我们可以期待数字化制造领域将迎来更多的创新和突破，将推动整个智造业向着智能、高效、可持续发展的方向迈进。这将为企业提供更多的机会，激发行业创新活力，推动智造业的数字化转型升级。

7.3 制造系统虚拟量测技术

虚拟量测技术的发展趋势在多阶段虚拟量测功能架构的背景下呈现出全面、高效的特点，为各个领域带来了创新和改进。虚拟量测技术的发展主要体现在以下几个方面。

① 智能化和自适应性。越来越多的虚拟量测系统将整合智能化和自适应性技术。通过引入机器学习和人工智能算法，系统可以根据实时数据不断优化模型，提高预测的准确性。系统能够适应不断变化的生产环境和需求，实现更灵活、更智能的虚拟量测功能。

② 更广泛的应用领域。虚拟量测技术将在更多领域得到应用，包括机械制造、航空航天、医疗诊断等。不同领域对数据的精确测量和分析需求不断增长，虚拟量测技术将成

为解决复杂问题和提高产品质量的重要工具。

③ 实时性和高效性。虚拟量测系统将更加注重实时性和高效性。数据采集、处理和预测模型的运行将更加快速，以适应快节奏的生产环境。通过提高系统的效率，虚拟量测技术能够更好地支持生产决策和优化过程。

④ 更复杂的数据处理和分析。随着虚拟量测系统应用场景的拓展，数据的复杂性也将增加。系统将更多地应用先进的数据处理和分析技术，包括大数据分析、深度学习等，以挖掘数据背后更深层次的信息，为决策提供更全面的支持。

⑤ 模型部署和更新的便捷性。虚拟量测系统将更注重模型的部署和更新的便捷性。采用更灵活的架构和工具，使得模型的部署和更新过程更加简便，同时保证系统的稳定性和准确性，这有助于系统及时适应新的生产要求和数据模式。

⑥ 可视化和用户友好性。虚拟量测系统的界面将更加注重用户友好性和可视化。操作人员能够直观地了解虚拟量测结果，方便进行数据分析和决策。通过图表、报告等方式呈现复杂的数据，使其更加简单易懂。

⑦ 物联网和边缘计算的整合。虚拟量测系统将更紧密地整合物联网和边缘计算技术。通过与设备和传感器的连接，系统可以实时获取更多的数据，并在边缘进行一部分处理，减少数据传输量，提高响应速度。

随着计算机技术的飞速发展，各领域的数据量呈指数级上升，处理大体量的数据以保证数据的质量和可用性是虚拟量测技术建模过程不可缺少的一部分。

集成式数据预处理在虚拟量测技术的发展中具有重要作用（图7-7）。随着各个领域数据的急剧增长，数据处理成为挑战。这需要开发新技术以从庞大的数据集中提取有价值的信息。数据预处理方法用于应对数据的信息量、冗余和价值隐性等问题。在大数据处理过程中，需要全面关注数据的各个方面，包括噪声、类别不平衡和特征选择等。这样的方法可以多层次地优化数据处理，以适应多种数据集的需求[9]。

我国作为全球最大的互联网单一市场，数据的快速增长推动了数字经济和人工智能技术的发展。在建设数字中国的战略背景下，数据预处理技术变得尤为重要。结合数据预处理在机器学习算法中的应用，我们可以更好地理解数据预处理技术的重要性。这有助于强调数据预处理在应对大数据挑战、提升算法性能、全方位关注数据处理过程以及适应数字经济发展方面的关键作用。因此，集成式数据预处理为虚拟量测技术的发展提供了关键支持。集成式数据预处理采用了数据清洗、类别不平衡数据处理、特征选择等方法，主要包括如下步骤。

首先，在数据清洗方面，选择了删除空缺值和重复值的方法，以及去除偏离平均值3倍标准差以上的数据，以确保数据的质量和准确性。

其次，在处理类别不平衡数据时，采用了过采样和欠采样两种主要方法。过采样使用了SMOTE算法，通过分析少数类样本，合成新样本并添加到数据集中，以平衡类别分布。欠采样则基于聚类算法，将多数类样本聚类为k个聚类，并对每个创建的聚类进行随机欠采样，从而减少多数类样本。在特征选择方面，采用了基于特征权重的启发式搜索方法（RFE）。该方法通过多轮训练，在每轮训练后消除低权重值的特征，迭代进行特征选择，直到保留所需数量的特征。

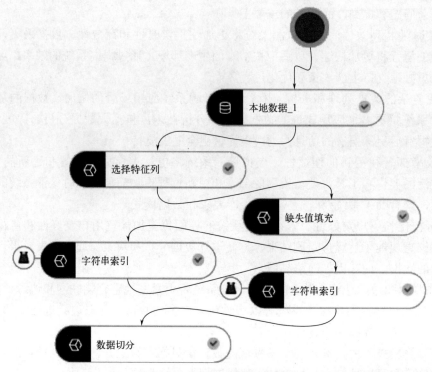

图7-7 某数据预处理流程

最后，通过对上述三种方法的集成，提出了基于集成的数据预处理技术，这种技术能够进行多维度数据预处理，克服多方面数据集本身存在的弊端，并最大限度地发挥数据预处理的能力。

集成式数据预处理是确保机器学习建模前数据质量的关键步骤，涉及数据清洗、处理类别不平衡、特征选择等。这些步骤为分析提供了干净、平衡且具有代表性的高质量数据。即时学习（just in time learning，JITL）策略的引入，显著提升了虚拟量测技术的适应性和性能，特别是在实时性和精准性方面。JITL通过模型的实时更新，使虚拟量测技术能够灵活应对不同场景和生产条件的变化，捕捉生产过程中的变化和风险因素的演变，从而提高系统的安全性和可靠性。此外，JITL策略通过SOM聚类增强了模型的可解释性，帮助用户和操作人员更有效地理解预测结果和应对风险。JITL算法基于空间相关性更新和维护模型，属于空间自适应算法。在污水处理的复杂环境中，JITL算法能够对每个样本建立局部模型，很好地描述了过程变量之间的非线性关系。这是因为污水处理过程可能存在非线性强、运行状态分布不均匀等问题，传统的线性模型可能无法准确捕捉这些复杂问题。

JITL在处理复杂环境（如污水处理）时，展现了其对虚拟量测技术的重要贡献。JITL算法的空间自适应性使其能够适应生产过程中的动态变化，通过实时更新参数，保持测量精度，减少数据漂移对模型性能的影响。采用SOM-JITL-SVM模型等方法，在实际应用（如交通事故数据集）中验证性能，有望进一步提升虚拟量测技术的整体性能和适用性。

总体而言，在处理生化反应复杂、非线性强、运行状态分布不均匀、出水指标误差大等问题时，JITL算法的空间自适应性能够更好地适应生产过程的动态特征。通过即时学习，模型能够实时更新参数，保持良好的测量精度，同时减少测量数据漂移对模型性能的影响。

引入了时差-即时学习的相关向量机（TD-JITL-RVM）模型（图7-8），结合了时差算法和即时学习算法的优点。这使得模型能够解决过程数据漂移、突变、强非线性等问题，保证了模型预测的准确率，并可使模型随着时间的推移实时更新，以适应不断变化的数据环境。

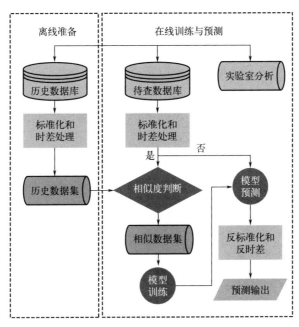

图7-8　TD-JITL-RVM框架图

即时学习在这一应用中体现了对虚拟量测技术的贡献，提高了模型的适应性、准确性和实时性，应对了复杂的污水处理过程的挑战[10]。

此外，虚拟量测技术在数据方面面临的一些主要问题如下。

① 数据异构性。虚拟量测技术可能涉及多源、多类型的数据，这些数据可能具有不同的分布、采样频率、传感器类型等特征。数据异构性使得在统一的模型中处理这些数据变得复杂，需要解决数据集成和对齐的问题，以确保模型能够有效地训练和预测[11]。

② 标注数据获取难度。在虚拟量测任务中，获取大规模标注（标签）数据可能是昂贵且耗时的。模型通常需要大量的标注数据来进行训练，但在实际应用中，获取足够数量的标注数据可能会受到成本、时间等方面的限制[12]。

③ 数据缺失和噪声。由于传感器故障、数据传输问题或环境变化，虚拟量测任务中的数据可能存在缺失和噪声。这些问题会对模型的训练和性能产生负面影响，因此需要采用合适的方法来处理缺失数据和噪声，以提高模型的鲁棒性。

④ 环境变化。虚拟量测通常在不同的数据环境中应用，而这些环境可能会发生变化。

模型需要具有一定的适应性，能够在面对新的环境时仍然保持准确的预测。数据环境变化可能涉及数据分布的改变、传感器位置的变化等。

⑤ 数据的隐私和安全性。虚拟量测技术通常涉及对敏感信息的处理，例如工业系统中的生产数据或医疗领域中的患者数据。确保数据的隐私和安全性是一个重要问题，需要采取有效的数据脱敏、加密等手段来保护数据的机密性[10]。

迁移学习技术在优化虚拟量测技术中的数据问题方面发挥了重要作用（图7-9）。首先，它能够帮助解决数据稀缺的问题，通过将源领域中学习到的知识和模型参数迁移到目标领域，即使在目标领域缺乏大量标注数据的情况下，也能显著提升模型性能。其次，面对数据异构性，迁移学习通过适应源领域和目标领域之间的数据分布差异，增强了模型在目标领域的泛化能力，从而提高了虚拟量测技术的通用性。

此外，迁移学习还有助于虚拟量测技术应对数据环境的变化。通过在源领域中学习到的稳健特征和模型参数，模型能够更好地适应目标领域中可能发生的环境变化，从而增强了模型的适应性和鲁棒性。同时，对于数据缺失和噪声问题，迁移学习利用从源领域中学习到的模型鲁棒性，提升了模型在目标领域中对这些问题的处理能力，使得虚拟量测技术在面对复杂数据情况时更为有效。通过这些贡献，迁移学习显著提升了虚拟量测技术的性能，使其在各种数据挑战中更加强大和可靠。

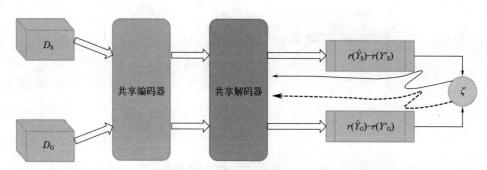

图7-9　迁移学习模型

虚拟量测技术的持续进步为各领域提供了创新的测量和监测手段，随着对数据处理、模型更新和环境适应性要求的提高，集成式数据处理、即时学习算法和迁移学习算法等新兴技术已成为推动其发展的关键。集成式数据处理通过整合数据清洗、类别平衡和特征选择等步骤，为虚拟量测技术提供了一个更全面和更高效的预处理方法，有效应对了大规模、高维度和异构性数据的挑战，从而增强了模型的精确性和可靠性。即时学习算法和迁移学习算法的应用，进一步提升了虚拟量测技术的灵活性和适应性。即时学习算法允许模型在实时数据流中不断学习，以保持准确性，特别适合于需要快速响应的监测任务。迁移学习算法通过跨领域的知识迁移，增强了模型的泛化能力，使其能够适应不同领域的数据特征，有效克服了数据稀缺和异构性问题。这些技术的融合不仅为虚拟量测技术的智能化、灵活性和强适应性发展奠定了基础，而且为各领域提供了更加可靠和高效的监测与测量解决方案，预示着虚拟量测技术更加智能和广泛的应用前景。

在制造系统的虚拟量测系统中，集成式数据处理、即时学习算法和迁移学习算法等新兴技术对发展趋势的影响体现在以下几个方面。

① 智能虚拟量测系统。集成式数据处理技术使虚拟量测系统能够更有效地处理来自不同传感器和数据源的数据，提高数据的质量和可用性。这有助于建立更智能化的虚拟量测系统，能够实时监测和评估制造过程中的关键参数，从而优化生产效率和产品质量[12]。

② 灵活性与适应性。虚拟量测系统需要具备对不同制造场景的灵活适应性。即时学习算法的实时性和适应性使得虚拟量测系统能够迅速调整模型，以适应生产环境的变化。这种灵活性对于面对不断变化的制造需求和生产条件至关重要。

③ 跨设备、跨工厂的知识共享。迁移学习算法的引入使得虚拟量测系统可以更好地进行知识迁移。在不同设备和工厂之间共享已有的模型和经验，有助于提高新系统的建模效率，降低虚拟量测系统在不同场景中的应用成本。

④ 预测性虚拟量测。随着即时学习和迁移学习算法的应用，虚拟量测系统可以更具预测性。它们能够实时学习新的数据模式，提前发现潜在问题，并预测制造系统中可能发生的变化。这有助于制造企业采取及时的措施，以确保生产的稳定性和可靠性。

⑤ 虚拟量测的可解释性与可视化。随着虚拟量测系统变得越来越复杂，其可解释性和可视化成为关键问题（图7-10）。新兴的算法和技术需要提高虚拟量测系统的可解释性，以便用户能够理解模型的预测结果，从而做出更明智的决策。

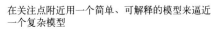
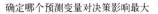
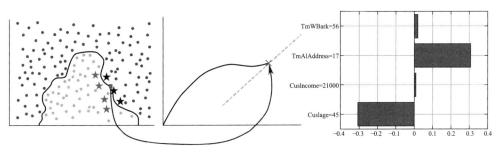

图7-10　LIME模型可解释性优化

7.4　生产系统健康管理技术未来趋势

预测性维护是以状态为依据的维修，是对设备进行连续在线的状态监测及数据分析，诊断并预测设备故障的发展趋势，提前制订预测性维护计划并实施维修的行为。总体来看，预测性维护中，状态监测和故障诊断是判断预测性维护是否合理的根本所在，而状态预测是承上启下的重点环节。根据故障诊断及状态预测得出维修决策，形成维修活动建议，直至实施维修活动。可以说，预测性维护通盘考虑了设备状态监测、故障诊断、预测、维修决策支持等设备运行维护的全过程。研究表明，针对预测性维护这个新兴市场，物联网平台商、云存储商以及提供动态数据分析的厂商发挥着越来越大的作用。基于云平台的IoT及大数据分析将对设备的预测性维护带来25%～30%的效率提升。如图7-11所示。根据IoT Analytics发布的全球预测性维护报告，预计2022—2026年，我国预测性维护市场规模复合年均增长率为43%。

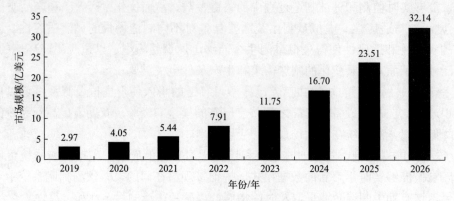

图7-11　我国预测性维护市场规模

预测性维护作为未来工厂的发展趋势之一，具有重要的意义和价值。它不仅改变了传统的设备维护方式，还提高了设备的可靠性、生产效率和安全性。本节对预测性维护未来发展趋势的研究如下。

（1）云边协同平台的构建

云边协同平台的构建为预测性维护提供了全新的解决方案。云边协同智能制造是指利用边缘计算和云计算技术实现生产过程中设备、系统和人员之间的高效协同，从而提升生产的智能化水平。结合云边协同平台和预测性维护，可以实现更可靠的设备运行和更有效的维护策略。

云计算技术为云边协同智能制造提供了强大的数据存储和计算能力。生产过程中产生的海量数据可以被上传至云端进行长期存储和分析，从而为制造企业提供了更深层次的数据支持。云边协同运行模式示意图如图7-12所示，基于云端的数据分析和挖掘，使制造企业能够通过对历史数据的深入分析，发现生产过程中的潜在问题和优化空间，进一步提升生产效率和产品质量[13]。

在万物互联环境中，设备的传感器可以收集大量的实时数据，例如温度、压力、振动等。这些数据可以被发送到边缘节点进行实时分析和处理。借助边缘计算技术，云边协同实现了数据的实时处理和分析。在生产现场，大量的传感器和设备产生的数据可以通过边缘节点进行快速处理，降低了数据传输的延迟，提高了数据处理的效率。这使得制造企业能够更快速地做出反应，实现智能化的生产调度和优化。在云边协同平台中，生产系统预测性维护未来可以发展以下功能。

① 设备状态实时监测。通过物联网收集设备状态数据，并在边缘节点进行实时处理和分析，以提高监测的实时性和准确性。这种预测性维护能够避免设备因故障而停工，减少了生产线的停机时间和损失。实时监测还有助于智能生产系统更好地理解设备的运行模式和行为，且为设备维护和优化提供更准确的数据支持。

② 智能维护。智能维护的核心在于利用物联网收集的数据来优化维护计划和资源调度。通过分析设备的历史运行数据以及实时监测数据，可以预测设备的故障风险，并相应

地制订维护计划。这种基于数据的维护策略能够最大限度地减少设备的停机时间，并确保维护的及时性和准确性。此外，智能维护还能够通过设备之间的协作来提高维护的效率。当一台设备出现故障时，它可以通过物联网与其他设备进行通信，自动请求支持或协助。这种设备之间的协作能够快速定位和解决问题，极大地提高了维护的响应速度和效果。

③ 数据驱动的优化决策。基于数据分析和预测模型，实现生产过程的优化决策，以提高生产效率和产品质量。通过建立预测模型，智能制造系统可以预测未来的生产需求和趋势。这使得企业能够提前做出调整，以满足市场需求并优化生产计划。通过数据驱动的优化决策，可以实现生产过程的持续改进，包括改进设备维护计划、优化工艺参数等。

④ 质量控制与管理。在智能制造系统中，数据驱动的质量控制与管理是提高产品质量和减少产品缺陷的关键环节。通过收集生产过程中的各种数据，包括原材料特性、加工参数、环境条件等，利用先进的数据分析技术和机器学习算法，可以实时监测产品质量，及时发现生产过程中的异常情况。此外，通过深入分析历史数据，可以识别影响产品质量的关键因素，从而优化生产流程和工艺参数，减少不良品的产生。数据驱动的质量控制不仅能够提高产品的一致性和可靠性，还能缩短产品上市时间，提升企业的市场竞争力。

⑤ 供应链优化。智能生产系统中的数据分析和预测模型还可以应用于供应链管理，以实现更高效和具有成本效益的物流和库存控制。通过对市场需求、库存水平、供应商能力等数据的分析，可以预测未来的供应链需求，优化原材料的采购计划和库存策略。此外，实时监控供应链中的关键节点，如运输途中的产品状态、仓库的库存水平等，可以及时发现和解决供应链中的瓶颈问题，减少物流成本。通过数据驱动的供应链优化，企业可以提高供应链的透明度和响应速度，增强对市场变化适应的能力，提升整体的供应链效率和客户满意度。

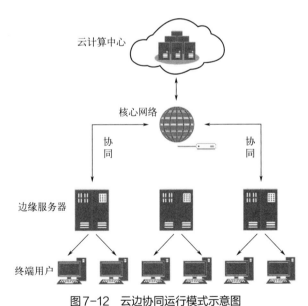

图7-12 云边协同运行模式示意图

（2）5G的推广

5G作为新一代移动通信技术，其高速率和低延时优点，给制造业企业的物联网建设带来很多便利。快速和实时的数据采集，对预测性维护来说是十分重要的，5G的应用无疑是一个巨大的利好。5G具有广泛的接入能力，拥有每平方公里连接100万台设备的带宽，相比于4G的1000台设备连接量，5G的连接能力要强大得多，加上其更低的延时和更高的速率，势必会进一步激发工业物联网的潜在能力[14]。

在预测性维护中，产品的质量检测是建立在传统的手工检测技术上的，稍微复杂的技术是将被检测的产品与预设的缺陷种类集合进行比较。这些方法的准确性和效率不足以满足目前高质量输出的要求，它们缺乏特定的学习能力和灵活性，导致检测准确性和效率低下。由于4G的计算能力差、延迟高、带宽小，数据不能有条不紊地连接，而是必须离线处理，这非常耗费人力。由于5G的大带宽和低延迟，"5G+AI+机器视觉"组合可以实现彻底的信息追溯，从而改变整个质量检测过程。与人工观察不同，视觉检查可以清楚地看到材料的表面缺陷，具有更大的数据量，要求更快的传输速率。

在涉及物流、装载、仓储等方案的判断和决策的智能生产过程中，生产数据的收集和对生产条件和环境的监测越来越重要，这为调度、管理和维护提供了坚实的基础。传统的4G在传输速率、覆盖范围、延迟、可靠性和安全性方面对工业数据收集有限制，阻碍了数据库的发展。在智能制造背景下，5G可以提供一个完全基于云的网络基础设施，帮助智能生产系统实现远程化、无人化，改善工作环境，降本增效。基于5G的数据采集与预测性维护，通过对设备数据的采集和实时在线监测，基于机理模型和AI算法进行早期故障预测、提供诊断建议，并评估设备健康状况，避免了设备意外宕机导致的停产、设备隐形故障导致的质量问题[15]。

（3）自我学习和自适应系统

在未来的智能生产系统中，自我学习将是一个核心功能。系统将能够不断地分析和学习数据，从中提取有价值的信息，并用于改进和优化自身的性能。通过这种方式，系统将能够更好地理解设备的变化和环境的变化，并相应地调整其预测模型和维护策略。例如，当一台设备出现故障或需要维护时，系统可以通过学习历史数据和分析设备状态来提前预测可能发生的问题，并采取相应的措施来避免生产中断或质量问题。

自适应能力也是未来智能生产系统的重要特征。系统将能够根据环境的变化和需求的变化，自动调整其行为和策略。例如，当环境温度升高或降低时，系统可以根据温度变化自动调整设备的运行参数，以保持最佳的工作状态。此外，当需求发生变化时，系统也能够自动调整生产计划和资源分配，以满足新的需求。这种自适应能力将使智能生产系统能够更好地适应不断变化的市场和客户需求，从而提高生产效率和灵活性。

为了实现这种强大的自我学习和自适应能力，未来的智能生产系统将依赖于先进的算法和技术。机器学习和深度学习算法将被广泛应用于数据分析和模型优化，以帮助系统从大量数据中提取有用的信息。同时，强化学习算法也将被用于系统的决策和优化，以实现系统更好的自适应能力。此外，云计算和大数据技术的发展将为智能生产系统提供强大的计算和存储能力，从而支持更复杂和更高效的自我学习和自适应过程。然而，实现强大的自我学习和自适应能力并不是一件容易的事情。首先，系统需要大量的数据来进行学习和优化，这意味着需要建立完善的数据采集和存储系统，以确保系统能够获得足够的数据来学习和优化。其次，系统还需要高效的算法和计算能力，以处理和分析大量的数据，并从中提取有用的信息。最后，系统需要具备灵活性和可扩展性，以适应不断变化的环境和需求。

总的来说，未来的智能生产系统可能会拥有更强大的自我学习和自适应能力。通过不断的数据学习和优化，系统将能够适应设备的变化和环境变化，并自动调整预测模型和维护策略。这将极大地提高智能生产系统的效率和灵活性，使其能够更好地满足不断变化的生产过程。

参考文献

[1] Gao K, Huang Y, Sadollah A, et al. A review of energy-efficient scheduling in intelligent production systems[J]. Complex and Intelligent Systems, 2020, 6: 237-249.

[2] Chen W. Intelligent manufacturing production line data monitoring system for industrial internet of things[J]. Computer communications, 2020, 151: 31-41.

[3] 杨伟凯, 王艳, 纪志成. 面向知识图谱的智能生产系统工艺知识推理方法[J]. 系统仿真学报, 2023(4): 773-785.

[4] 赵朝阳, 朱贵波, 王金桥. ChatGPT给语言大模型带来的启示和多模态大模型新的发展思路[J]. 数据分析与知识发现, 2023(3): 26-35.

[5] 张跃胜, 金文俊. ChatGPT的关键技术、应用场景及未来展望[J]. 信息技术与管理应用, 2023(5): 64-74.

[6] Anas M, Kavian O K, Oleksiy Osiyevskyy. The role of intelligent manufacturing systems in the implementation of Industry 4.0 by small and medium enterprises in developing countries[J]. Engineering Reports, 2022.

[7] 张传雷, 姚一豫. 人工智能中的三支结构[J]. 应用科技, 2024(1): 19-29.

[8] 庞戈. 基于"5G+工厂操作系统"的数字化生产智造平台的设计与实现[J]. 化工自动化及仪表, 2022(4): 403-418.

[9] 郭旗. 集成数据预处理技术及其在机器学习算法中的应用[J]. 科技与创新, 2023(23): 163-165.

[10] 马潇驰, 陆建, 霍宗鑫, 等. 考虑易用性和可解释性的自组织映射-即时学习风险预测框架[J]. 西安交通大学学报, 2024(5): 212-220.

[11] He K, Zhu N, Jiang W, et al. Efficiency evaluation of Chinese provincial industrial system based on network DEA method[J]. Sustainability, 2022, 14(9): 1-24.

[12] 张飞霞, 孔啸, 李长生. 数字化制造中自动化标记语言的建模研究[J]. 机械制造, 2019 (11): 24-28.

[13] 郭占东, 李宏杰, 钱瑾, 等. 边缘计算在预测性维护中的应用[J]. 电子技术(上海), 2022(8): 55-57.

[14] 张建华. 浅谈5G+人工智能技术赋能智慧工厂应用[J]. 广西通信技术, 2023(4): 7-10.

[15] 王宝友. 5G推动工业网络转型升级[J]. 通信世界, 2023(17): 6-7.